全国高等职业技术院校楼宇智能化专业教材

综合布线技术

人力资源和社会保障部教材办公室组织编写

中国劳动社会保障出版社

图书在版编目(CIP)数据

综合布线技术/人力资源和社会保障部教材办公室组织编写．—北京：中国劳动社会保障出版社，2013

全国高等职业技术院校楼宇智能化专业教材

ISBN 978－7－5167－0723－4

Ⅰ．①综…　Ⅱ．①人…　Ⅲ．①计算机网络-布线-高等职业教育-教材　Ⅳ．①TP393.03

中国版本图书馆 CIP 数据核字(2013)第 267493 号

中国劳动社会保障出版社出版发行

（北京市惠新东街 1 号　邮政编码：100029）

*

北京隆昌伟业印刷有限公司印刷装订　新华书店经销

787 毫米×1092 毫米　16 开本　14.75 印张　312 千字

2014 年 6 月第 1 版　2019 年 7 月第 2 次印刷

定价：28.00 元

读者服务部电话：（010）64929211/84209101/64921644

营销中心电话：（010）64962347

出版社网址：http://www.class.com.cn

http://zyjy.class.com.cn

简 介

本书为全国高等职业技术院校楼宇智能化专业教材，由人力资源和社会保障部教材办公室组织编写。

本书主要介绍了智能楼宇综合布线系统的特点、标准和组成，并遵循行动导向理念，以学习任务的形式，引导学生完成综合布线工程设计与施工，系统测试与验收。书中每个任务均设有任务描述、基础知识、任务实施、总结评价等栏目。

- “任务描述”是行动导向教学中信息收集阶段的前奏，可为信息收集工作指引方向。
- “基础知识”是信息收集阶段的主要参考，也是制定工作计划阶段和决定阶段的依据，包含完成工作任务的核心信息。
- “任务实施”对应行动导向教学中的实施阶段，是进行实际操作的蓝本。此外，学生可在操作前对照此处列出的实训步骤，分析自己所定工作计划的优缺点，从而加深对工艺的理解。
- “总结评价”可帮助学生总结习得的知识和实践过的技能，并在行动导向教学的检查阶段和评估阶段起引导作用。本栏目针对学习任务的完成情况，采用自我、同学和教师三方结合的检查、评估方式，有助于提升客观性，使学生对自身知识和技能的掌握状况有更全面和准确的了解。

本书在介绍理论和技能的同时，还注重培养学生的职业规范意识和综合职业素质，旨在全面发展学生的职业能力，为其顺利进入工作岗位提供帮助。

本书由曾敏任主编，高翠红审稿。

目　录

前导知识

智能建筑（或智能楼宇）是计算机技术、通信技术、控制技术与建筑技术相结合的产物。随着全球经济一体化与社会信息化的深入，智能建筑对人们办公、学习和生活的影响日益显著。综合布线系统是现代智能建筑的基础，采用标准化的铜缆和光缆，为智能建筑的语音、数据和图像传输提供了一套实用、灵活、可扩展的模块化的介质通道。

一、布线系统的发展

布线系统（Cabling System）是指由能够支持信息电子设备相连的各种缆线、跳线、接触软线和连接器件组成的系统。传统的布线系统有电话布线系统和计算机局域网络布线系统。

随着信息化的深入发展，传统的布线系统已不能满足人们日益增长的对信息共享的需求，社会的信息化需要一个适合信息时代的布线方案。综合布线系统是在美国电话电报公司（AT&T）1985 年开发的 SYSTIMATMPDS（建筑与建筑群综合布线系统）的基础上发展起来的，现已发展为结构化综合布线系统（Structured Cabling System，SCS）。综合布线系统是指用数据和通信电缆、光缆、各种软电缆及有关连接硬件构成的通用布线系统，它是一种高速率的输出传输通道，支持语音、数据和影像的传输。综合布线是一种预布线，采用积木化、模块式的设计，遵循统一标准，其安装、升级和扩展都非常方便，能够适应较长一段时间的需求。

二、综合布线系统的特点

如果把数据比喻为货物，网络设备比喻为汽车，那么传输介质就是四通八达的公路，显然线路的优劣将直接影响到网络的传输性能。综合布线同传统的布线相比较，有着许多优越性，其特点主要表现在它具有兼容性、开放性、灵活性、可靠性、先进性和经济性。而且在设计、施工和维护方面也给人们带来了许多方便。

1. 兼容性

综合布线的首要特点是它的兼容性。所谓兼容性，是指它自身是完全独立的，而与应用系统相对无关，适用于多种应用系统。

过去，为一幢大楼或一个建筑群内的语音或数据线路布线时，往往采用不同厂家生产的电缆线、配线插座以及接头等。例如，用户交换机通常采用双绞线，计算机系统通常采用同轴电缆。这些不同的设备使用不同的配线材料，而连接这些不同配线的插头、插座及端子板也各不相同，彼此互不相容。一旦需要改变终端机或电话机的位置时，就必须敷设新的线缆以及安装新的插座和接头。

综合布线将语音、数据与监控设备的信号线经过统一的规划和设计，采用相同的传输媒介、信息插座、交连设备、适配器等，把这些不同信号综合到一套标准的布线中。由此可见，这种布线比传统布线大为简化，可节约大量的物资、时间和空间。在使用时，用户可不用定义某个工作区的信息插座的具体应用，只需把某种终端设备（如个人计算机、电话、视频设备等）插入这个信息插座，然后在管理间和设备间的交连设备上做相应的接线操作，这个终端设备就被接入各自的系统中。

2. 开放性

对于传统的布线方式，只要用户选定了某种设备，也就选定了与之相适应的布线方式和传输媒介。如果更换另一设备，那么原来的布线就要全部更换。对于一个已经完工的建筑物，这种变化是十分困难的，要增加很多投资。

综合布线由于采用开放式体系结构，符合多种国际上现行的标准，因此，它几乎对所有著名厂商的产品都是开放的，如计算机设备、交换机设备等；并支持所有通信协议，如ISO/IEC8802—3，ISO/IEC8802—5 等。

3. 灵活性

传统的布线方式是封闭的，其体系结构是固定的，若要迁移设备或增加设备相当困难和麻烦，甚至是不可能的。

综合布线采用标准的传输线缆和相关连接硬件，模块化设计。因此所有通道都是通用的。每条通道可支持终端、以太网工作站及令牌环网工作站。所有设备的开通及更改均不需要改变布线，只需增减相应的应用设备以及在配线架上进行必要的跳线管理即可。另外，组网也可灵活多样，甚至在同一房间可有多用户终端，以太网工作站、令牌环网工作站的并存为用户组织信息流提供了必要条件。

4. 可靠性

传统的布线方式由于各个应用系统互不兼容，因而在一个建筑物中往往要有多种布线方案。因此，建筑系统的可靠性要由所选用的布线可靠性来保证，当各应用系统布线不当时，还会造成交叉干扰。

综合布线采用高品质的材料和组合压接的方式构成一套高标准的信息传输通道。所有线槽和相关连接件均通过 ISO 认证，每条通道都要采用专用仪器测试链路阻抗及衰减率，以保证其电气性能。应用系统布线全部采用点到点端接，任何一条链路故障均不影响其他链路的运行，这就为链路的运行维护及故障检修提供了方便，从而保障了应用系统的可靠运行。各应用系统往往采用相同的传输媒介，因而可互为备用，提高了备用冗余。

5. 先进性

综合布线采用光纤与双绞线混合布线方式，极为合理地构成一套完整的布线。所有布线均采用世界上最新通信标准，链路均按八芯双绞线配置。5 类双绞线带宽可达 100 MHz，6 类双绞线带宽可达 200 MHz。对于特殊用户的需求，可把光纤引到桌面（Fiber to The Desk）。语音干线部分用钢缆，数据部分用光缆，为同时传输多路实时多媒体信息提供足够的带宽容量。

6. 经济性

综合布线与传统布线相比具有经济性优势，它可通过简单改造适应较长时间的需求。传统布线改造很费时间，耽误工作造成的损失更是无法用金钱计算的。

通过以上讨论可知，综合布线较好地解决了传统布线方法存在的许多问题，随着科学技术的迅猛发展，人们对信息资源共享的要求越来越迫切，尤其以电话业务为主的通信网逐渐向综合业务数字网（ISDN）过渡，越来越重视能够同时提供语音、数据和视频传输的集成通信网。因此，综合布线取代单一、昂贵、复杂的传统布线，是信息时代的要求，是历史发展的必然趋势。

三、智能建筑综合布线的相关标准

综合布线标准是设计、实施、测试、验收和监理综合布线工程的重要依据。目前，市场上广泛执行的综合布线标准一般为我国的国家标准《综合布线系统工程设计规范》（GB 50311—2007）和美国的 EIA/TIA 标准。

1. EIA/TIA 标准

EIA/TIA 标准是美国电子工业协会和美国电信工业协会为综合布线系统制定的一系列标准，其中包括以下几种：

（1）EIA/TIA—568 民用建筑综合布线标准。

（2）EIA/TIA—569 民用建筑通信通道和空间标准。

（3）EIA/TIA—607 民用建筑中有关通信接地标准。

（4）EIA/TIA—568 民用建筑通信基础设施管理标准。

在 EIA/TIA 标准中，综合布线系统由工作区子系统、水平干线子系统、管理间子系统、垂直干线子系统、设备间子系统和建筑群子系统 6 个子系统组成。各个子系统相互独立，单独设计，单独施工，构成一个有机的整体。如图 0—1 所示为 EIA/TIA—568 标准的综合布线系统。

2. 国内标准

（1）国家标准

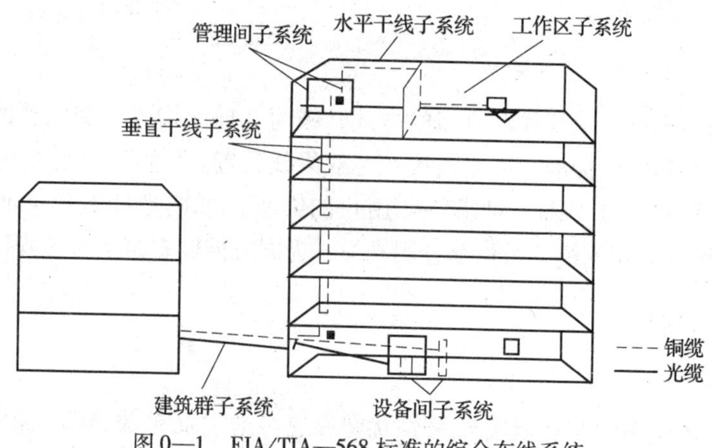

图 0—1　EIA/TIA—568 标准的综合布线系统

1995 年，中国工程建设标准化协会颁布了《建筑与建筑群综合布线系统工程设计规范》（CECS72：95）。

1997 年，该协会又颁布了《建筑与建筑群综合布线系统工程设计规范》（CECS72：97）和《建筑与建筑群综合布线系统工程施工及验收规范》（CECS89：97）。这两个标准于 2000 年 8 月 1 日作为国家标准《建筑与建筑群综合布线系统工程设计规范》（GB/T 50311—2000）和国家标准《建筑与建筑群综合布线系统施工及验收规范》（GB/T 50312—2000）开始执行。这两个国家标准中，综合布线系统的基本构成如图 0—2 所示。

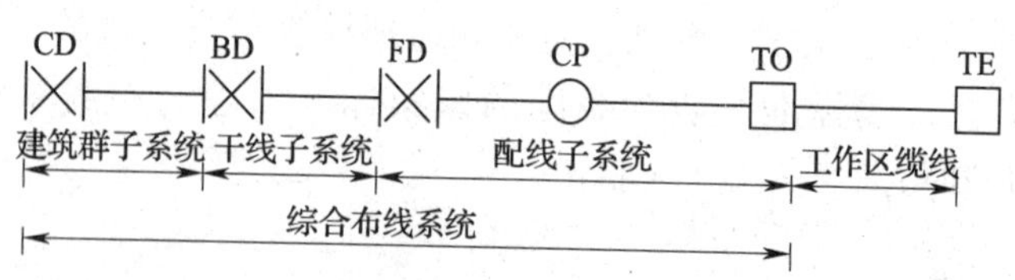

图 0—2　国家标准规定的综合布线系统

1）建筑群配线设备（Campus Distributor，CD）：终端连接建筑群主干线缆的配线设备。

2）建筑物配线设备（Building Distributor，BD）：终端连接建筑物主干线缆或建筑群主干线缆终接的配线设备。

3）楼层配线设备（Floor Distributor，FD）：终端连接水平电缆、水平光缆和其他布线子系统线缆的配线设备。

4）集合点（Consolidation Point，CP）：楼层配线设备与工作区信息点之间水平线缆路由中的连接点。配线子系统中可以设置集合点，也可不设置集合点。

5）信息点（Telecommunications Outlet，TO）：各类电缆或光缆终接的信息插座模块。

6）终端设备（Terminal Equipment，TE）：接入综合布线系统的终端设备。

2007 年 10 月 1 日，国家标准《综合布线系统工程设计规范》GB 50311—2007 和《综合布线系统工程验收规范》GB 50312—2007 开始执行。该标准在旧标准的基础上，在实用性和操作性方面有了很大的改进，同时加入了新的内容。新标准不再是推荐性标准，而是强制性标准，必须严格执行。在该标准中，综合布线系统由 7 个部分组成，即工作区、配线子系统、干线子系统、建筑群子系统、设备间、进线间和管理间。

(2) 行业标准

行业标准主要针对布线系统中产品（如线缆、连接硬件等）的指标所做的规范。

1998 年 1 月 1 日，我国通信行业标准《大楼通信综合布线系统》YD/T 926—1998 正式实施。它是针对国内综合布线产品开发、生产、检验和使用的权威性文件。2001 年和 2009 年又进行了两次修订，分别是 YD/T 926—2001 和 YD/T 926—2009。

四、综合布线系统的组成

综合布线系统的基本组成部分通常可概括为“一区、二间、三系统”，即工作区、管理间、设备间、水平子系统、垂直子系统和建筑群子系统，如图 0—3 所示。

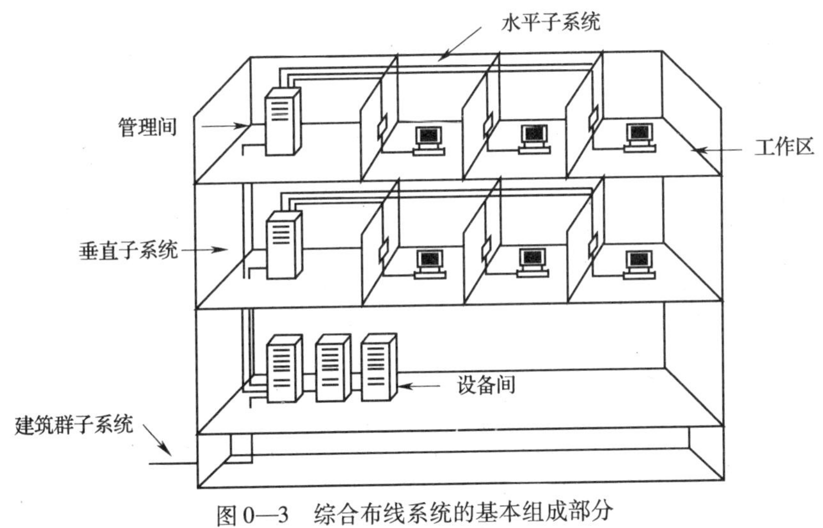

图 0—3　综合布线系统的基本组成部分

1. 工作区

工作区（Work Area）又称服务区。它是一个独立的终端设备区，如办公室、酒店客房等需放置电话、计算机等终端的区域。工作区由配线子系统的信息插座模块延伸到终端设备处的连接缆线及适配器组成。它包括计算机中的网卡、连接信息插座和计算机网卡的接插软线以及连接电话插座和电话的用户线，如图 0—4 所示。

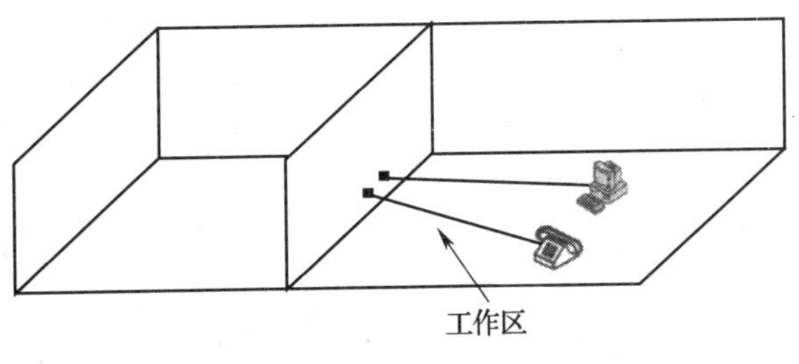

图 0—4　工作区

2. 管理间

管理间又称电信间或配线间，一般设置在每层楼的中间位置，主要安装楼层配线设备，如楼层机柜、配线架、交换机等。管理间用来连接垂直子系统和水平子系统的设备，并对工作区、设备间等的配线设备、缆线、信息插座模块等设施按一定的模式进行标识，如图0—5 所示。管理间一般采用单点管理双交连。在管理规模较大、较复杂且有二级交连间时，才设置双点管理双交连。

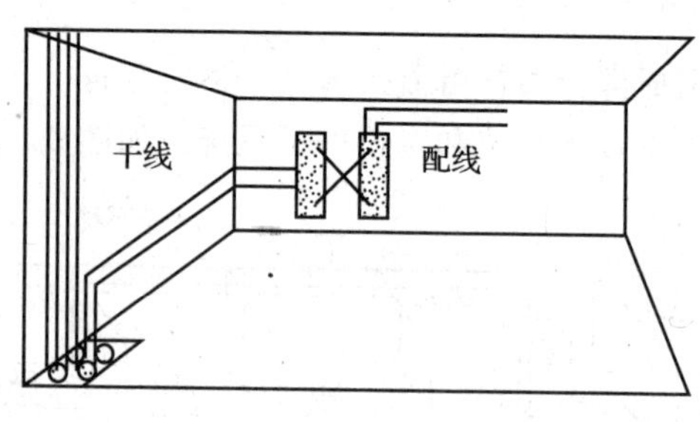

图 0—5　管理间

3. 设备间

设备间又称主控机房，是在每幢建筑物的适当地点进行网络管理和信息交换的场地，用来管理建筑群子系统和建筑物内垂直系统之间的连接。设备间由建筑物进线设备、电话交换机、计算机主机设备以及安保配线设备等组成，如图 0—6 所示。

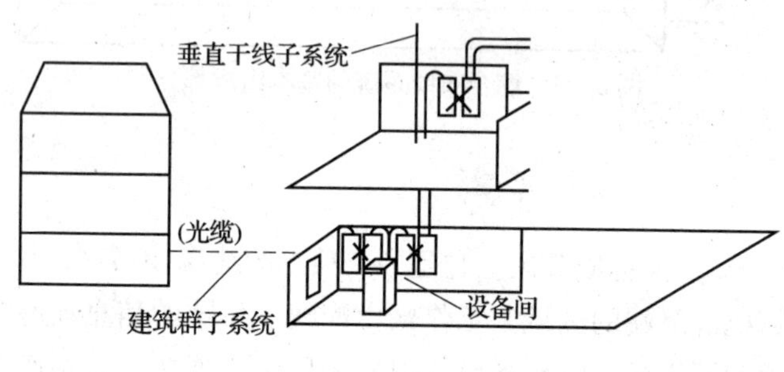

图 0—6　设备间

4. 水平子系统

水平子系统（又称配线子系统）是布线系统的重要组成部分，也是综合布线系统中用缆量最大、施工要求较高的部分。水平子系统由工作区用的信息插座模块、连接信息插座模块和管理间配线设备的电缆或光缆、管理间的配线设备及设备缆线和跳线等组成，如图 0—7 所示。一般情况下，水平电缆多采用 4 对双绞线电缆。水平子系统要根据综合布线系统的要求，设置交连间和设备间的配线设备，方便管理电视、电话、数据、影像等系统。

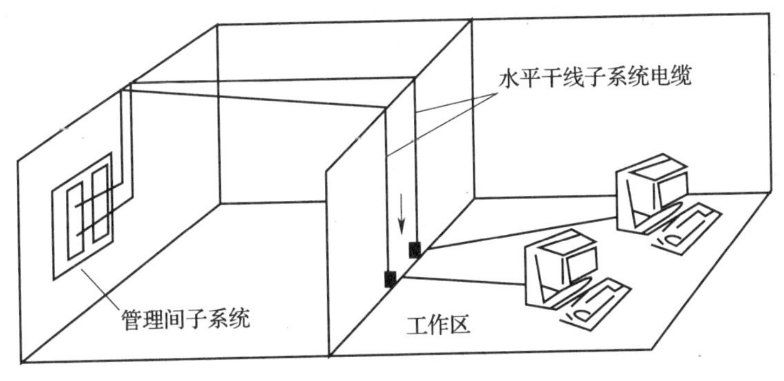

图 0—7　水平子系统

5. 垂直子系统

垂直子系统又称干线子系统，它提供建筑物的干线路由，通常安装在弱电井中。垂直子系统由连接设备间和管理间的干线电缆和光缆、安装在设备间的建筑物配线设备及设备缆线和跳线组成，用于实现设备间主配线架和楼层配线架之间的连接，如图 0—8 所示。

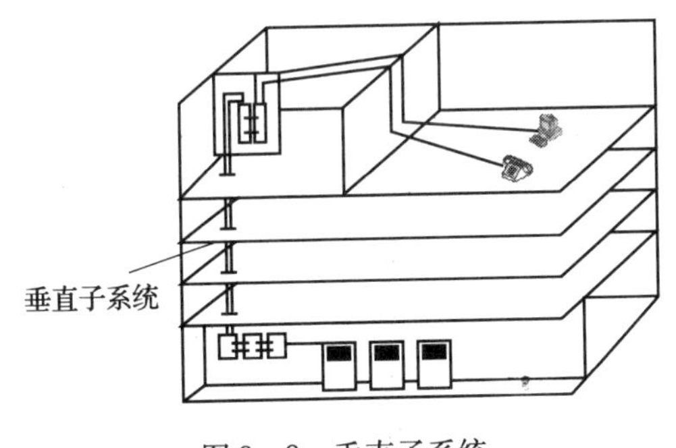

图 0—8　垂直子系统

6. 建筑群子系统

建筑群子系统是布线系统的一个可能的组成部分，能将两个以上建筑物间的通信信号连接在一起。它包括建筑群配线设备、建筑物之间主干电缆及建筑物中引入口设施，如图 0—9 所示。

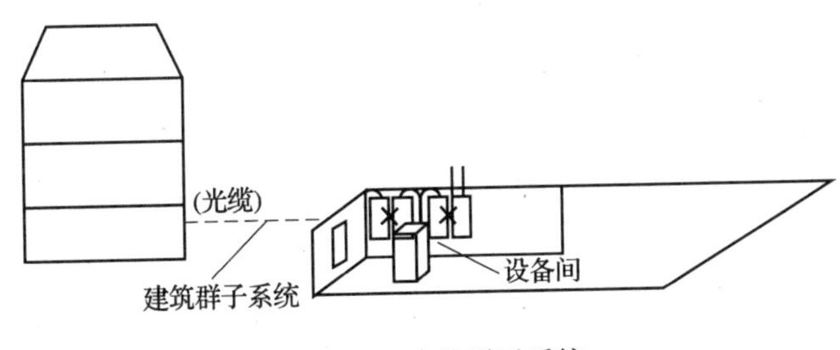

图 0—9　建筑群子系统

五、综合布线技术常用概念

1. 接口

接口是指设备的连接点。综合布线系统的接口位于各个布线子系统的端部，用以连接相关设备，如图 0—10 所示。其连接方式分互连和交连两种。

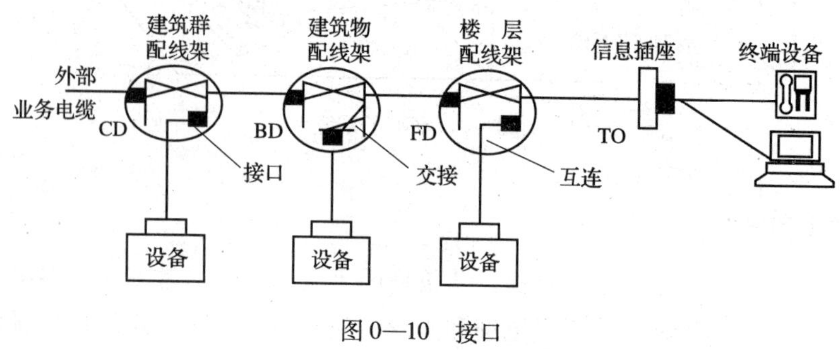

图 0—10　接口

2. 互连

互连是指不用接插软线或跳线，使用连接器件把一端的电缆或光缆与另一端的电缆或光缆直接相连的一种连接方式，如图 0—11 所示。

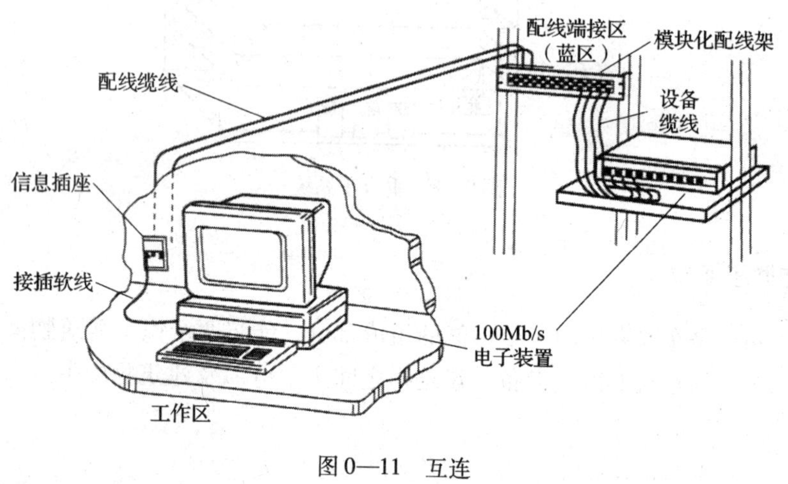

图 0—11　互连

3. 交连

交连是指配线设备和信息通信设备之间采用接插软线或跳线相连接的一种连接方式，如图 0—12 所示。

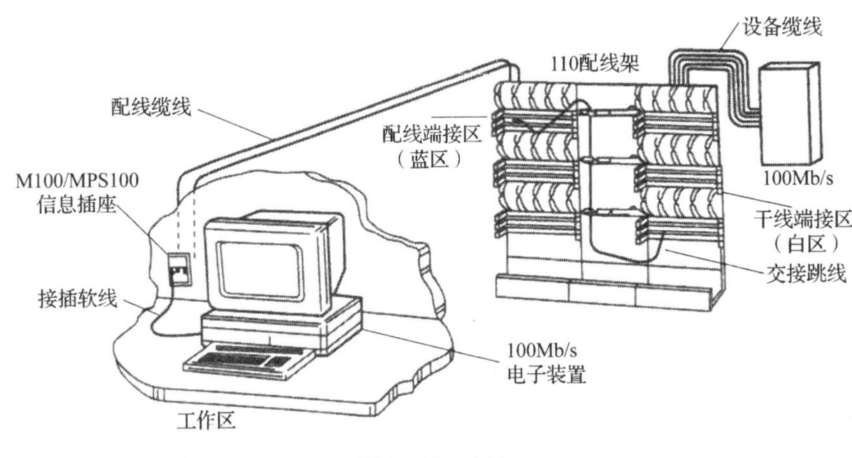

图 0—12　交连

六、综合布线系统的设计等级

对于建筑物的综合布线系统，一般设定为三种不同的布线系统设计等级。它们是：基本型综合布线系统、增强型综合布线系统和综合型综合布线系统。

1. 基本型综合布线系统

基本型综合布线系统方案是一个经济有效的布线方案。它支持语音或综合型语音数据产品，并能够全面过渡到数据的异步传输或综合型布线系统。

（1）基本配置

- 每个工作区为 8 ~ 10 m^2。
- 每个工作区有一个信息插座。
- 每个工作区有一个语音插座。
- 采用交接式交连硬件。
- 每个工作区有一条 4 对 UTP 系统配线（水平）布线，两对用于数据传输，两对用于语音传输。

（2）特点

- 能够支持所有语音和数据传输应用。
- 便于维护人员维护、管理。
- 能够支持众多厂家的产品设备和特殊信息的传输。

2. 增强型综合布线系统

增强型综合布线系统不仅支持语音和数据的应用，还支持图像、影像影视、视频会议等。它能为增加功能提供扩充的余地，并能够利用接线板进行管理。

（1）基本配置

- 每个工作区为 8 ~ 10 m^2。

- 每个工作区有一个信息插座。
- 每个工作区有一个语音插座。
- 采用交连式交接硬件。
- 每个工作区有 2 条 4 对 UTP 系统配线（水平）布线，提供语音和高速数据传输。

（2）特点

- 每个工作区有 2 个信息插座，灵活方便、功能齐全。
- 任何一个插座都可以提供语音和高速数据传输。
- 便于管理与维护。
- 能够为众多厂商提供服务环境的布线方案。

3. 综合型综合布线系统

综合型布线系统是将双绞线和光缆纳入建筑物配线布线的系统。

（1）基本配置

- 每个工作区为 8 ~ 10 m^2。
- 每个工作区有两个以上的信息点（语音、数据等）。
- 在建筑、建筑群的干线或配线子系统中配置 62.5 μm 的光缆到工作区（或光纤到桌面）。
- 在每个工作区的电缆应有 2 条以上的 4 对双绞线。

（2）特点

- 每个工作区有 2 个以上的信息插座，不仅灵活方便而且功能齐全。
- 任何一个信息插座都可提供语音和高速数据传输。

项目一　综合布线系统常用介质的认知和简单加工

在综合布线系统设计时，首先遇到的就是有关通信线路和通信效率的问题，网络中传输介质的品质在很大程度上决定着综合布线的性能。了解不同介质的特点，对网络布线工程具有决定性的意义。目前市场上有许多综合布线产品供应商，其提供的产品各具特色。因此，必须熟悉综合布线系统中所使用的各种常用介质及其性能，并根据用户的需求，选择合适的产品。

任务一　认识双绞线并制作跳线

任务描述

网络综合布线设计和安装的对象是"线"。双绞线是综合布线工程中最常用的一种传输介质，市场上供应的品种型号很多，工程技术人员应根据实际的工程需求来选购合适的电缆。本任务要求为：

- 说明 IBM、西蒙和 TCL 双绞线护套标识的含义。
- 制作一条两端均为 RJ—45 水晶头的双绞线跳线，并使用网络测试工具检测。

基础知识

一、双绞线的分类

双绞线有多种分类方法，下面介绍常用的 3 种。

1．按有无铝箔包裹划分

根据双绞线电缆的外层是否有铝箔包裹，可将双绞线分为非屏蔽双绞线（Unshielded Twisted Pair，UTP）和屏蔽双绞线（Shielded Twisted Pair，STP），如图 1—1—1 所示。

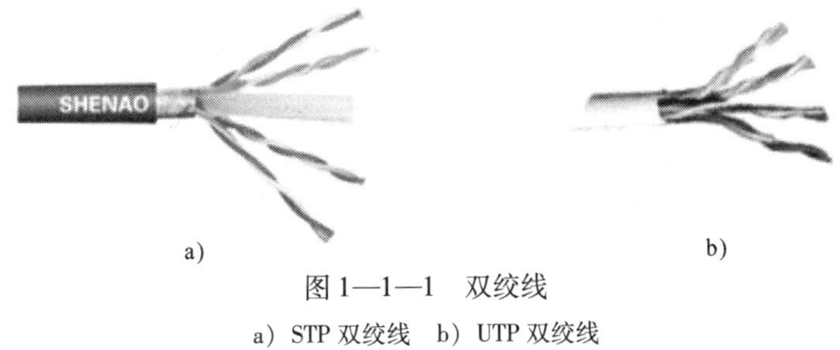

a)　　b)

图 1—1—1　双绞线

a）STP 双绞线　b）UTP 双绞线

（1）非屏蔽双绞线

非屏蔽双绞线是指不带任何屏蔽物的双绞线。它具有质量轻、体积小、弹性好和价格便宜等优点，但抗外界电磁干扰的性能较差，不能满足电磁兼容（EMC）规定的要求。同时这种电缆在传输信息时易向外泄漏辐射，安全性较差。

（2）屏蔽双绞线

屏蔽双绞线是指在护套内，甚至在每个线对外均有一层金属屏蔽层的双绞线。它具有防止外来电磁干扰和防止向外辐射电磁波的优点，但也有质量重、体积大、价格贵和不易施工等缺点。屏蔽双绞线，根据防护的要求可以分为 FTP（或 F/UTP）、SFTP（或 SF/UTP）和 SSTP（或 S/FTP）三类。

■ FTP：也称 F/UTP，采用整体屏蔽结构，在多对线对外包裹铝箔构成。FTP 通常应用于电磁干扰较为严重或对数据传输安全性要求较高的区域，如图 1—1—2 所示。

■ SFTP：也称 SF/UTP，不仅在每对线对外包裹铝箔后，还在铝箔外包裹铜编织网的方法构成。SFTP 通常应用在电磁干扰非常严重、对数据传输安全性要求很高的区域，如图 1—1—3 所示。

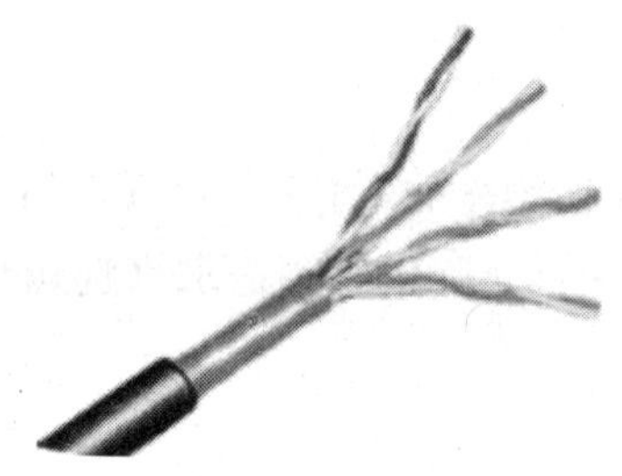

图 1—1—2　FTP 双绞线

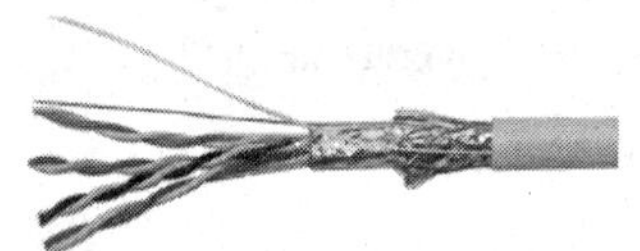

图 1—1—3　SFTP 双绞线

■ SSTP：也称 S/FTP，采用在每对线对外包裹铝箔后，再在 4 对线对外包裹金属铝箔的方法构成。SSTP 在每对线对外包裹金属铝箔可以有效抑止内部串扰，在 4 对线对外加包金属铝箔可以进行屏蔽，可提供电磁干扰防护，其应用区域同 SFTP 类似，如图 1—1—4 所示。

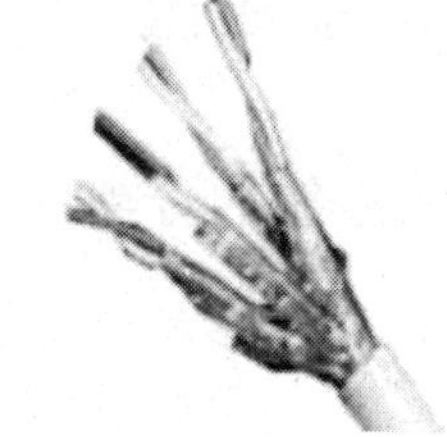

图 1—1—4　SSTP 双绞线

2. 按电气性能划分

按电气性能划分，双绞线可以分为 1 类、2 类、3 类、4 类、5 类、超 5 类、6 类、超 6 类、7 类共 9 种。类型数字越大，版本越新、技术越先进、带宽越宽，价格也越贵。双绞线技术标准是由美国通信工业协会（TIA）制定的，其标准是 EIA/TIA—568B，具体如下。

（1）1 类线（Category 1，CAT 1）

1 类线是 ANSUEJA/TIA—568A 标准中最原始的非屏蔽双绞线，但它开发之初的目的不是用于计算机网络数据通信，而是用于电话语音通信。

（2）2 类线（Category 2，CAT 2）

2 类线是 ANSI/EIA/TIA—568A 和 ISO 2 类/A 级标准中第一个可用于计算机网络数据传输的非屏蔽双绞线电缆，传输频率为 1 MHz，传输速率达 4 Mbit/s，主要用于旧的令牌网。

（3）3 类线（Category 3，CAT 3）

3 类线是 ANSI/EIA/TIA—568A 和 ISO 3 类/B 级标准中专用于 10BASE－T 以太网络的非屏蔽双绞线电缆，传输频率为 16 MHz，传输速率达 10 Mbit/s。

（4）4 类线（Category 4，CAT 4）

4 类线是 ANSI/EIA/TIA—568A 和 ISO 4 类/C 级标准中用于令牌环网络的非屏蔽双绞线电缆，传输频率为 20 MHz，传输速率达 16 Mbit/s。主要用于基于令牌网的局域网和 10BASE—T/100BASE—T 以太网中。

（5）5 类线（Category 5，CAT 5）

5 类线是 ANSI/EIA/TIA—568A 和 ISO 5 类/D 级标准中用于运行 CDDI（CDDI 是基于双绞铜线基础上的 FDDI 网络）和快速运行的以太网中的非屏蔽双绞线，传输频率为 100 MHz，传输速率达 100 Mbit/s。

（6）超 5 类线（Category excess 5，CAT 5e）

超 5 类线是 ANSI/EIA/TIA—568B. 1 和 ISO 5 类/D 级标准中用于快速运行的以太网中的非屏蔽双绞线电缆，传输频率也为 100 MHz，传输速率也可达 100 Mbit/s。与 5 类线缆相比，超 5 类线在近端串扰、串扰总和、衰减和信噪比 4 个主要指标上都有较大的改进。

（7）6 类线（Category 6，CAT 6）

6 类线是 ANSI/EIA/TIA—568B. 2 和 ISO 6 类/E 级标准中规定的一种非屏蔽双绞线电缆，它主要应用于百兆位快速以太网和千兆位以太网中。因为它的传输频率可达 200～250 MHz，是超 5 类线带宽的 2 倍，最大传输速率可达到 1 000 Mbit/s，可以满足千兆位以太网需求。

（8）超 6 类线（Category excess 6，CAT 6e）

超 6 类线是 6 类线的改进版，同样是 ANSI/EIA/TIA—568B. 2 和 ISO 6 类/E 级标准中规定的一种非屏蔽双绞线电缆，主要应用于千兆位网络中。在传输频率方面与 6 类线一样，也是 200～250 MHz，最大传输速率也可达到 1 000 Mbit/s，但是在串扰、衰减和信噪比等方面比 6 类线有较大改善。

（9）7 类线（Category 7，CAT 7）

7 类线是 ISO 7 类/F 级标准中规定的最新的一种双绞线，主要是为了适应万兆位以太网技术的应用和发展。但它不再是一种非屏蔽双绞线，而是一种屏蔽双绞线，其传输频率至少可达 500 MHz，是 6 类线和超 6 类线的 2 倍以上，传输速率可达 10 Gbit/s。

3. 按双绞线的线对数划分

按双绞线的线对数分，双绞线可以分为：4 对双绞线和大对数双绞线两类。

（1）4 对双绞线

4 对双绞线主要用于配线和布线。为了区分线对，4 对双绞线的颜色编码分别是蓝色、橙色、绿色和棕色。

（2）大对数双绞线

大对数双绞线主要用于建筑物主干布线，常用的对数有 3 类的 25 对、50 对、100 对、200 对和 5 类、超 5 类的 25 对、50 对、100 对等规格，如图 1—1—5 所示。

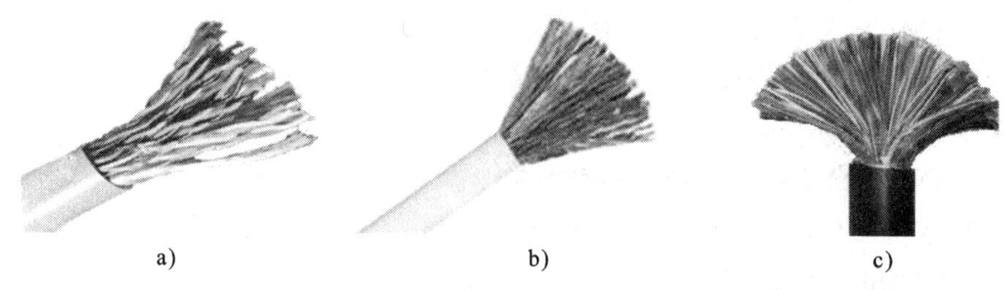

a)　　b)　　c)

图 1—1—5　大对数双绞线

a）25 对双绞线　b）50 对双绞线　c）100 对双绞线

二、双绞线的电气性能

双绞线的电气性能的优劣是影响信号传输质量的关键。下面介绍在布线过程中的几个常测参数。

1. 衰减

衰减是沿链路的信号损失度量，单位是分贝（dB），表示源传送端信号到接收端信号强度的比率。衰减与线缆的长度有关系，随着长度的增加，信号衰减也随之增加，因此必须限制电缆的长度。双绞线的传输距离一般不超过 100 m。衰减还随频率的变化而变化，因此，应测量在应用范围内的全部频率上的衰减。

2. 串扰

串扰是指信号在双绞线的一个线对上传输时，对其他线对信号的正常传输造成的干扰。串扰分近端串扰和远端串扰。如果在信号输入端测试，得到的就是近端串扰，如果在信号输出端测试，得到的就是远端串扰。

3. 衰减串扰比

在某些频率范围内，衰减与串扰量的比例关系是反映电缆性能的另一个重要参数。衰减串扰比有时也用信噪比表示，它由最差的衰减量与近端串扰量值的比值计算。衰减串扰比值较大，表示抗干扰的能力较强。一般系统要求衰减串扰比大于 10 dB。

4. 直流环路电阻

直流环路电阻会消耗一部分信号，并将其转变成热量。它是指一对导线电阻的和，11801 规格的双绞线的直流环路电阻不得大于 19.2 Ω。每对导线间的直流环路电阻差异不能太大（小于 0.1 Ω），否则表示接触不良，必须检查连接点。

5. 特性阻抗

特性阻抗包括电阻频率为 1 ~ 100 MHz 的电感阻抗及电容阻抗，它与一对电线之间的距离及绝缘体的电气性能有关。双绞线的特性阻抗分 100 Ω、120 Ω 及 150 Ω 几种。综合布线中通常使用 100 Ω 的双绞线。

6. 电缆特性

通信信道的品质是通过它的电缆特性来描述的。信噪比是在考虑到干扰信号的情况下对数据信号强度进行描述的一个度量。如果信噪比过低，将导致数据信号在被接收时，接收器不能分辨数据信号和噪声信号，最终导致数据错误。因此，为了将数据错误限制在一定范围内，必须定义一个可接收的最小的信噪比。

三、双绞线的护套标识

在双绞线的护套上一般都有一些符号和代码，这就是双绞线的护套标识，用来标识供应商名称、双绞线类型、规格单位等信息。熟练识别这些标识，对于在进行综合布线时选择合适的双绞线很有帮助。

1. AMP

安普（AMP）是最常见的一个品牌，如图 1—1—6 所示。其产品的最大特点就是质量好、价格便宜。但假货最多，而且很难区分真假。AMP 双绞线的标识示例如下：

AMP NETCONNECT CATEGORY 6 CABLE 0028 E138034—CM（UL）4PR 23AWG UTP 75C—001 NETER 0732

图 1—1—6　AMP 双绞线

- AMP NETCONNECT：双绞线生产商为 AMP。
- CATEGORY 6 CABLE：产品为 6 类双绞线。
- 0028 E138034：代表其产品编号。
- CM：指通用电缆，CM 是 NEC（美国国家电气规程）中防火耐烟等级的一种。
- UL：说明双绞线满足 UL（Underariters Laboratories Inc.，保险者实验室）的标准要求。UL 成立于 1984 年，是一家非营利的独立组织，致力于产品的安全性测试和认证。
- 4PR 23AWG：电缆由 4 对 23 AWG 的电缆组成非屏蔽电缆。AWG 即 American Wire Gauge，是美制电线标准的简称，AWG 值是导线直径（以英寸计）的函数。
- UTP 75C：非屏蔽电缆的最高温度不超过 75℃。
- 001 NETER：标识双绞线长度点。
- 0732：生产日期为 2007 年第 32 周。

2. qUP

图 1—1—7 qUP 双绞线

宽普科技（qUP）的产品线涵盖综合布线系统的各个环节，如图 1—1—7 所示。qUP 双绞线标识示例如下：

qUP BROADBAND 3081004 4/24 ENHANCED CAT. 5E UTP CM（UL） C（UL） VERIFIED TIA/EIA 568B 87164914FT

■ qUP BROADBAND：表示产品为 qUP 的 BROADBAND 宽频双绞线。

■ 3081004：产品的型号。

■ 4/24：4 对 24 AWG 双绞线。直径为 24 AWG，约为 0.511 mm。

■ ENHANCED：表示为增强型或加强型。

■ CAT. 5E：产品为超 5 类双绞线。

■ UTP：非屏蔽双绞线。

■ CM：产品为通信通用电缆，CM 是 NEC（美国国家电气规程）防火耐烟等级中的一种。

■ UL：说明双绞线满足 UL（Underwriters Laboratories Inc. 保险业者实验室）的标准要求。UL 成立于 1984 年，是一家非营利的独立组织，致力于产品的安全性测试和认证。

■ CM（UL） C（UL） VERIFIED：说明双绞线满足 UL（Underwriters Laboratories Inc. 保险业者实验室）的标准要求和 NEC（美国国家电气规程）中防火耐烟等级要求。

■ TIA/EIA 568B：TIA 是电信工业联盟英文的简写，EIA 是电子工业联盟的简写，TIA/EIA 568B 是它们共同制定的布线标准。

■ 87164914FT：双绞线的长度点，FT 为英尺的缩写。

四、双绞线跳线

在一根双绞线的两端压接上 RJ—45 水晶头就成为一根双绞线跳线。RJ—45 线序的排列有两个标准，分别是 TIA/EIA—568A 和 TIA/EIA—568B，见表 1—1—1。根据两端线序是否相同，可将双绞线跳线分为直通线、交叉线和反接线三种。

表 1—1—1 TIA/EIA—568A 线序和 TIA/EIA—568B 线序

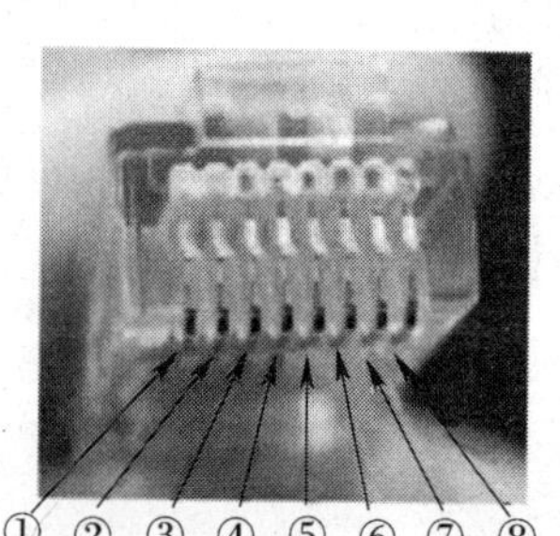	TIA/EIA—568A 线序：白绿、绿、白橙、蓝、白蓝、橙、白棕、棕
	TIA/EIA—568B 线序：白橙、橙、白绿、蓝、白蓝、绿、白棕、棕

1. 直通线

直通线用于将计算机连入交换机，以及交换机和交换机之间不同类型端口的连接。直通线在综合布线系统中可以用来连接工作区的信息插座与工作站，以及管理间、设备间的配线架与交换机。根据 EIA/TIA—568B 标准，直通线两端 RJ—45 连接器的连接线序见表1—1—2。

表 1—1—2　　直通线连接线序

端 1	白/橙	橙	白/绿	蓝	白/蓝	绿	白/棕	棕
端 2	白/橙	橙	白/绿	蓝	白/蓝	绿	白/棕	棕

2. 交叉线

交叉线用于计算机与计算机的直接相连，交换机与交换机相同类型端口的直接相连，以及将计算机直接接入路由器的以太网接口。根据 EIA/TIA—568B 标准，交叉线两端 RJ—45 连接器的连接线序见表 1—1—3。

表 1—1—3　　交叉线连接线序

端 1	白/橙	橙	白/绿	蓝	白/蓝	绿	白/棕	棕
端 2	白/绿	绿	白/橙	蓝	白/蓝	橙	白/棕	棕

3. 反接线

反接线用于将计算机接入交换机或路由器的控制端口。此时计算机将作为网络设备的超级终端，实现对网络设备的管理和配置。根据 EIA/TIA—568B 标准，反接线两端 RJ—45 连接器的连接线序见表 1—1—4。

表 1—1—4　　反接线连接线序

端 1	白/橙	橙	白/绿	蓝	白/蓝	绿	白/棕	棕
端 2	棕	白/棕	绿	白/蓝	蓝	白/绿	橙	白/橙

五、网络测试工具及使用方法

此处以能手测试仪为例进行介绍。能手测试仪是一种最常用的网络测试工具，如图 1—1—8 所示。它不仅可以用于导线的连通测试，而且可以用于导线的短路和断路测试。

1. 直通线测试

所谓直通线测试是指线缆两端的线序排列一致并一一对应。因此，在测试直通连线时，如果主测试仪的指示灯按 1 到 8 的顺序闪亮，远程测试端的指示灯也按 1 到 8 的顺序闪亮，就说明线缆的直通连线没有问题，否则就说明直通连线有问题。

图 1—1—8 能手测试仪

2. 交错线测试

所谓交错线测试是指线缆两端的线序不一致，根据 EIA/TIA—568B 标准，采用“1－3，2－6”交错。因此，在测试交错连线时，如果主测试仪的指示灯按 1 到 8 的顺序闪亮，远程测试端的指示灯按 3、6、1、4、5、2、7、8 的顺序闪亮，就说明线缆的交错连通性没问题，否则就说明交错连通性有问题。

3. 线缆断路测试

（1）当有 1～6 根导线断路时，主测试仪和远程测试端的对应线序号的指示灯不亮，但其他的灯仍然可以逐个闪亮。

（2）当有 7 根或 8 根导线断路时，则主测试仪和远程测试端的指示灯都不亮。

4. 线缆短路测试

（1）当有两根导线短路时，主测试仪的指示灯仍然按 1 到 8 的顺序逐个闪亮，而远程测试端两根短路线所对应的指示灯将同时闪亮，其他指示灯仍按正常顺序逐个闪亮。

（2）当有 3 根或 3 根以上的导线短路时，主测试仪的指示灯仍从 1 到 8 逐个闪亮，而远程测试端的所有短路线对应的指示灯都将不亮。

任务实施

1. 查资料，举例说明 IBM、西蒙和 TCL 双绞线护套标识的含义。

2. 制作一条两端均为 RJ—45 水晶头的跳线。

（1）准备实训仪表和器材（见表 1—1—5）

表 1—1—5　　**实训仪表和器材**

名称	图片	数量	介绍
剥线器		1 个	剥除电线头部的表面绝缘层的常用工具。要根据导线直径，选用合适孔径的剥线钳刀片
压线钳	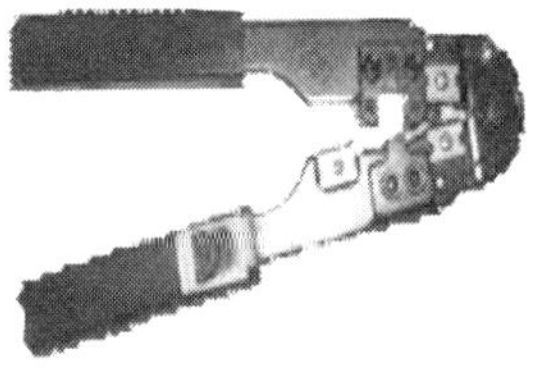	1 把	是用来压制水晶头的一种工具。常见的电话线接头和网线接头都是用压线钳压制而成的
剪线钳		1 把	用于剪断电缆
UTP 5e 双绞线		1 根	超 5 类非屏蔽双绞线
RJ—45		2 个	RJ—45 水晶头的正面有三个凹槽，前面第一凹槽卡接双绞线线芯，中间凹槽用于固定 8 根线，后面凹槽用于固定双绞电缆的外护套，反面有一个卡柱用于固定 RJ—45 水晶头和信息模块插孔的连接。前端有 8 个铜质卡接簧片，用于卡接 8 根芯线，芯线按规定色标排列卡接
能手测试仪		1 台	一种常用测试工具。不仅可以用于导线的连通测试，而且可以用于导线的短路和断路测试

（2）辨认 TIA/EIA—568A 和 TIA/EIA—568B 的线序标准

具体情况见表 1—1—1。

（3）制作 RJ—45 跳线步骤（见表 1—1—6）

表 1—1—6　　制作 RJ—45 跳线步骤

步骤	图示
第一步：剥线。先用剪线钳剪下所需长度（应比最终的长度要长约 60 mm）的 UTP 电缆，然后利用电缆剥线器将电缆护套自端头环切 20 ~ 30 mm，以便做水晶头排线	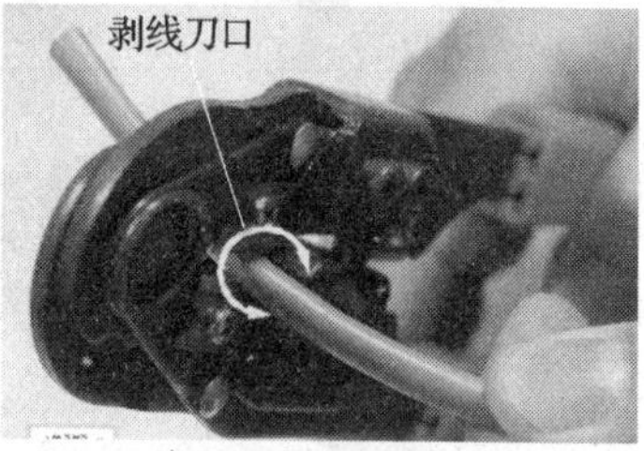 剥线刀口
第二步：拨线	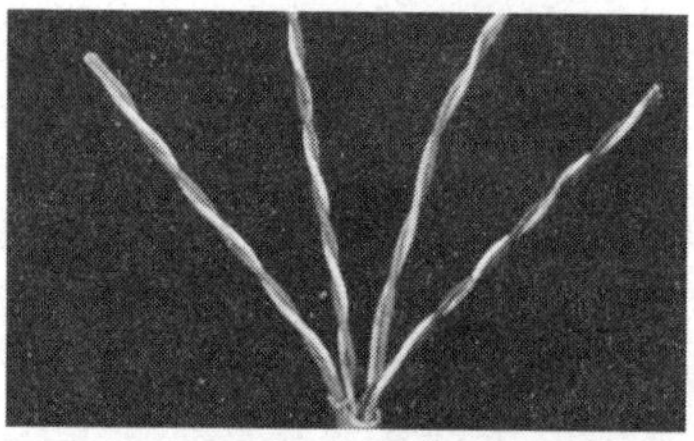
第三步：排线。以 TIA/EIA—568B 线序为例。绿色线对需跨越蓝色线对，被放在第 6 只脚的位置	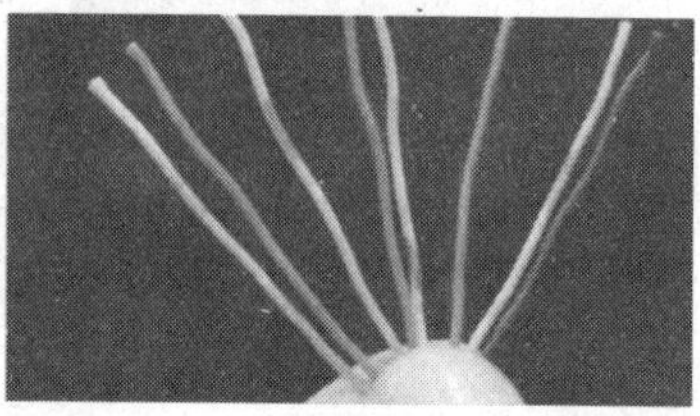
第四步：理线。将 8 根导线理顺、捋直，导线间不留空隙	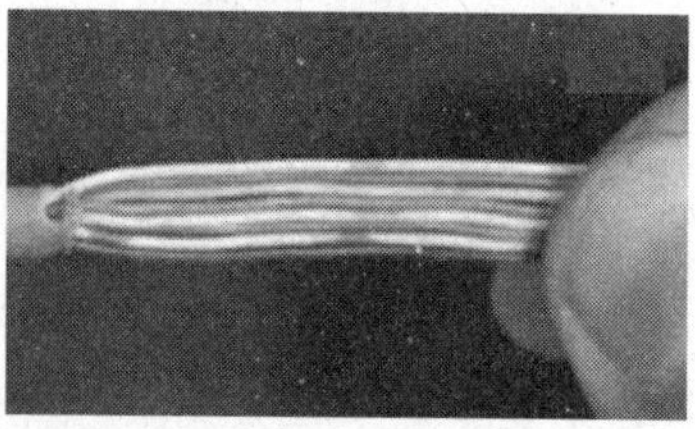
第五步：剪线。在芯线离护套 13 mm 处将排好的芯线剪齐	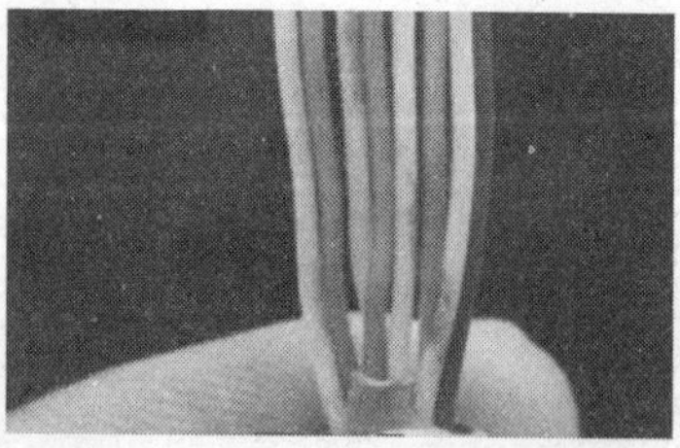

续表

步骤	图示
第六步：插线。左手以拇指和中指捏住水晶头，使有塑料弹片的一面向下，针脚一面朝远离自己的方向，并用食指抵住；右手捏住双绞线，缓缓用力将 8 根导线平行沿水晶头内的 8 条线槽插入，直到线槽顶端	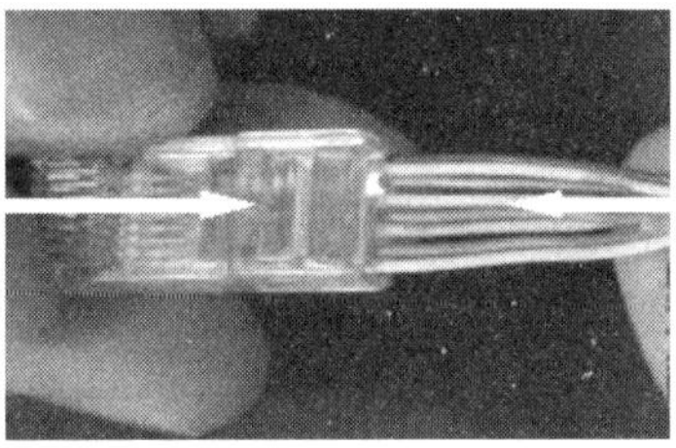
第七步：压线。将已插入线缆的水晶头放入压线钳中，紧握把柄，并保持 3 s。其作用是将水晶头内的塑料片压下卡住进入头内的电缆护套，并将水晶头内的针脚压入芯线中，使之导通	
第八步：采用上述步骤，制作另一端的水晶头	
第九步：测试。将压好的两个水晶头分别置于测试仪的插孔内，开启主端电源。如果所有指示灯按顺序闪亮，则说明跳线制作成功。否则，需要返工重做	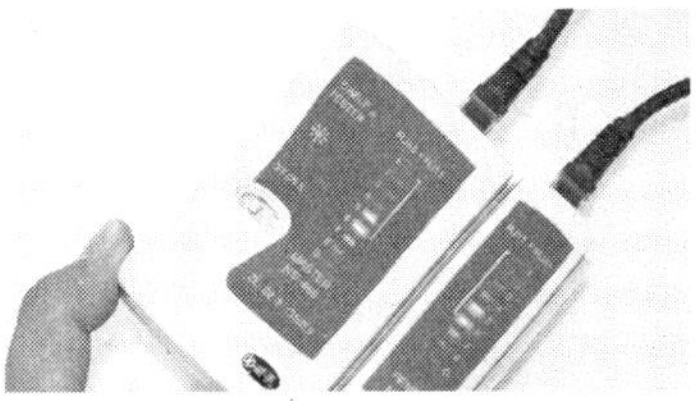

总结评价

一、主题讨论

1. 比较屏蔽双绞线和非屏蔽双绞线的优缺点。

2. 描述三种屏蔽双绞线的屏蔽特征（见表 1—1—7）。

表 1—1—7　　三种屏蔽双绞线的屏蔽特征

名称	别名	屏蔽特征
FTP	F/UTP	在双绞线对外用金属箔屏蔽
SFTP		
SSTP		

3. 比较超 5 类、6 类和 7 类双绞线的性能参数。

二、填写评价表

根据对双绞线的种类、品牌、性能了解的情况，以及制作 RJ—45 跳线的熟练程度，进行总结，并填写评价表（见表 1—1—8）。给出本任务完成情况的实习成绩。

表 1—1—8　　制作 RJ—45 跳线实训评价表

<table>
<tr><th colspan="2">项目</th><th>项目完成情况叙述</th><th>配分</th><th>自我评分</th><th>同学评分</th><th>教师评分</th></tr>
<tr><td colspan="2">了解网线的分类</td><td></td><td>10</td><td></td><td></td><td></td></tr>
<tr><td colspan="2">了解制作标准</td><td></td><td>10</td><td></td><td></td><td></td></tr>
<tr><td colspan="2">识读典型双绞线产品的标识和代码</td><td></td><td>10</td><td></td><td></td><td></td></tr>
<tr><td colspan="2">做一根标准网络线缆</td><td></td><td>20</td><td></td><td></td><td></td></tr>
<tr><td colspan="2">测试网络线缆的连通性</td><td></td><td>20</td><td></td><td></td><td></td></tr>
<tr><td colspan="2">学生解决问题的能力</td><td></td><td>10</td><td></td><td></td><td></td></tr>
<tr><td rowspan="3">安全文明操作</td><td colspan="2">安全操作（违反一项操作规程扣 10 分，违反两项扣 40 分）</td><td>10</td><td></td><td></td><td></td></tr>
<tr><td colspan="2">正确摆放、使用工具、仪表等（未正确摆放或使用错误扣 5 分）</td><td>5</td><td></td><td></td><td></td></tr>
<tr><td colspan="2">现场整理与设备移交（未移交扣 20 分，未清理扣 5 分，清理不干净扣 2 分）</td><td>5</td><td></td><td></td><td></td></tr>
<tr><td rowspan="2">自我评价</td><td colspan="2" rowspan="2"></td><td>综合评分</td><td colspan="3" rowspan="2">自己签名：</td></tr>
<tr><td></td></tr>
<tr><td rowspan="2">小组评价</td><td colspan="2" rowspan="2"></td><td>综合评分</td><td colspan="3" rowspan="2">项目小组负责人签名：</td></tr>
<tr><td></td></tr>
<tr><td rowspan="2">教师评价</td><td colspan="2" rowspan="2"></td><td>综合评分</td><td colspan="3" rowspan="2">教师签名：</td></tr>
<tr><td></td></tr>
</table>

拓展知识

一、双绞线的应用范围

双绞线是网络系统集成工程中常用的传输介质，主要用于楼宇内部的水平子系统和工作区子系统布线，也可应用于投资较少且对传输速率要求不太高的垂直主干子系统当中，如图 1—1—9 所示。

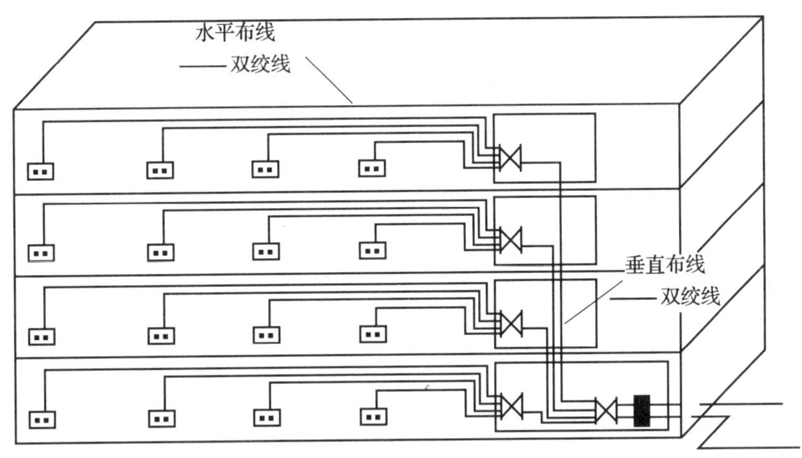

图 1—1—9　双绞线的应用范围

二、双绞线的应用规则

当前综合布线系统中常用的双绞线是超 5 类和 6 类非屏蔽双绞线。具体应用规则见表 1—1—9。

表 1—1—9　双绞线的应用规则

双绞线规格	使用网络	长度/线对数	最高传输速率
5 类	10Base—TX，100Base—TX	100 m/2 对	100 Mbit/s
超 5 类	100Base—TX，1 000Base—T	100 m/2 对，100 m/4 对	125 Mbit/s，1 000 Mbit/s
6 类	100Base—TX，1 000Base—T	100 m/2 对，100 m/4 对	125 Mbit/s，1 000 Mbit/s
7 类	1 000Base—T，10GBase—T	100 m/4 对，100 m/4 对	1 000 Mbit/s，10 Gbit/s

三、电缆防火等级

电缆防火等级分增压级、干线级、商用级、通用级和家居级。

（1）增压级

增压级是防火等级最高的电缆防火等级，在一捆电缆上使用风扇强制向火焰吹风时，电缆将在火焰蔓延 5 m 以内自行熄灭。增压级电缆使用聚四氟乙烯的绝缘材料，在燃烧或处于极度高温时，产生的化学物质散发出浓度非常低的烟雾，电缆不会放出毒烟或水蒸气。

（2）干线级

干线级是防火等级位居第二的电缆，在使用风扇强制向火焰吹风的条件下，成捆电缆必须在火焰蔓延 5 m 以内自行熄灭，但干线级电缆没有烟雾或毒性规范。通常在大楼干线和水平电缆中使用这种防火等级的电缆。

（3）商用级

商用级对电缆的防火要求比干线级对电缆的要求低，成捆电缆必须在火焰蔓延 5 m 以内自行熄灭，但没有任何风扇强制向火焰吹风的限制。与干线级一样，商用级电缆没有烟雾或毒性规范。这种防火等级的电缆常用于水平布线中。

（4）通用级

通用级与商用级类似。

（5）家居级

家居级是通信布线中最低的防火等级，这种等级也没有烟雾或毒性规范，仅应用于单独铺设每条电缆的家庭或小型办公室系统中。

任务二　制作信息模块

任务描述

信息模块是信息插座的核心。所谓信息插座，其外形类似于电源插座，其作用是为计算机等终端设备提供一个网络接口。一般来说，一个信息点就需要一个信息插座。计算机等终端设备通过双绞线跳线连接到信息插座，从而连接到综合布线系统。本任务要求制作免打和打线信息模块。

基础知识

信息插座通常由信息模块、面板和底盒三部分组成。信息模块是信息插座的核心，双绞线电缆与信息插座的连接实际上是与信息模块的连接。信息模块所遵循的标准，决定着信息插座所适用的信息传输通道，如图 1—2—1 所示。信息插座中的信息模块通过水平干线与楼层配线架相连，并通过工作区跳线与综合布线系统中的其他设备相连。信息模块的类型必须与水平子系统和工作区跳线的线缆类型一致。

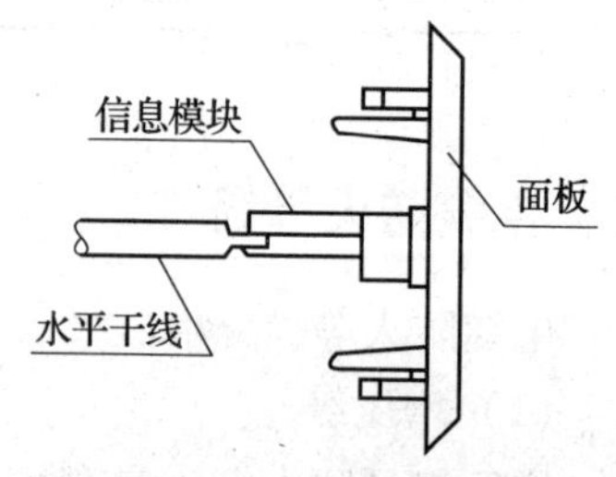

图 1—2—1　信息插座

一、信息插座的分类

信息插座根据其所采用信息模块的类型，以及面板和底盒的结构不同有很多种分类方法。在综合布线系统中，通常是根据安装位置的不同把信息插座分成墙面型、桌面型和地面型等几种类型。

1. 墙面型插座

墙面型插座多为安装于墙壁内或护壁板中的内嵌式插座，主要用于与主体建筑同时完成的综合布线工程。为了防止灰尘，目前使用的大部分墙面型插座都带有扣式防尘盖或弹簧防尘盖。

2. 桌面型插座

桌面型插座适用于主体建筑完成后进行的综合布线工程。桌面型插座有多种类型，一般可以直接固定在桌面上。桌面型插座如图 1—2—2 所示。

3. 地面型插座

在地板上进行信息插座安装时，需要选用专门的地面型插座。地面型插座多为铜质。铜质地面型插座有旋盖式、翻扣式和弹启式 3 种，铜面又分为方、圆两款，其中弹启式地面型插座应用最为广泛，如图 1—2—3 所示。弹启式地面型插座通常采用铜合金或铝合金材料制成，可以安装于建筑物内任意位置的地板平面上，适用于大理石、木地板、地毯、架空地板等各种地面。不使用插座时，插座的面盖与地面相平，不影响通行和清扫，而且在闭合的面盖上行走时，面盖不会轻易弹出。地面型插座的防渗结构可以保证水滴等液体在插座表面上不会渗入。

图 1—2—2　桌面型插座

图 1—2—3　地面型插座

二、信息模块的分类

1. 按端接的电缆分类

根据信息模块端接的是屏蔽双绞线还是非屏蔽双绞线，可以将信息模块分为屏蔽信息模块和非屏蔽信息模块。

2. 按是否打线分类

根据信息模块端接双绞线时是否需要使用打线工具，可以将信息模块分为打线信息模块和免打信息模块，如图 1—2—4 所示。制作打线信息模块需要专门的打线工具，制作起来比较麻烦。制作免打信息模块无须手工打线，也无须任何模块打线工具，只需把相应双绞线卡入相应位置，然后用手轻轻一压即可，使用起来非常方便、快捷。

5类RJ—45插座模块

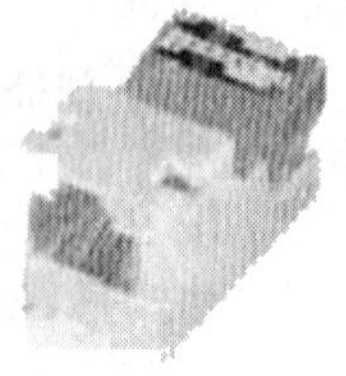
RJ11 插座模块（免打）

超5类RJ—45插座模块（免打）

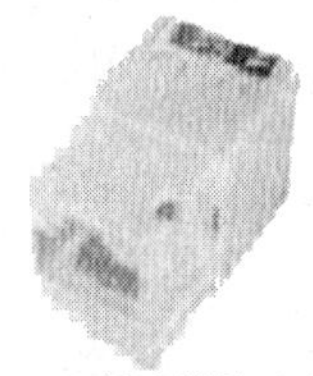
6类RJ—45插座模块（免打）

超5类RJ—45屏蔽插座模块

6类RJ—45屏蔽插座模块（免打）

超5类RJ—45屏蔽插座模块（免打）

图 1—2—4　常见信息模块

三、配套器件

1. 面板

面板是用来固定信息模块的，有单口与双口之分。正面分别如图 1—2—5a 中的左、右图所示，反面分别如图 1—2—5b 中的左、右图所示。

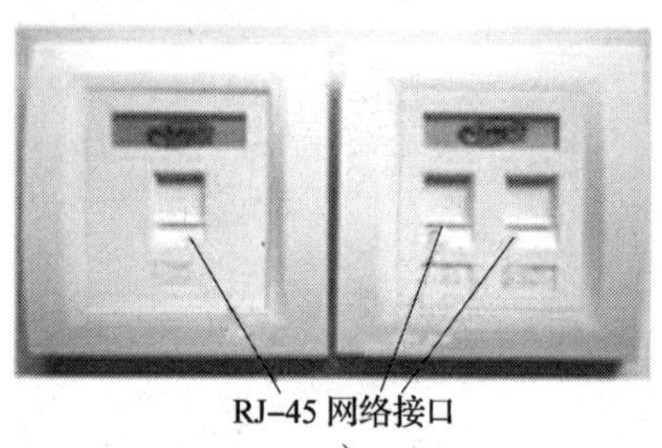

a)

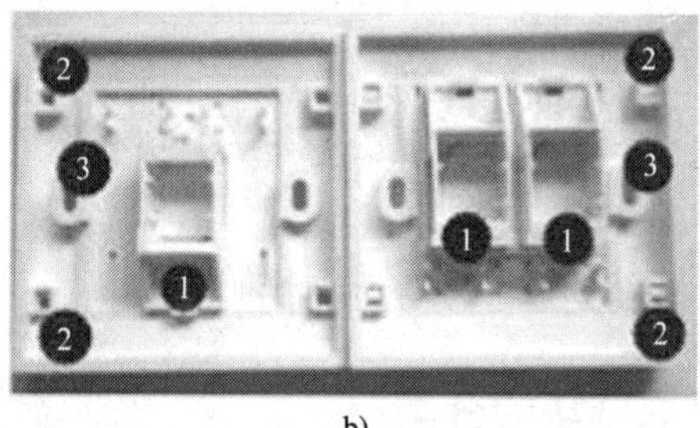

b)

图 1—2—5　信息面板

a）面板正面　b）面板反面

从图 1—2—5a 中可以看出，单口面板中只能安装一个信息模块，提供一个 RJ—45 网络接口，双口的可以安装两个信息模块，提供两个 RJ—45 网络接口。在面板的反面要认识 3 个关键部位，在图 1—2—5b 中已分别用①、②、③表示。①是模块扣位，用于固定放置制作好的信息模块。②是遮罩板连接扣位，用来遮掩面板中与底盒固定的螺钉孔位（见图

1—2—6 左图中的 4 个②位置）。面板拆分后的两部分如图 1—2—6 中的左、右图所示。遮罩板与面板的组合就是通过图 1—2—6 中②所示的 4 个扣位（遮罩板与图 1—2—6 中 4 个②所示的位置相对应）实现的。③是用来固定面板与底盒（见图 1—2—7）的螺钉孔。

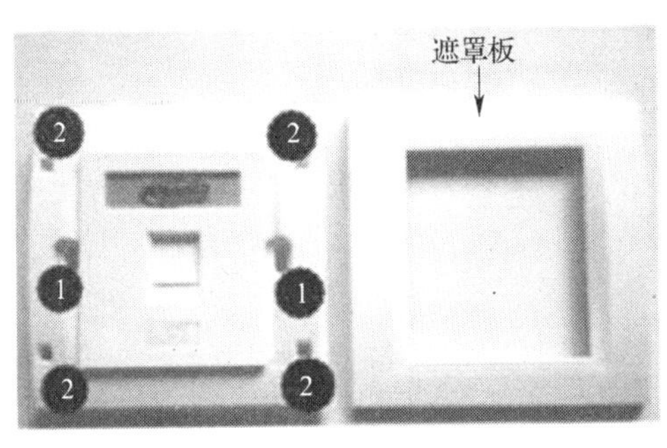

图 1—2—6　面板正面的两部分

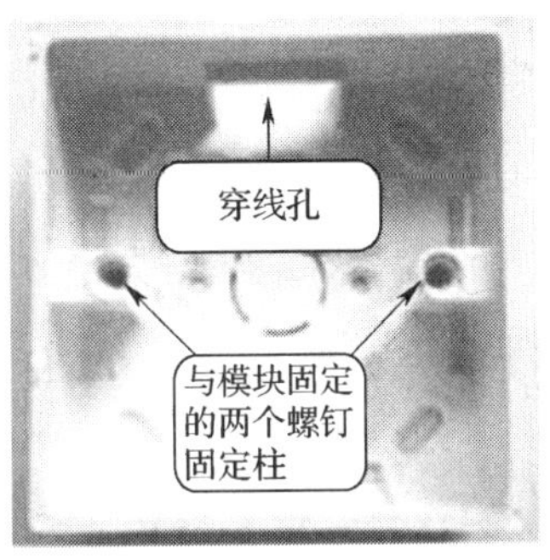

图 1—2—7　信息模块底盒

2. 底盒

如图 1—2—8 所示，底盒按材料组成一般分为金属底盒和塑料底盒；按安装方式一般分为暗装底盒和明装底盒；按面板规格分为 86 系列和 120 系列。

a)

b)

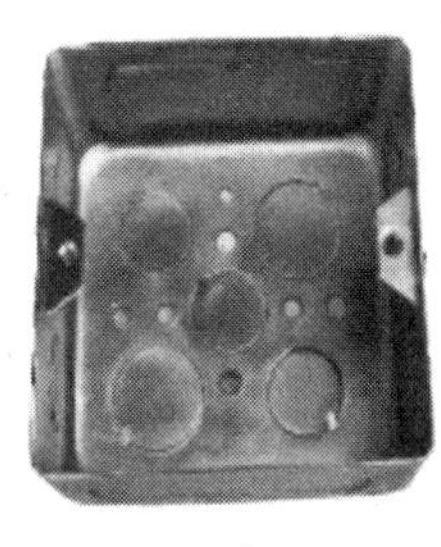

c)

图 1—2—8　底盒

a）明装底盒　b）暗装塑料底盒　c）暗装金属底盒

3. 打线工具

（1）打线刀

制作端接信息模块，需要使用打线刀将双绞线压入模块，并剪断多余的线头，如图 1—2—9 所示。

（2）专业打线工具

端接配线架时，可以使用专业打线工具（见图 1—2—10），效率较高。

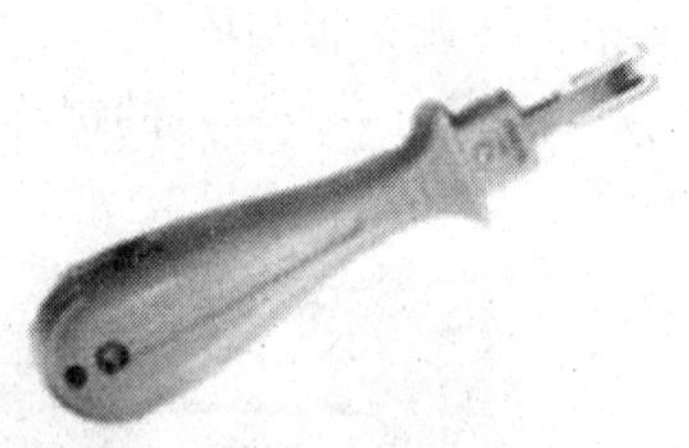

图1—2—9　打线刀

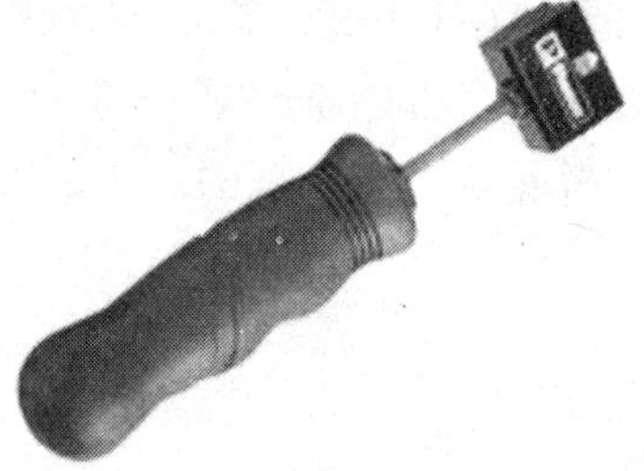

图1—2—10　专业打线工具

任务实施

1. 制作免打信息模块

（1）准备器材和工具（见表1—2—1）

表1—2—1　　实训工具清单

设备名称	数量	单位
剥线钳		
平口旋具		
压线钳		
剪刀		
免打模块		
超5类非屏蔽双绞线		

（2）实施步骤（见表1—2—2）

表1—2—2　　实施步骤

步骤	图示
第一步：剥线	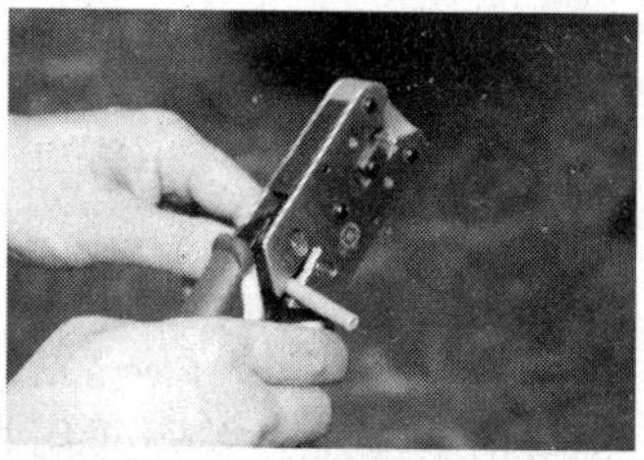
第二步：分线	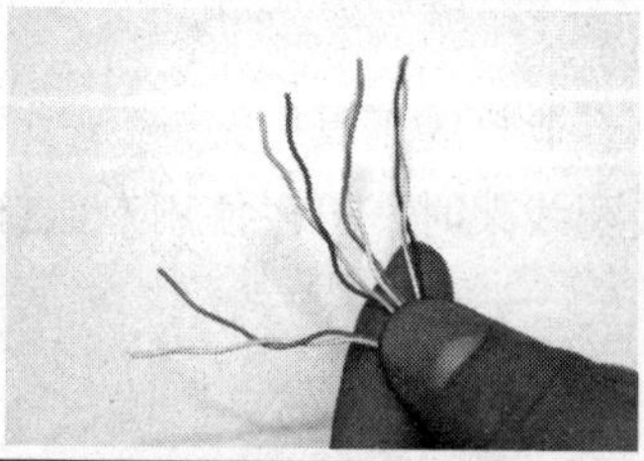

续表

步骤	图示
第三步：理线	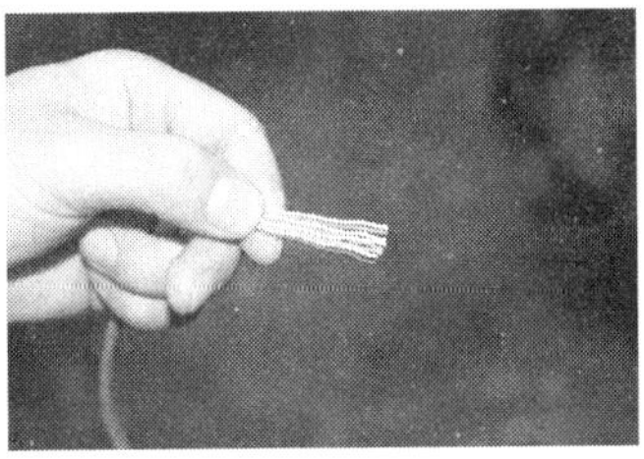
第四步：剪线	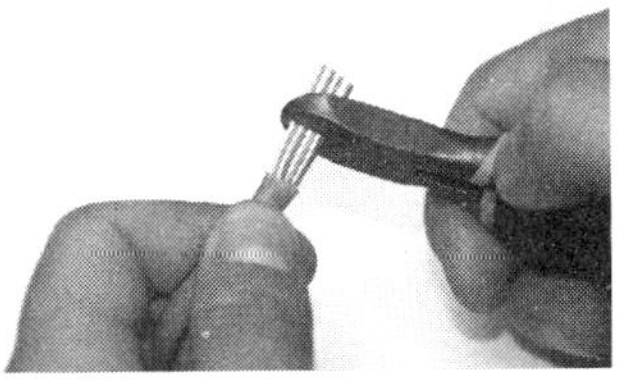
第五步：插线	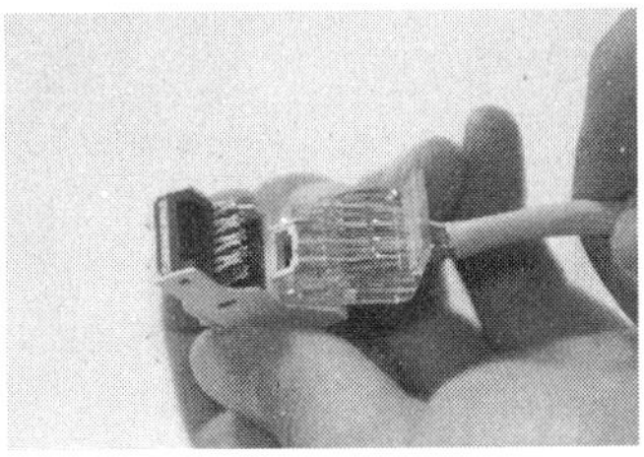
第六步：弯线	
第七步：剪线	

续表

步骤	图示
第八步：压入模块	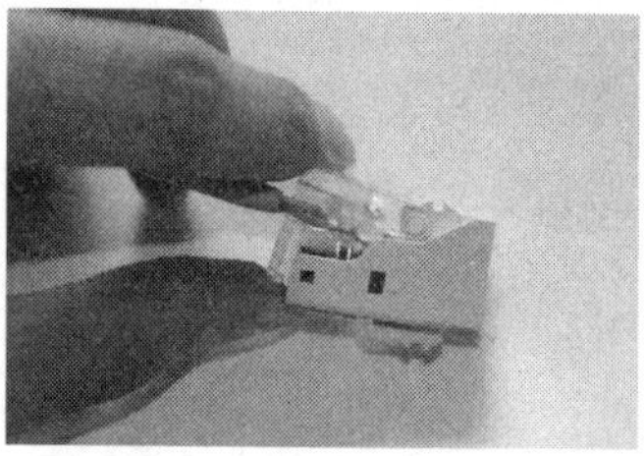
第九步：压接	
第十步：查看效果	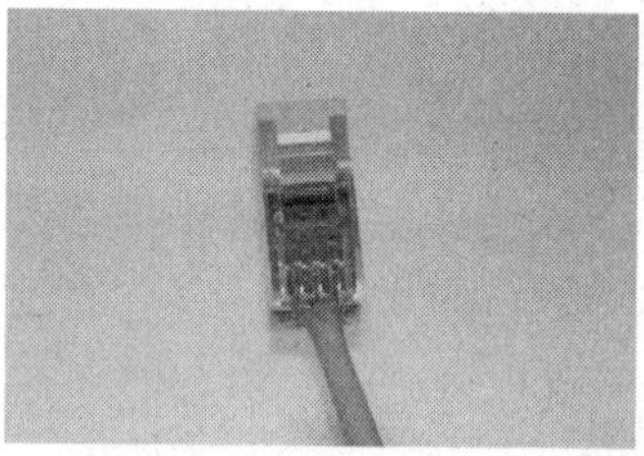

2. 制作打线信息模块

（1）准备器材和工具（见表1—2—3）

表1—2—3　　器材和工具

设备名称	数量	单位
剥线钳		
平口旋具		
压线钳		
剪刀		
专业打线工具		
打线模块		
超5类非屏蔽双绞线		

(2) 实施步骤（见表 1—2—4）

表 1—2—4　　实施步骤

步骤	图示
第一步：剥线	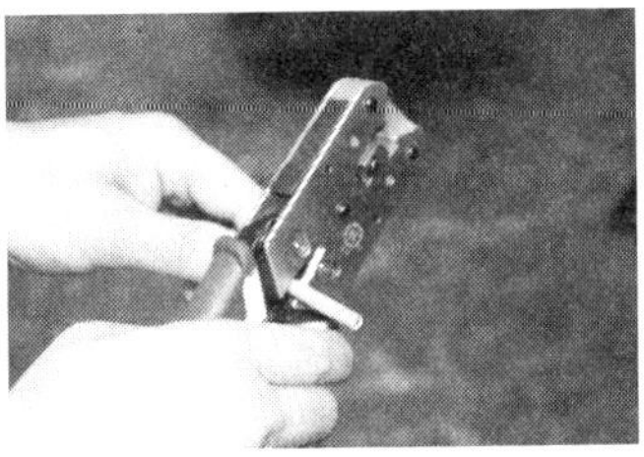
第二步：分线。注意不要把每对线对拆开	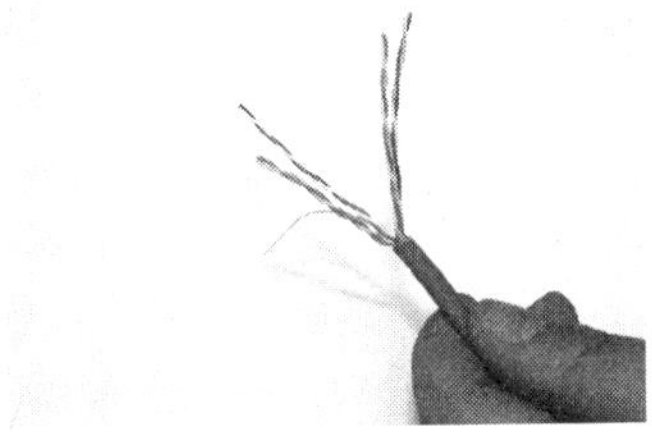
第三步：压线。按信息模块上所示的色标线序，用力将导线一一置入相应的线槽内	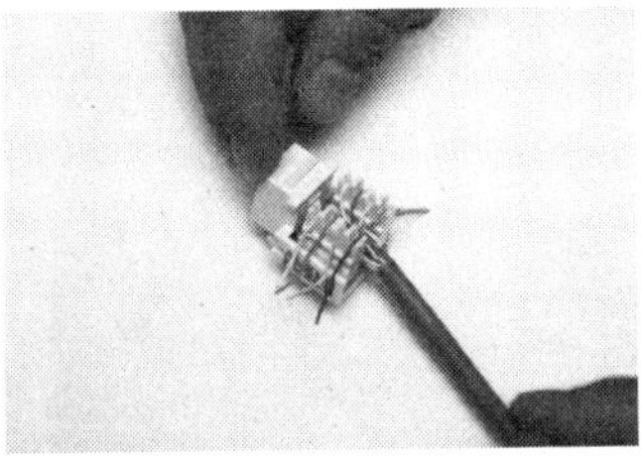
第四步：打线。将打线工具的刀口对准信息模块上的线槽和导线，垂直向下用力，听到“喀”的一声，说明模块外多余的线已被剪断	

续表

步骤	图示
第五步：安装防尘片	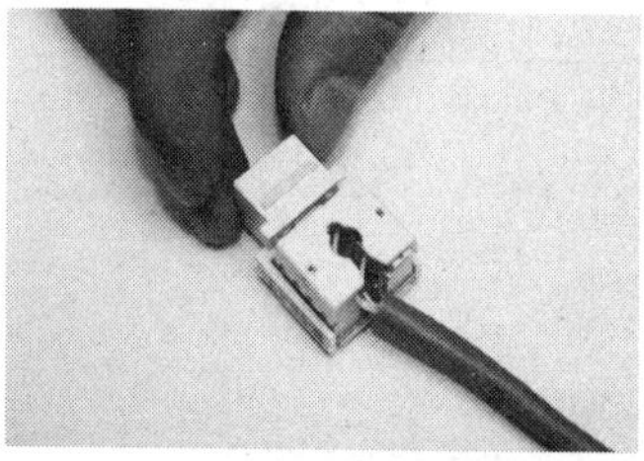
第六步：将信息模块固定在信息面板上	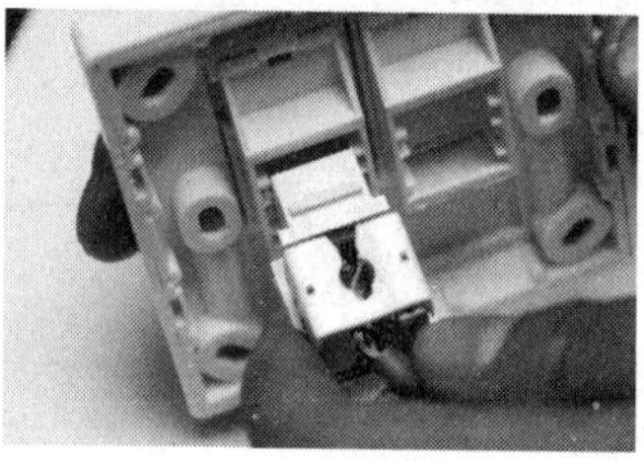

总结评价

一、主题讨论

1. 按不同分类方法，信息模块各有几种类型？选择一种分类方法，分别简述其中不同类型信息模块的制作过程。

2. 列举几种常见信息插座，说说其特点。

二、填写评价表

根据对信息模块和信息插座的分类、特点的了解情况，以及制作信息模块的熟练程度，进行总结，填写评价表（见表1—2—5），给出本任务完成情况的实习成绩。

表 1—2—5　　　　　　　　　　**制作信息模块实习评价表**

<table>
<tr><th colspan="2">项目</th><th>项目完成情况叙述</th><th>配分</th><th>自我评分</th><th>同学评分</th><th>教师评分</th></tr>
<tr><td colspan="2">信息插座的分类</td><td></td><td>10</td><td></td><td></td><td></td></tr>
<tr><td colspan="2">信息模块的分类</td><td></td><td>10</td><td></td><td></td><td></td></tr>
<tr><td colspan="2">制作免打信息模块</td><td></td><td>10</td><td></td><td></td><td></td></tr>
<tr><td colspan="2">制作打线信息模块</td><td></td><td>10</td><td></td><td></td><td></td></tr>
<tr><td colspan="2">使用打线工具的熟练程度</td><td></td><td>10</td><td></td><td></td><td></td></tr>
<tr><td colspan="3">免打信息模块的制作效果</td><td>10</td><td></td><td></td><td></td></tr>
<tr><td colspan="3">打线信息模块的制作效果</td><td>10</td><td></td><td></td><td></td></tr>
<tr><td colspan="3">学生解决问题的能力</td><td>10</td><td></td><td></td><td></td></tr>
<tr><td rowspan="3">安全文明操作</td><td colspan="2">安全操作（违反一项操作规程扣 10 分，违反两项扣 40 分）</td><td>10</td><td></td><td></td><td></td></tr>
<tr><td colspan="2">正确摆放、使用工具、仪表等（未正确摆放或使用错误扣 5 分）</td><td>5</td><td></td><td></td><td></td></tr>
<tr><td colspan="2">现场整理与设备移交（未移交扣 20 分，未清理扣 5 分，清理不干净扣 2 分）</td><td>5</td><td></td><td></td><td></td></tr>
<tr><td rowspan="2">自我评价</td><td colspan="2" rowspan="2"></td><td>综合评分</td><td colspan="3" rowspan="2">自己签名：</td></tr>
<tr><td></td></tr>
<tr><td rowspan="2">小组评价</td><td colspan="2" rowspan="2"></td><td>综合评分</td><td colspan="3" rowspan="2">项目小组负责人签名：</td></tr>
<tr><td></td></tr>
<tr><td rowspan="2">教师评价</td><td colspan="2" rowspan="2"></td><td>综合评分</td><td colspan="3" rowspan="2">教师签名：</td></tr>
<tr><td></td></tr>
</table>

拓展实训

1. 实训目的

了解信息模块的端接要求和安装信息插座的施工要求。掌握信息插座的安装。

2. 实训内容

安装一个墙面型信息插座。

3. 实训材料、 工具 （见表1—2—6）

表1—2—6　　实训材料、工具

设备名称	数量	单位
剥线钳		
平口旋具		
压线钳		
剪刀		
免打模块		
超5类非屏蔽双绞线		
墙面信息插座		
标签条		

4. 实施步骤

第一步：安装信息插座底盒。

墙面型信息插座盒体采用暗装方式，在墙壁上预留洞孔，将盒体埋设在墙内，综合布线施工时，只需加装接线模块和插座面板。

安装要求：

（1）平稳。

（2）信息插座底盒位置宜高出地面300 mm左右。如房间地面采用活动地板，信息插座应离活动地板地面300 mm，如图1—2—11所示。

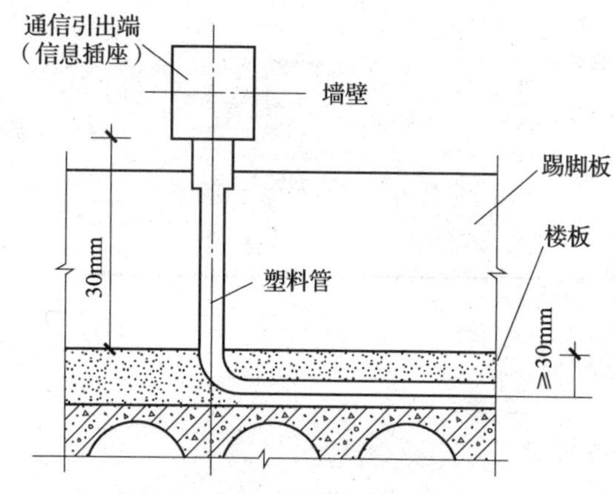

图1—2—11　信息插座安装位置

第二步：制作端接信息模块。

参考任务实施部分。

第三步：安装信息模块。

（1）将已端接好的信息模块卡接在插座面板槽位内，如图1—2—12a所示。

（2）用螺钉将已卡接了模块的面板固定在墙内的底盒上，如图1—2—12b所示。

（3）在插座面板上贴标签条，如图1—2—12c所示。

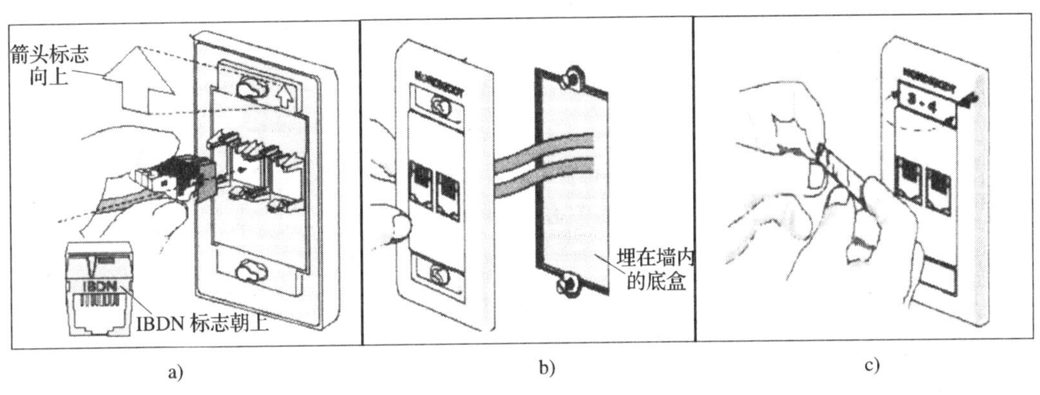

a)　　b)　　c)

图 1—2—12　安装信息模块

a）卡接信息模块　b）固定信息模块　c）贴标签

任务三　认识光纤与光缆

任务描述

光纤是一种传输介质，是依照光的全反射的原理制造的，具有链路带宽高、传输距离长等特点。随着光纤和光纤网络设备价格的不断下降，光纤被越来越多地应用在综合布线系统中。本任务的目标是：

- 使用专用工具开剥光缆 1.2 m，并清除油膏。
- 识别指定光缆型号。

基础知识

一、光纤通信

人们经常会混淆光纤与光缆两个名词。光纤是一种传输光束的细微而柔韧的媒介，其中心是由石英玻璃制成的纤芯，芯外面包一层折射率比纤芯低的玻璃封套，如图 1—3—1 所示。由于光纤本身非常脆弱，无法直接应用于布线系统，因此，多数光纤在使用前通常被扎成束，外面加保护套，中间有抗拉线，包覆后的缆线就是所谓的光缆，如图 1—3—2 所示。

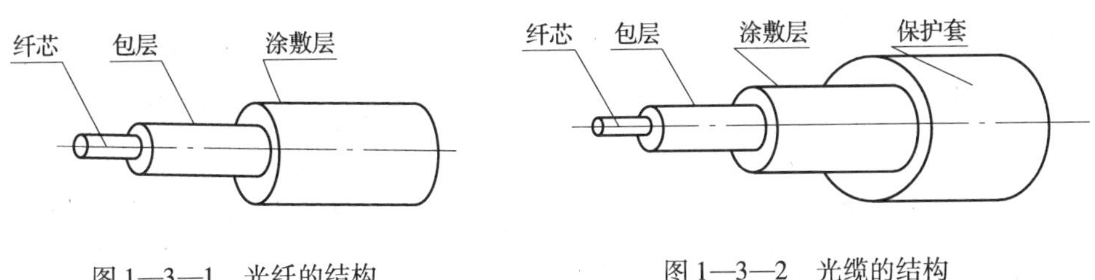

图 1—3—1　光纤的结构　　图 1—3—2　光缆的结构

光纤通信是以光波为载体、以光导纤维为传输介质的通信方式。光纤通信系统的组成如图 1—3—3 所示。

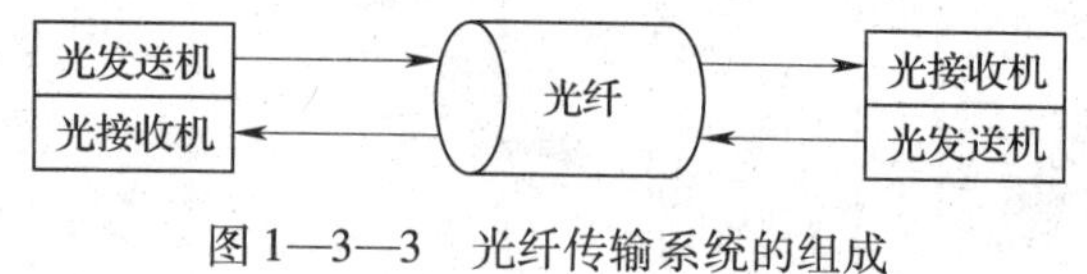

图 1—3—3　光纤传输系统的组成

1. 光纤

光纤是传输光波的导体。光信号在光纤中只能沿着一个方向传输，所以全双工通信系统应使用两根光纤进行传输。

2. 光发送机

光发送机的主要功能是产生光束。它先将电信号转换为光信号，再把光信号导入光纤。目前主要使用两种光源，即发光二极管（ LED）和半导体激光二极管（ILD)，它们有着不同的特性。

3. 光接收机

光接收机的主要功能是负责接收光纤上传输的光信号，并将其转换为电信号，再把经过解码后的电信号作相应处理。光接收机可以由光电二极管构成，在遇到光时，会发出一个电脉冲。

二、光纤的种类

1. 按传输模式分类

根据光在光纤中的传输模式不同，可以将光纤分为单模光纤和多模光纤两种。所谓“模”，是指以一定角速度进入光纤的一束光。多模光纤可传输多种模式的光，由于其模间色散较大，限制了带宽，且随距离的增加带宽会迅速减小。例如，原本带宽为 600 MB/km 的光纤在传输距离达到 2 km 时就只有 300 MB 的带宽了。因此，多模光纤的传输距离比较短，一般只有几千米。单模光纤只能传输一种模式的光，但其模间色散很小，适用于远程通信。

2. 按纤芯直径分类

从纤芯的直径来看，多模光纤的芯线较粗，直径为 50 ~ 100 μm，粗细与人的头发相当。单模光纤的纤芯则相对较细，直径只有 4 ~ 10 μm。常用单模光纤的芯径一般为 8. 3 μm /125 μm（纤芯直径/包层直径)、9 μm/125 μm 和 10 μm/125 μm；多模光纤的芯径一般为 50 μm/125 μm、62. 5 μm/125 μm 和 100 μm/140 μm。

3. 按工作波长分类

根据工作波长的不同，可将光纤分为短波长（0. 8 ~ 0. 9 μm）光纤、长波长（1. 0 ~

1. 7 μm)光纤和超长波长（>2 μm）光纤。波长越长，光纤支持的传输距离也就越长。因此，长距离传输时，应当选择长波长或超长波长光纤。

4. 按折射率分类

根据纤芯到包层的折射率变化情况不同，可以将光纤分为突变型光纤和渐变型光纤两种。所谓突变型光纤是指光纤纤芯到包层的折射率是跃变的。单模光纤常为突变型光纤（也叫均匀光纤），纤芯和包层的折射率都是一个常数，但纤芯的折射率高于包层的折射率，在纤芯和包层的交界面处折射率呈阶梯形变化。所谓渐变型光纤是指光纤纤芯到包层的折射率是逐渐变化的，即光纤纤芯的折射率随着半径的增加按一定规律（近似抛物线）减小，到纤芯和包层的交界处变为包层的折射率。多模光纤常为渐变型光纤（也叫非均匀光纤）。

三、光缆的种类

光缆主要是由一定数量的光纤按照一定方式组成缆芯，外包有护套，有的还包覆外护层，用以实现光信号传输的一种通信线路。通常可以按使用环境、缆芯结构、敷设方式等对光缆进行分类。

1. 按使用环境分类

接应用环境来划分，可将光缆分为室内光缆和室外光缆两种。

（1）室内光缆

室内光缆的抗拉强度较小，保护层较薄弱，但相对于室外光缆更轻便、更经济。室内光缆主要适用于水平布线子系统和垂直主干子系统，如图 1—3—4 所示。

（2）室外光缆

室外光缆的抗拉强度较大，保护层较厚重，并且通常为铠装（即使用金属皮包裹）。室外光缆多用于建筑群子系统，可用于室外直埋、管道、架空及水底敷设等场合，如图 1—3—5 所示。

图 1—3—4　室内光缆

图 1—3—5　室外光缆

按敷设方式的不同，可将光缆分为架空光缆、管道光缆、直埋光缆和海底光缆等。

2. 按缆芯结构分类

按缆芯结构的不同，可将光缆分为束管式光缆、层绞式光缆、带式光缆和骨架式等。

（1）束管式光缆

束管式光缆是将一根二次光纤松套管或螺旋形光纤松套管，无绞合，直接放在缆的中心位置（利于光缆弯曲），两根平行加强钢丝或玻璃钢圆棒位于聚氯乙烯护套中松套管周围，如图1—3—6所示。

（2）层绞式光缆

层绞式光缆是由多根容纳光纤的松套管绕中心的加强件绞合成圆形的缆芯，如图1—3—7所示。

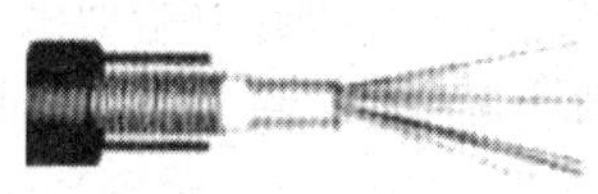

图1—3—6　束管式光缆

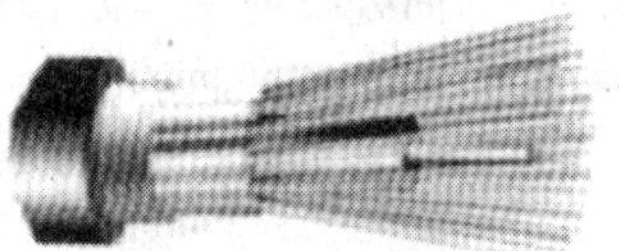

图1—3—7　层绞式光缆

（3）骨架式光缆

骨架式光缆是一种外径小而光纤芯数多的光缆，均为带状光纤结构，如图1—3—8所示，适用于局间通信和接入网，敷设方式为管道和架空。

图1—3—8　骨架式光缆

3．按敷设方式分类

按敷设方式的不同，可将光缆分为架空式光缆、管道式光缆、直埋式光缆和海底光缆等。

（1）架空式光缆

当地面不适宜开挖或无法开挖（如需要跨越河道布线）时，可以考虑采用架空的方式架设光缆。虽然普通光缆也可用于架空作业，但往往需要预先铺设承重钢缆。自承式架空式光缆将钢绞线与光缆合二为一，因此在施工时更加简单和方便，其结构如图1—3—9所示。

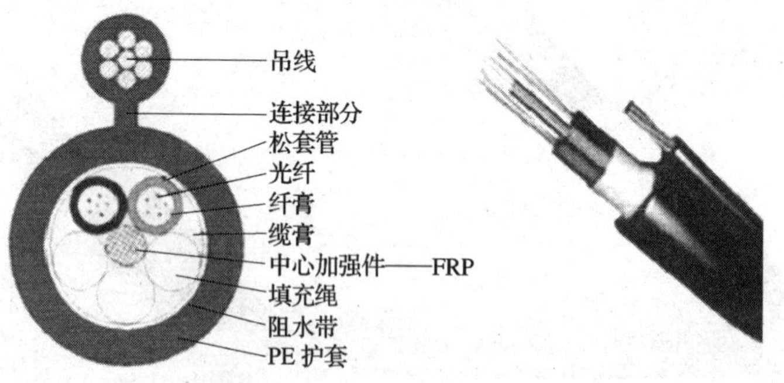

图1—3—9　架空式光缆

（2）管道式光缆

管道式光缆的强度虽然不太大，但拥有非常好的防水性能。除用于管道布线外，还可以通过预先铺设的承重钢缆用于架空作业，如图1—3—10所示。

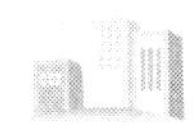

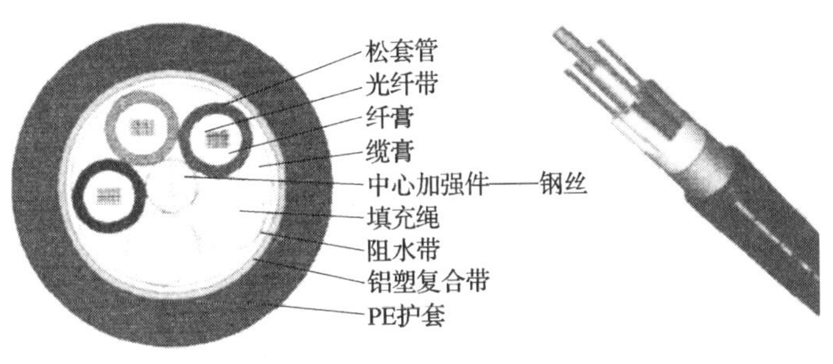

图 1—3—10　管道式光缆

（3）直埋式光缆

直埋式光缆在布线时需要在地下开挖一定深度（约 1 m）的沟，用于埋设光缆。直埋式光缆布线简单易行，施工费用较低，目前在光缆布线中较常使用。直埋式光缆通常拥有两层金属保护层，并且具有很好的防水性能，如图 1—3—11 所示。

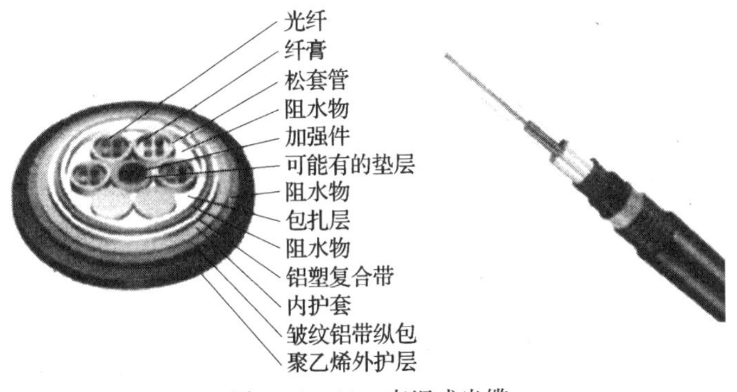

图 1—3—11　直埋式光缆

（4）海底光缆

海底光缆又称海底通信电缆，是将用绝缘材料包裹的导线铺设在海底，用以设立国家之间的电信传输。深海光缆的结构比较复杂，光纤设在 U 形槽塑料骨架中，槽内填满油膏或弹性塑料体形成纤芯。纤芯周围用高强度的钢丝绕包，在绕包过程中要把所有缝隙都用防水材料填满，再在钢丝周围绕包一层铜带并焊接搭缝，使钢丝和铜管形成一个抗压和抗拉的联合体。在钢丝和铜管的外面还要再加一层聚乙烯护套。这样严密多层的结构是为了保护光纤、防止光缆断裂以及防止海水的侵入，如图 1—3—12 所示。在有鲨鱼出没的地区，在海缆外面还要再加一层聚乙烯护套。

四、光缆的型号识别

光缆的型号由光缆的形式代号和规格代号组成。形式代号由分类代号、加强构件代号、结构特征代号、护套代号和外护层代号组成。规格代号由光纤数和光纤类别组成。例如光缆型号为 GYTA53—12A1，其含义是：此光缆是松套层绞式、金属加强构件、填充式、纵包皱纹钢带铠装、聚乙烯外护层、通信用室外光缆，内装 12 根渐变型多模光纤。表 1—3—1 至表 1—3—5 分别是光缆分类代号、加强构件代号、结构特征代号、护套代号、外护层代号、多模光纤代号和单模光纤代号对照表。

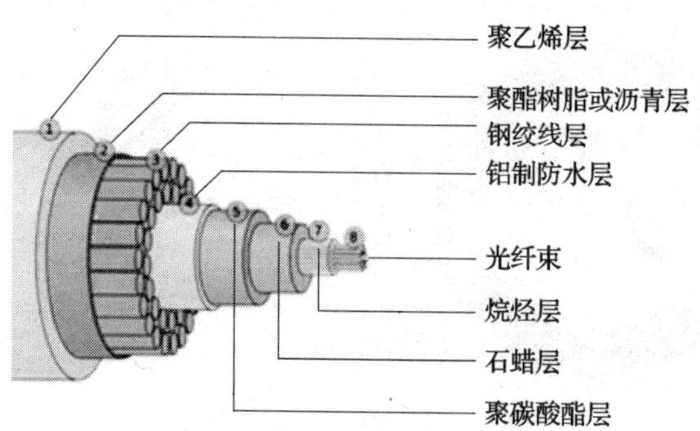

图 1—3—12　海底光缆

表 1—3—1　**光缆分类代号对照表**

代号	含义	代号	含义
GY	通信用室外光缆	GS	通信用设备内光缆
GM	通信用移动光缆	GH	通信用海底光缆
GJ	通信用室内光缆	GT	通信用特殊光缆

表 1—3—2　**加强构件代号对照表**

代号	含义
（无符号）	金属加强构件
F	非金属加强构件
G	金属重型加强构件
H	非金属重型加强构件

表 1—3—3　**结构特征代号对照表**

代号	含义	代号	含义
D	光纤带结构	T	填充式结构
S	光纤松套被覆结构	R	充气式结构
J	光纤紧套被覆结构	C	自承式结构
（无符号）	层绞结构	B	扁平形状
G	骨架槽结构	E	椭圆形状
X	缆中心管（被覆）结构	Z	阻燃结构

表 1—3—4　**护套代号对照表**

代号	含义	代号	含义
Y	聚乙烯护套	W	夹带钢丝的钢护套
V	聚氯乙烯护套	L	铝护套
U	聚氨酯护套	G	钢护套
A	铝护套（简称 A 护套）	Q	铅护套
S	钢护套（简称 S 护套）		

表 1—3—5 外护层代号对照表

代号	铠装层（方式）	代号	外护层（材料）
0	无	0	无
1	无	1	纤维层
2	双钢带	2	聚氯乙烯套
3	细圆钢丝	3	聚乙烯套
33	双细圆钢丝	4	聚乙烯套加敷尼龙套
4	粗圆钢丝	5	聚乙烯保护套
44	双粗圆钢丝	—	—
5	单钢带皱纹纵包	—	—

表 1—3—6 多模光纤代号对照表

分类代号	特性	纤芯直径（μm）	包层直径（μm）	材料
Ala	渐变折射率	50	125	二氧化硅
Alb	渐变折射率	62.5	125	二氧化硅
Alc	渐变折射率	85	125	二氧化硅
Ald	渐变折射率	100	140	二氧化硅
A2a	突变折射率	100	140	二氧化硅

表 1—3—7 单模光纤代号对照表

分类代号	名称	材料
B1.1（B1）	非色散位移型	二氧化硅
B1.2	截止波长位移型	二氧化硅
B2	色散位移型	二氧化硅
B4	非零色散位移型	二氧化硅

五、光缆的端别和纤序

为便于施工和维护，光缆中的光纤单元、单元内的光纤均采用色谱或领示色来标示光缆的端别与光纤的纤序。

1. 光缆的端别

一条光缆的两端，有 A、B 端之分。施工时要求 A—B 或 B—A 相接。一般来说，进行长途光缆布放时，北（东）方向为 A 端，南（西）方向为 B 端。本地光缆布放时，局间中继光缆以局号小或容量大的中心局端为 A 端，对端为 B 端；用户光缆以局端为 A 端，用户端为 B 端。

根据各不同生产厂家的规定，光缆的 A、B 端可按如下方法识别：

（1）光缆刚出厂（新光缆）时，红点端为 A 端，绿点端为 B 端；光缆的外护套上长度数字小的一端为 A 端，长度数字大的一端为 B 端。

（2）对于使用过的光缆（旧的光缆，其红、绿点和长度数字都有可能看不见了），可以以面对光缆端面时，松套管颜色按蓝、橙、绿、棕、灰、白顺时针排列的一端为 A 端，对端是 B 端。

2. 光纤的纤序

光缆缆芯是由中心加强构件、松套光纤、扎纱和铝带聚乙烯粘结护套等组成。为了便于识别各松套管，松套管采用红、绿领示色谱。每套松套管内有 12 根光纤，遵照蓝、橙、绿、棕、灰、白、红、黑、黄、紫、粉红、青绿的色谱规定排列。如果一个套管中只包含 6 芯光纤，则蓝色松套管中的蓝、橙、绿、棕、灰、白 6 根光纤对应 1 ~ 6 号光纤，橙色松套管中的蓝、橙、绿、棕、灰、白 6 根光纤对应 7 ~ 12 号光纤，依次类推，直到排完所有松套管中的光纤为止。

3. 识别光缆端别和光纤纤序

如图 1—3—13 所示为某光缆端面，请问这是光缆的哪一端？纤序如何排列？

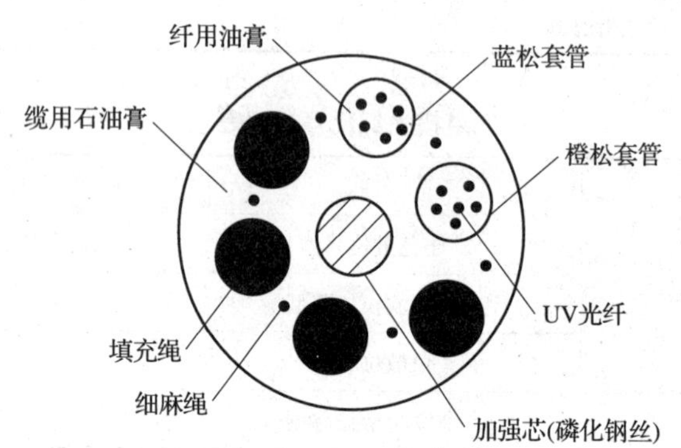

图 1—3—13　某光纤端面示意图

解：因为蓝、橙松套管是顺时针次序排列的，所以这是光缆的 A 端。其纤序是：蓝松套管中的蓝、橙、绿、棕、灰、白纤分别为 1 ~ 6 号光纤，橙松套管中的蓝、橙、绿、棕、灰、白纤分别为 7 ~ 12 号光纤，这是一条 12 芯的松套管层绞式光缆，其中，填充绳的主要作用是稳固缆芯结构，提高光缆的抗侧压能力。

六、光缆的物理性能

光缆的传输性能是由光缆中光纤的质量来决定的，而光缆的物理性能则是由护套层来决定的。光缆的设计寿命一般为 40 年，在这样长的时间里要保持光缆的传输性能，必须对

光缆的物理性能提出严格的技术要求，并对其进行有效的保护。光缆的物理性能应能保证光缆为光纤提供足够的保护，使光纤在运输、施工及运行维护期内不会遭受损坏，并能保持光纤优良的传输性能。因此，光缆的保护层应采用耐磨性能优越的高密度聚乙烯护套。这种护套有以下优点：

- 抗磨损能力强，施工简便省时。
- 摩擦系数小，在管道中能拉放较长的距离，能减少光缆的接头（接续）个数。
- 抗化学腐蚀能力强，对于酸性土壤和石油污染都有很强的抵抗能力，使用寿命长。

七、光缆的选用

光缆的选用除了考虑光纤芯数和光纤种类之外，还要根据光缆的使用环境来选择光缆的外护套。

1. 户外用光缆直埋时，宜选用铠装光缆；架空时，可选用带两根或多根加强筋的黑色塑料外护套光缆。

2. 选用建筑物光缆时，应注意其阻燃、毒和烟的特性。一般在管道中或强制通风处，可选用阻燃但有烟的类型；暴露的环境中应选用阻燃、无毒和无烟的类型。楼内垂直布线时，可选用层绞式光缆；水平布线时，可选用分支光缆。

3. 传输距离在 2 km 以内的，选用多模光缆，超过 2 km 可用中继光缆或选用单模光缆。

任务实施

1. 在开剥光缆时，可以使用下表所列工具中的哪几种？通过查找资料，将它们的使用方法填写在下表里（见表 1—3—8）。

表 1—3—8　　开剥光缆的常用工具

工具名称	图示	使用方法
光纤剥线钳		
老虎钳		

续表

工具名称	图示	使用方法
尖嘴钳	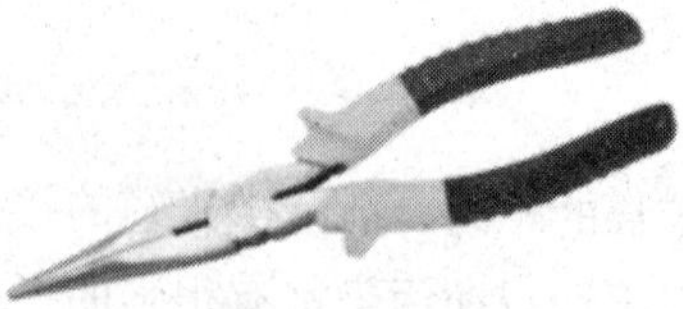	
斜口钳		
束管剥除钳		
凯夫拉剪刀	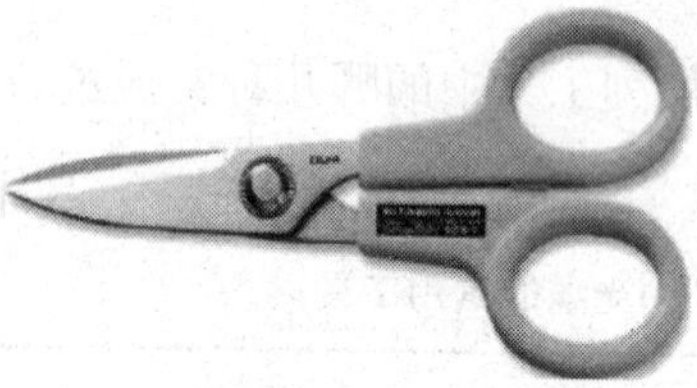	
光纤涂敷层剥离钳	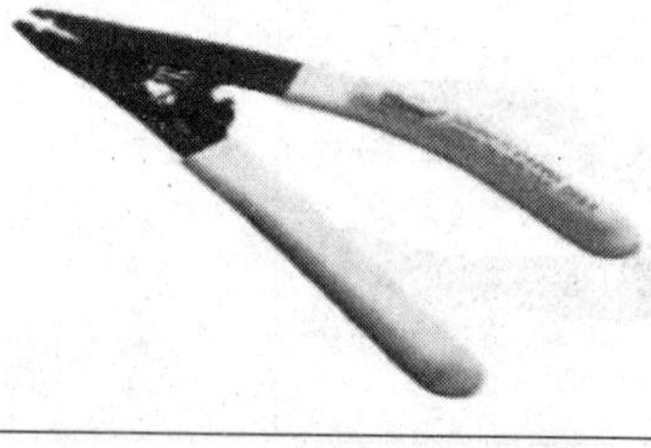	
横向开缆刀		

2. 正确使用专用工具开剥光缆 1.2 m，并清除油膏开剥光缆的步骤见表 1—3—9。

表 1—3—9　　开剥光缆的步骤

步骤	图示
第一步：剥除光纤加固钢丝和光纤外皮	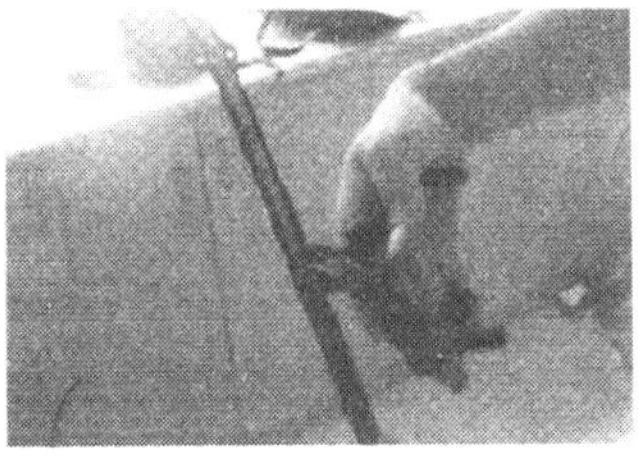
第二步：去掉光纤内的保护层 特别注意：由于光纤纤芯是用石英玻璃制作的，很容易折断，因此应特别小心	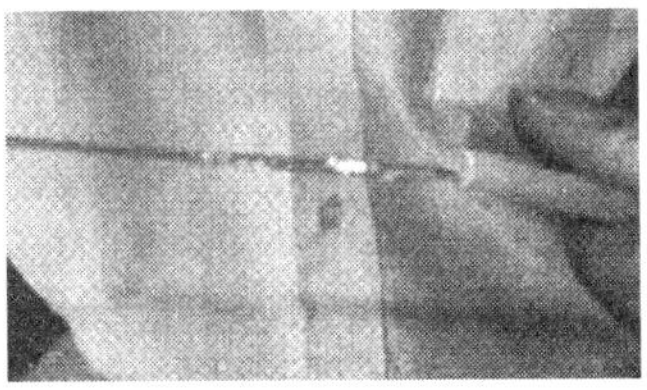
第三步：擦拭光纤 用湿巾蘸酒精擦拭每一根光纤	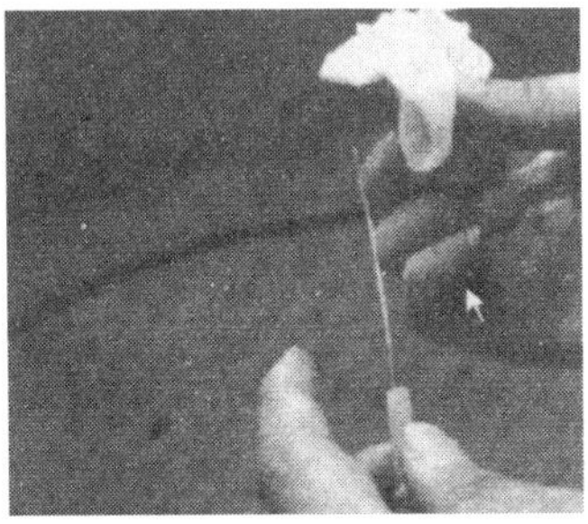
第四步：套光纤热缩套管 清洁完毕后，要给需要熔接的两根光纤各自套上光纤热缩套管。光纤热缩套管主要用于在光纤纤芯对接好后，套在连接处，经过加热形成新的保护层	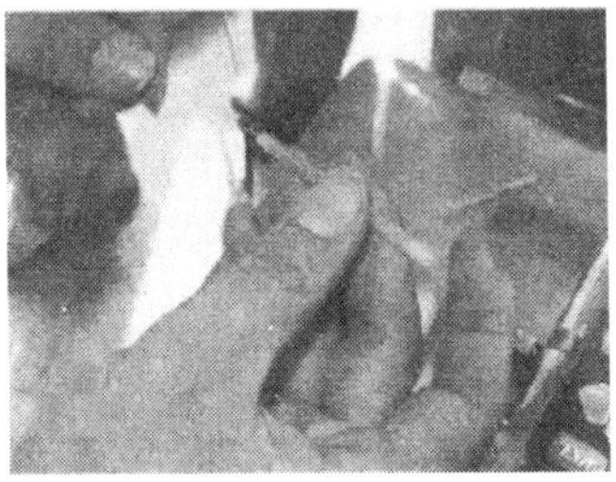
第五步：剥除光纤绝缘层，用湿巾蘸酒精擦拭干净	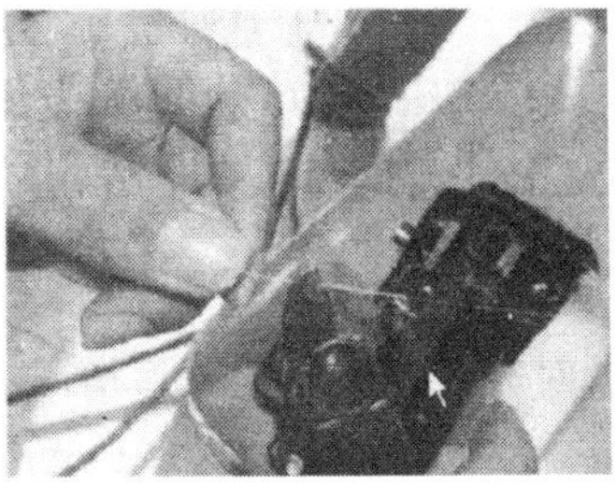

续表

步骤	图示
第六步：用光纤切割工具切割光纤，注意长度要适中	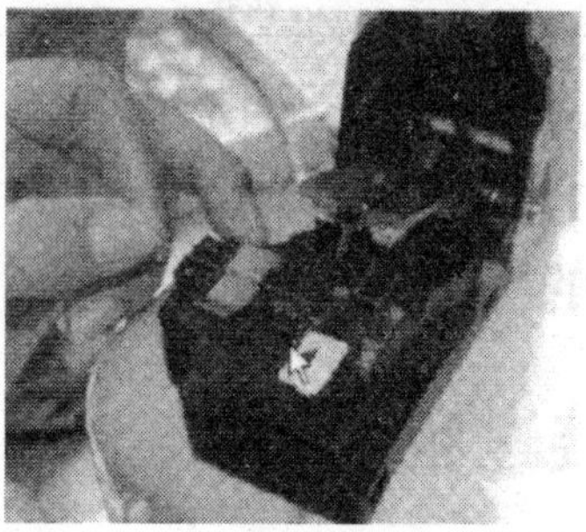

3．解释下列光缆型号的含义，并说明它们各自的使用场合（见表1—3—10）。

表1—3—10　　光缆型号的含义及其使用场合

光缆型号	含义	使用场合
GJFBZY—12B1		
GYTA53—30A1		
GYXTW53—36B1		
GYXTY—24B2		
GYTAW—8B1		

总结评价

一、主题讨论

光缆主要有哪些类型？

二、填写评价表

根据对光纤和光缆的了解情况，以及使用工具开剥光缆的熟练程度，进行总结，填写评价表（见表1—3—11），给出本任务完成情况的实习成绩。

表 1—3—11　　认识光纤与光缆实习评价表

<table>
<tr><th colspan="2">项目</th><th>项目完成情况叙述</th><th>配分</th><th>自我评分</th><th>同学评分</th><th>教师评分</th></tr>
<tr><td colspan="2">了解光纤的分类</td><td></td><td>10</td><td></td><td></td><td></td></tr>
<tr><td colspan="2">识别光缆型号</td><td></td><td>10</td><td></td><td></td><td></td></tr>
<tr><td colspan="2">开剥光缆</td><td></td><td>20</td><td></td><td></td><td></td></tr>
<tr><td colspan="2">清除油膏</td><td></td><td>10</td><td></td><td></td><td></td></tr>
<tr><td colspan="2">辨识光缆构件</td><td></td><td>10</td><td></td><td></td><td></td></tr>
<tr><td colspan="2">说明光缆构件的作用</td><td></td><td>10</td><td></td><td></td><td></td></tr>
<tr><td colspan="3">学生解决问题的能力</td><td>10</td><td></td><td></td><td></td></tr>
<tr><td rowspan="3">安全文明操作</td><td colspan="2">安全操作（违反一项操作规程扣 10 分，违反两项扣 40 分）</td><td>10</td><td></td><td></td><td></td></tr>
<tr><td colspan="2">正确摆放、使用工具、仪表等（未正确摆放或使用错误扣 5 分）</td><td>5</td><td></td><td></td><td></td></tr>
<tr><td colspan="2">现场整理与设备移交（未移交扣 20 分，未清理扣 5 分，清理不干净扣 2 分）</td><td>5</td><td></td><td></td><td></td></tr>
<tr><td rowspan="2">自我评价</td><td colspan="2" rowspan="2"></td><td>综合评分</td><td colspan="3" rowspan="2">自己签名：</td></tr>
<tr><td></td></tr>
<tr><td rowspan="2">小组评价</td><td colspan="2" rowspan="2"></td><td>综合评分</td><td colspan="3" rowspan="2">项目小组负责人签名：</td></tr>
<tr><td></td></tr>
<tr><td rowspan="2">教师评价</td><td colspan="2" rowspan="2"></td><td>综合评分</td><td colspan="3" rowspan="2">教师签名：</td></tr>
<tr><td></td></tr>
</table>

拓展知识

数据传输技术中的常用术语

1. 信道传输速率

通道传输速率的单位是 bit/s、kbit/s、Mbit/s。

（1）调制速率

在模拟通道中，传输数字信号时常常使用调制解调器，在调制器的输出端输出的是被数字信号调制的载波信号，因此从调制器的输出端到解调器的输入端的信号速率取决于载波信号的频率。调制速率是信号被调制以后在单位时间内的变化，即单位时间内载波参数变化的次数。调制速率通常又称为波特率，它是对符号传输速率的一种量度，1 波特即指每秒传输 1 个符号。

（2）数据速率

数据速率是指信号源入口/出口处每秒传送的二进制脉冲的数目。数据速率通常又称为比特率。

2. 通信方式

当数据通信在点点间进行时，按照信息的传送方向，其通信方式有三种：

（1）单工通信方式

单工通信方式是单方向传输数据，不能反向传输数据的方式。

（2）半双工通信方式

半双工通信方式是指既可单方向传输数据，也可以反方向传输数据，但不能同时进行的方式。

（3）全双工通信方式

全双工通信方式是指可以在两个不同的方向同时发送和接收数据的方式。

3. 传输方式

数据在信道上的传输方式分为串行传输和并行传输两种。

（1）串行传输

按时间顺序一个码元接着一个码元地在信道上传输，称为串行传输方式，一般数据通信都采用这种方式。串行传输方式只需要一条通道，在远距离通信时其优点尤为突出。

（2）并行传输

要在同一时刻将一组数据一并送到对方，就需要多个通路，故称为并行传输方式。

4. 基带传输

所谓基带传输是指在信道上传输没有经过调制的数字信号。基带传输有四种方式。

（1）单极性脉冲

单极性脉冲是指用脉冲的有无来表示信息的有无。电传打字机就是采用这种方式。

（2）双极性脉冲

双极性脉冲是指用两个状态相反、幅度相同的脉冲来表示信息的两种状态。在随机二进制数字信号中，0、1 出现的概率是相同的，因此在其脉冲序列中，可视直流分量为零。

（3）单极性归零脉冲

单级性归零脉冲是指在发送“1”时，发送宽度小于码元持续时间的归零脉冲，而在传输“0”信息时，不发送脉冲。

（4）多电平脉冲

多电平脉冲是相对上面三种脉冲信号而言的。脉冲信号的电平只有两个取值，故只能表示二进制信号，如果采用多电平脉冲则可表示多进制信号。

5. 宽带传输

在某些信道中（如无线信道、光纤信道），由于不能直接传输基带信号，故要利用调制和解调技术，即利用基带信号对载波波形的某些参数进行调制，从而得到易于在信道中传输的被调波形。其载波通常采用正弦波，而正弦波有三个能携带信息的参数，即幅度、频率和相位，控制这三个参数之一就可使基带信号沿着信道顺利传输。在到达接收端时，再作相应的反变换，以便还原成发送端的基带信号。这就是所谓的宽带传输。在局域网内，宽带传输一般采用同轴电缆作为传输介质。在宽带传输中，可分为频分多路复用（FDM）技术（它可将电缆的频谱分成若干信道或频段，而后在各个分隔的频段上分别传输数据和电视信号）和时分多路复用（TDM）技术。

任务四　用连接器接续光纤

任务描述

光纤连接器（俗称活接头）是用于连接两根光纤或光缆，形成连续光通路的可以重复使用的无源器件。它已经广泛应用在光纤传输线路、光纤配线架和光纤测试仪器、仪表中，是目前使用数量最多的无源光器件。本任务要求使用常见的光纤 ST 型连接器接续光纤。

基础知识

一、光纤连接部件

在综合布线工程中，要形成一条光纤链路，除了光缆外，还需要各种不同的连接部件，其中主要包括光纤连接器、光纤跳线/尾纤、光纤适配器、光纤插座和光纤配线架等。

1. 光纤连接器

光纤连接器的主要用途是实现光纤的接续。现已广泛应用在光纤通信系统中的光纤连接器种类很多，结构各异，主要有 ST、FC、SC、MU、LC、MT—RJ 等型号。

（1）ST 型连接器

ST 型连接器由两个经精密模压成形的端头、呈截头圆锥形的圆筒插头和一个内部装有双锥形塑料套筒的耦合组件组成。紧固方式为卡扣式，如图 1—4—1 所示。

（2）FC 型连接器

FC 是 Ferrule Connector 的缩写，表明其外部采用金属套进行加强，紧固方式为螺纹式，如图 1—4—2 所示。最早，FC 类型的连接器，采用陶瓷插针的对接端面是平面接触方式

(FC)。此类连接器结构简单，操作方便，制作容易，但其光纤端面对微尘较为敏感，且容易产生菲涅尔反射，因此要提高回波损耗性能较为困难。之后，对该类型连接器做了改进，采用对接端面呈球面的插针（PC），而外部结构没有改变，使得插入损耗和回波损耗性能有了较大幅度的提高。

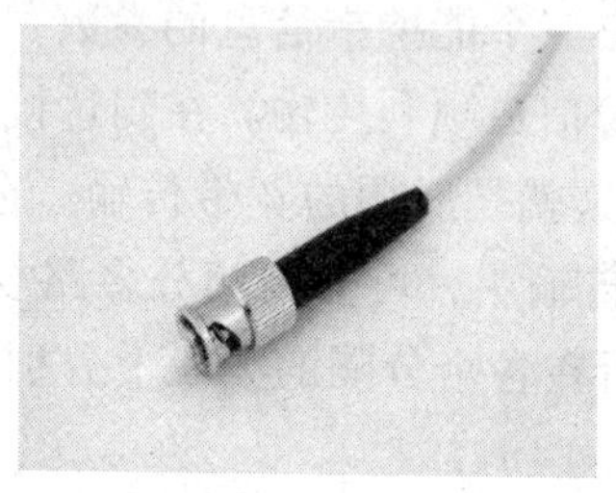

图1—4—1　ST型连接器

图1—4—2　FC型连接器

（3）SC型连接器

SC型连接器的外壳呈矩形，所采用的插针与耦合套管的结构尺寸与FC型的结构尺寸完全相同，其中插针的端面多采用PC或APC型研磨方式；紧固方式是采用插拔销闩式，不需旋转，如图1—4—3所示。此类连接器价格低廉，插拔操作方便，介入损耗波动小，抗压强度较高，安装密度高。

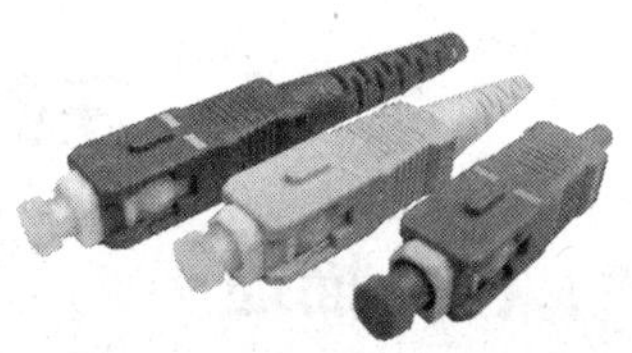

图1—4—3　SC型连接器

（4）MU型连接器

MU型连接器是以目前使用最多的SC型连接器为基础研制开发的世界上最小的单芯光纤连接器，该连接器采用1.25 mm直径的套管和自保持机构，其优势在于能实现高密度安装，如图1—4—4所示。MU型连接器已有一系列产品，包括用于光缆连接的插座型光连接器（MU—A系列）、具有自保持机构的底板连接器（MU—B系列）以及用于连接LD/PD模块与插头的简化插座（MU—SR系列）等。随着光纤网络向更大带宽更大容量方向的迅速发展和DWDM技术的广泛应用，对MU型连接器的需求也将迅速增长。

（5）LC型连接器

LC型连接器采用操作方便的模块化插孔闩锁机理制成，如图1—4—5所示。其所采用的插针和套管的尺寸是普通SC、FC等所用尺寸的一半，为1.25 mm。这样可以提高光缆配线架中光纤连接器的密度。目前，在单模SFF方面，LC类型的连接器实际上已经占据了主导地位，在多模方面的应用也增长迅速。

图1—4—4　MU型连接器

图1—4—5　LC型连接器

（6）MT—RJ 型连接器

MT—RJ 起步于 NTT 开发的 MT 连接器，带有与 RJ－45 型 LAN 电连接器相同的闩锁结构，通过安装于小型套管两侧的导向销对准光纤，为便于与光收发信机相连，连接器端面光纤为双芯（间隔 0.75 mm）排列设计，是主要用于下一代高密度光连接器的数据传输，如图 1—4—6 所示。

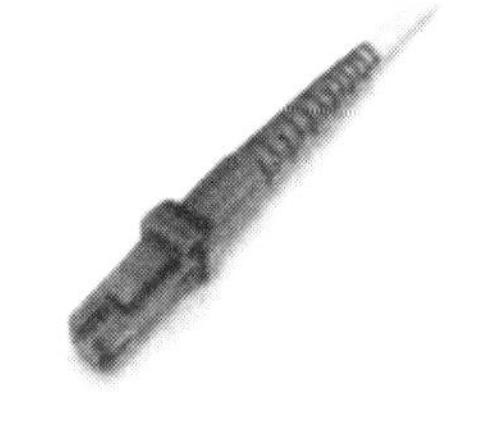

图 1—4—6　MT—RJ 型连接器

2. 光纤跳线和光纤尾纤

光纤跳线是指两端都接有光纤连接器的光纤软线，又称为互连光缆，有单芯和双芯、多模和单模之分。单模光纤跳线为黄色，多模光纤跳线为橘红（橙）色。光纤跳线主要用于光纤配线架到交换机光口或光电转换器之间、光纤插座到计算机间的连接，根据需要，光纤跳线两端的连接器可以是同类型的，也可以是不同类型的，其长度一般在 5 m 以内。常见光纤跳线如图 1—4—7 所示。

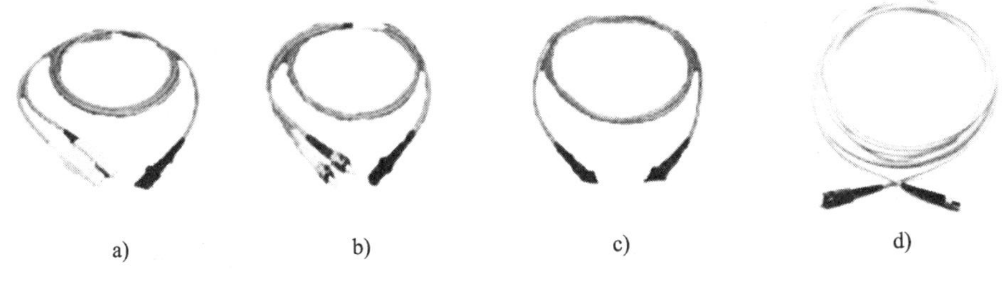

a)　　b)　　c)　　d)

图 1—4—7　光纤跳线

a）T—RJ/ST　b）MT—RJ/SC　c）MT—RJ/ MT—RJ　d）ST—SC

光纤尾纤的一端是光纤，另一端是光纤连接器，被用于采用光纤熔接法制作光缆成端。事实上，一条光纤跳线剪断后，就成了两条光纤尾纤。光纤尾纤如图 1—4—8 所示。

图 1—4—8　尾纤

3. 光纤适配器

光纤适配器又称光耦合器，是指将两对或一对光纤连接器件进行连接的器件，用于连接已成端的光纤或尾纤，是实现光纤活动连接的重要器件之一。它通过尺寸精密的开口套管在适配器内部实现了光纤连接器的精密对准连接，保证两个连接器之间的连接损耗比较低。光纤适配器的使用方法如图 1—4—9 所示。

4. 光纤插座

光纤插座的作用和基本结构与使用 RJ—45 信息模块的双绞线信息插座一致，是光缆布线在工作区的信息出口，用于光纤到桌面的连接，为用户提供网络和语音接口，如图 1—4—10 所示。为了满足不同场合应用的要求，光缆信息插座有多种类型，例如，如果水平干

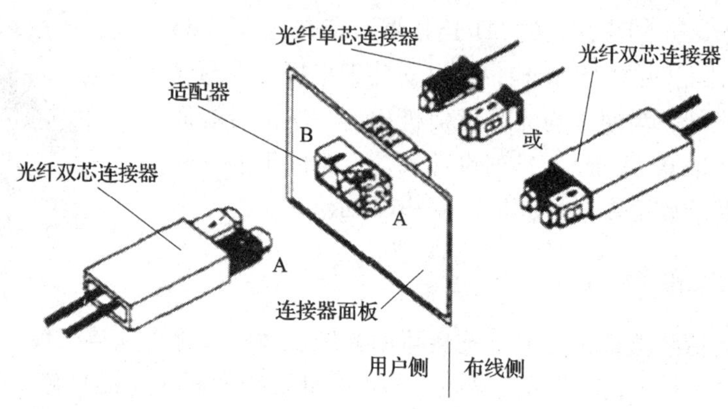

图 1—4—9　光纤适配器的使用方法

线为多模光纤，则光缆信息插座中应选用多模光纤模块；如果水平干线为单模光纤，则光缆信息插座中应选用单模光纤模块。此外，不同的光缆信息插座提供的插座类型也不相同，如 SC 型信息插座、LC 型信息插座、ST 型信息插座等。

图 1—4—10　光纤插座

5. 光纤配线架

光纤配线架用于室内光缆与光设备的连接，具有固定光缆、保护和接地，熔接光缆纤芯与尾纤，调配光路，存储管理冗余光纤及尾纤等功能。根据安装方式的不同，光纤配线架有机柜（架）式光纤配线架和壁挂式光纤配线架等类型，适用于不同芯数光缆与各种规格的光纤活动连接器的连接，如图 1—4—11 所示。

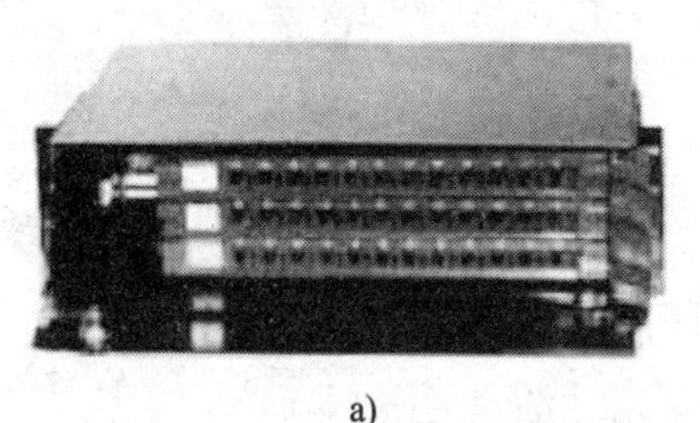

a)

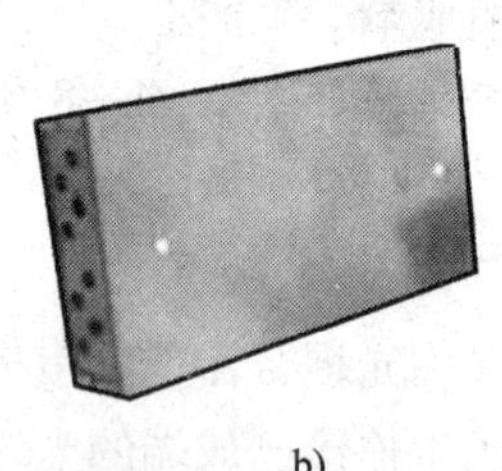

b)

图 1—4—11　光纤配线架

a）机架式　b）壁挂式

二、光纤连接

光纤连接是指“纤到纤”和“纤对接头”的连接。“纤到纤”是指铺设光纤与尾纤相连接，主要用光纤熔接的方法完成。“纤对接头”是指铺设光纤与光连接器相连接，也称为光纤端接，主要用现场安装方法完成。

1. 光纤熔接

所谓光纤熔接，是用光纤熔接机进行高压放电，使待连接的光纤端面熔融，合成一段完整的光纤。这种连接属于永久性的光纤连接，而且损耗小（一般小于0.1 dB），可靠性高。

2. 光纤端接

光纤端接与熔接不同，用于需要进行多次拔插的光纤连接，是一种非永久性的光纤连接，在管理、维护、更改链路等方面非常方便，常用于光纤配线架的跨接线与应用设备、插座连接的场合。光纤的端接有现场安装和尾纤端接两种方式。现场安装是在现场直接将连接器接到光纤上，这种方式比较灵活，成本也比较低，但会引入较高的损耗。尾纤端接的价格比较昂贵，但能提供较高的端接质量。

三、光纤交连和互连

1. 什么是光纤交连和互连

光纤交连和互连是指端接光缆通过耦合器相连接。

所谓光纤交连，就是用光跳线将两条在光缆配线架上分别已成端的光缆的光纤连接起来，俗称跳纤。采用此法易于管理和进行线路维护，其操作方法是，选用一条长度合适的光跳线，其两端光纤连接器型号分别与欲连接的光纤的光纤连接器型号相同、与光纤型号一致，将跳线两端的光纤连接器分别通过耦合器与光纤连接器相连即可。

所谓光纤互连，是指将两条光缆已成端的光纤通过耦合器彼此连接到一起，不通过光纤跳线。互连的光能量损耗比交连要小，这是因为在互连中光信号只通过一次连接，而在交连中光信号要通过两次连接。光纤互连的操作方法是：将两条光纤上的连接器从耦合器的两边分别插入到耦合器中即可。这种连接要求两边的光纤类型相同，否则会引起光路故障。

2. 光纤互连的步骤

下面以ST光纤连接器为例，说明其互连方法。

第一步：清洁ST连接器。拿下ST连接器头上的保护帽，用酒精擦拭布轻轻擦拭连接器头。

第二步：清洁耦合器。摘下光纤耦合器两端的保护帽，用沾有试剂的杆状清洁器穿过耦合器孔，擦拭耦合器内部以除去其中的碎片，如图1—4—12所示。再使用罐装气吹去耦合器内部的灰尘，如图1—4—13所示。

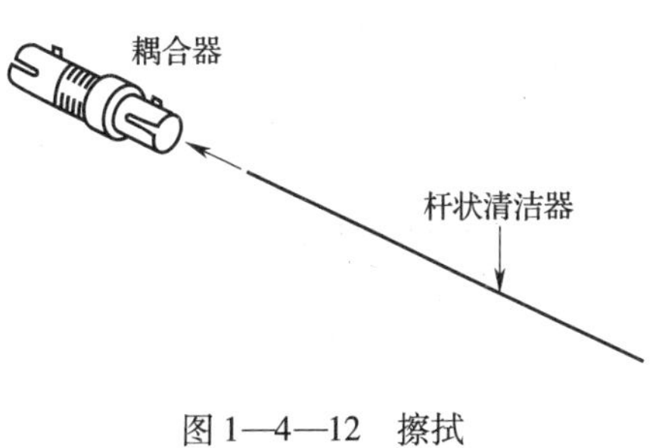

图1—4—12　擦拭

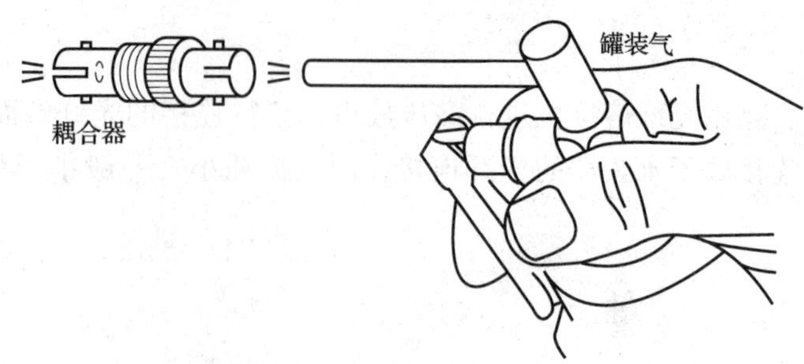

图 1—4—13　吹气

第三步：将 ST 光纤连接器插到一个耦合器中。将光纤连接器头插入耦合器的一端，耦合器上的突起对准连接器槽口，插入后扭转连接器以使其锁定。如经测试发现光能量损耗较高，则需摘下连接器，用罐装气重新净化耦合器，然后再插入 ST 光纤连接器。在耦合器的两端插入 ST 光纤连接器，并确保两个连接器的端面在耦合器中接触良好，如图 1—4—14 所示。

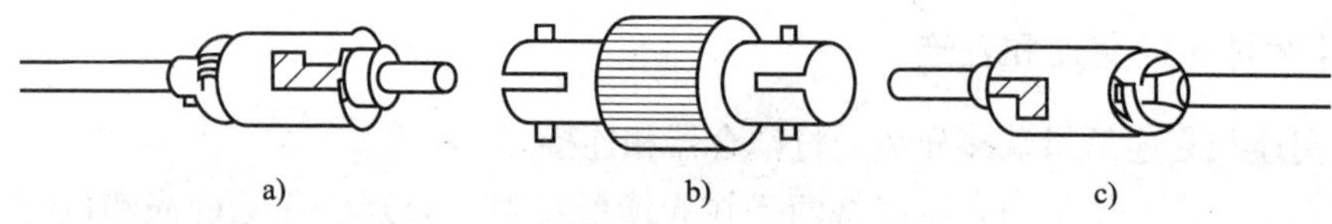

图 1—4—14　互连

a）ST 连接器　b）耦合器　c）ST 连接器

任务实施

以 IBDN Optimax 900 μm 缓冲层 ST 型光纤连接器为例完成光纤的连接。

Optimax 900 μm 缓冲层 ST 型光纤连接器是一种易于安装的现场安装光纤连接器。它无须环氧树脂、固化和抛光。在连接器内部设有连接机构内含一小段工厂抛光的光纤短纤，可进行快速光缆端接。

操作步骤如下：

步骤	图示
第一步：检查 Optimax 安装工具包。检查安装工具是否齐全	

续表

步骤	图示
第二步：检查 900 μm 光纤连接器。打开包装袋，检查连接器的防尘罩是否完整，如果防尘罩不完整，则不能用来压接光纤。900 μm 光纤连接器主要由连接器主体、后罩壳和保护套组成	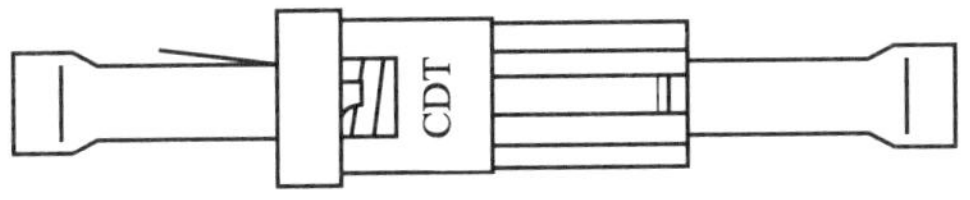 CDT 连接器主体 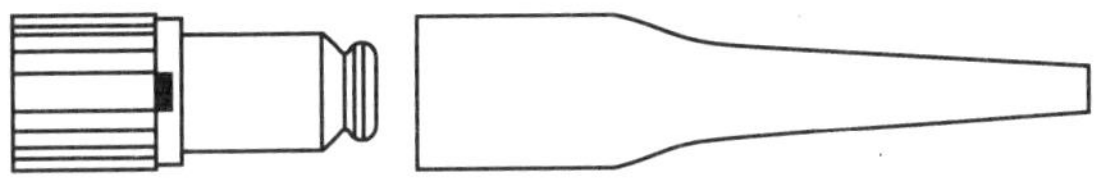 后罩壳　900μm保护套
第三步：固定安装工具。将夹具固定在设台或工具架上，旋转打开安装工具，直至听到“咔嗒”声，接着将安装工具固定在夹具上	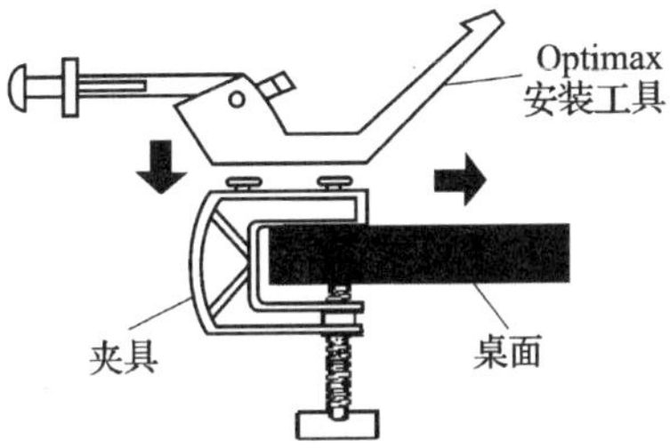 Optimax 安装工具 夹具　桌面
第四步：固定连接器主体。拿住连接器主体，保持引线向上，将连接器主体插入安装工具，同时推进并顺时针旋转 45°，把连接器锁定。注意，不要取下任何防尘盖	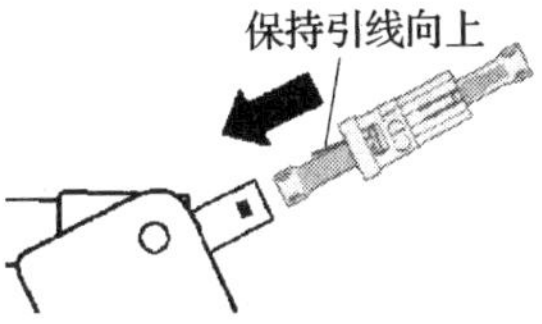 保持引线向上 顺时针旋转 45° a) 连接器插入安装工具内 　b) 顺时针旋转 45°后固定连接器
第五步：插光纤。先将 900 μm 保护套紧固在连接器后罩壳后部，然后将光纤平滑地插入保护套和后罩壳组件	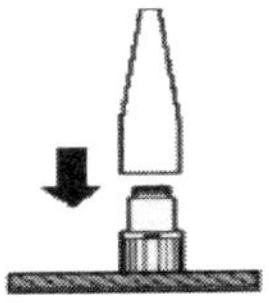 a）将保护套紧固在后罩壳后面 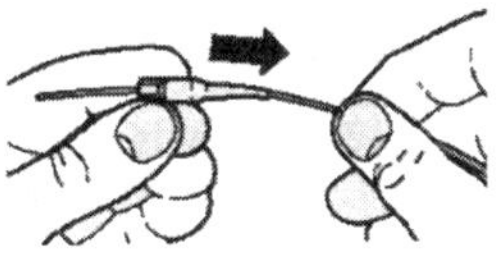　b）将光纤平滑穿入已固定的后罩壳组件
第六步：剥光纤。使用剥除工具从 90 mm 缓冲层光纤的末端剥除 40 mm 的缓冲层。为确保不折断光纤，可按每次 5 mm 逐段剥离。剥除完成后，从缓冲层末端测量 9 mm 并做上标记	9mm a）从末端剥除 40mm 光纤缓冲层 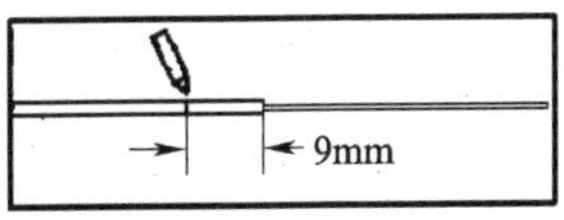　b）从末端测量 9mm 并做标记

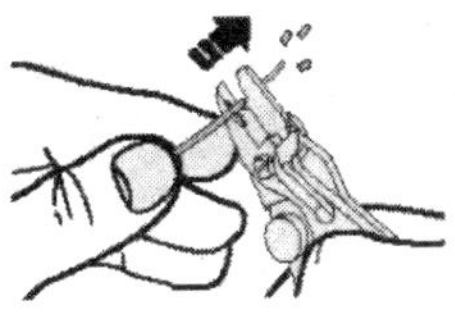

续表

步骤	图示
第七步：擦光纤。用一块折叠的酒精擦拭布清洁裸露的光纤 2 ~3 次，不要触摸清洁后的裸露光纤	
第八步：切光纤。使用光纤切割工具将光纤从末端切断 7 mm，然后用镊子将切断的光纤放入废料盒中	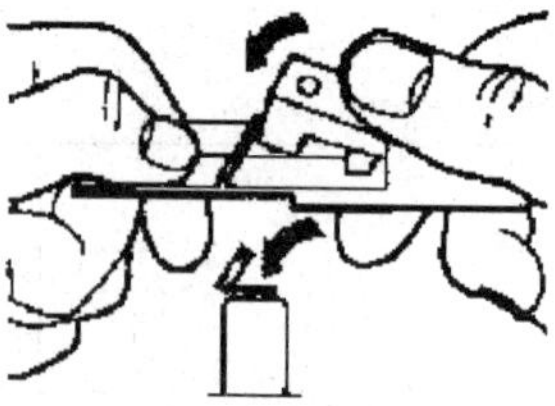
第九步：看光纤。通过显微镜观察光纤切割端面，判断光纤端面是否符合要求	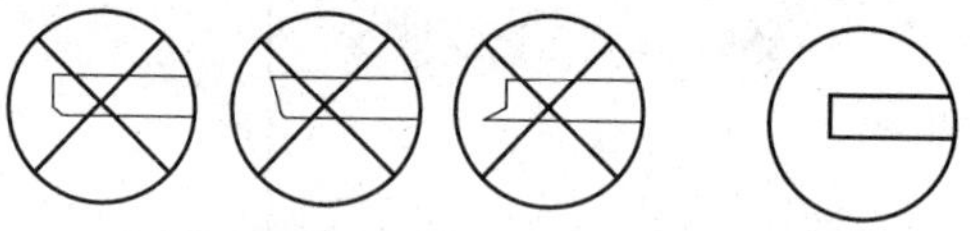 不合格的切割端面　合格的切割端面
第十步：拔除后防尘罩。先将连接器主体的后防尘罩拔除并放入垃圾箱，再小心地将裸露的光纤插入到连接器芯柱，直到缓冲层外部的标志恰好在芯柱外，然后将光纤固定在夹具中	 缓冲层标记　光纤固定在夹具上
第十一步：连光纤。压下安装工具的助推器，钩住连接器的引线。轻轻地放开助推器，通过拉紧引线使连接器内的光纤与插入的光纤连接起来	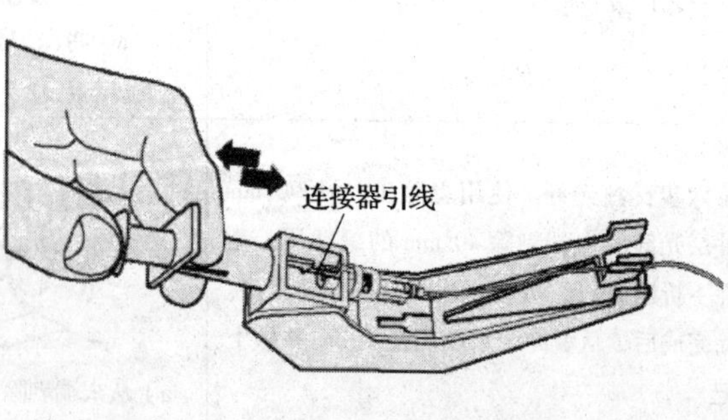 连接器引线

续表

步骤	图示
第十二步：挤压连接器。小心地从安装工具上取下连接器，水平地拿着挤压工具并压下工具，将连接器插入挤压工具的最小槽内，用力挤压连接器	挤压工具
第十三步：将连接器的后罩壳推向前罩壳并确保连接固定	

总结评价

一、主题讨论

1. 列举几种常见的光纤连接器，并说说其作用。

2. 阐述几种常用光纤连接器的连接形式及其辨识方法。

二、填写评价表

根据对光纤连接器的了解情况以及使用 ST 型光纤连接器连接光纤的熟练程度进行总结，填写评价表（见表 1—4—1），给出本任务完成情况的实习成绩。

表 1—4—1　　　　用连接器接续光纤实习评价表

<table>
<tr><th colspan="2">项目</th><th>项目完成情况叙述</th><th>配分</th><th>自我评分</th><th>同学评分</th><th>教师评分</th></tr>
<tr><td colspan="2">光纤连接器的分类</td><td></td><td>10</td><td></td><td></td><td></td></tr>
<tr><td colspan="2">光纤连接</td><td></td><td>10</td><td></td><td></td><td></td></tr>
<tr><td colspan="2">光纤交连</td><td></td><td>10</td><td></td><td></td><td></td></tr>
<tr><td colspan="2">光纤互连</td><td></td><td>10</td><td></td><td></td><td></td></tr>
<tr><td colspan="2">光纤互连的步骤</td><td></td><td>10</td><td></td><td></td><td></td></tr>
<tr><td colspan="2">用 IBDN Optimax 900 μm 缓冲层光纤 ST 型连接器连接光纤</td><td></td><td>20</td><td></td><td></td><td></td></tr>
<tr><td colspan="3">学生解决问题能力</td><td>10</td><td></td><td></td><td></td></tr>
<tr><td rowspan="3">安全文明操作</td><td colspan="2">安全操作（违反一项操作规程扣 10 分，违反两项扣 40 分）</td><td>10</td><td></td><td></td><td></td></tr>
<tr><td colspan="2">正确摆放、使用工具、仪表等（未正确摆放或使用错误扣 5 分）</td><td>5</td><td></td><td></td><td></td></tr>
<tr><td colspan="2">现场整理与设备移交（未移交扣 20 分，未清理扣 5 分，清理不干净扣 2 分）</td><td>5</td><td></td><td></td><td></td></tr>
<tr><td rowspan="2">自我评价</td><td colspan="2" rowspan="2"></td><td>综合评分</td><td colspan="3" rowspan="2">自己签名：</td></tr>
<tr><td></td></tr>
<tr><td rowspan="2">小组评价</td><td colspan="2" rowspan="2"></td><td>综合评分</td><td colspan="3" rowspan="2">项目小组负责人签名：</td></tr>
<tr><td></td></tr>
<tr><td rowspan="2">教师评价</td><td colspan="2" rowspan="2"></td><td>综合评分</td><td colspan="3" rowspan="2">教师签名：</td></tr>
<tr><td></td></tr>
</table>

拓展知识

1. 光纤连接与损耗

不论是永久性连接还是非永久性连接，连接光纤都会引入损耗。光纤连接的损耗主要有内部损耗、外部损耗和反射损耗。

（1）内部损耗

内部损耗是由于两根光纤之间的不匹配和不同轴造成的。其中，不匹配是由于光纤的机械尺寸超出了允许偏差，它不能通过提高连接技术来解决。

（2）外部损耗

外部损耗是由于接续不理想而导致的，包括光纤末端处理不当和光纤末端表面上有外来微粒。

（3）反射损耗

反射损耗是由于在接续处存在两个不同层面的接触，使一些光被反射回来造成的，这种现象称为菲涅尔反射。

2. 光纤连接施工要求

为了减少光纤连接带来的损耗，在进行光纤连接施工前，应按以下一般要求操作：

（1）在光缆连接施工前，应核对光缆的型号和规格等是否与设计要求相符，确认无误后才能施工。

（2）对光缆的端别必须开头检验，必须按规定进行识别。光缆端别的识别方法是面对光缆截面，以领示色光纤为首（领示色应根据生产厂家提供的产品说明书或有关标准确定），按顺时针方向排列时为 A 端，相反为 B 端。

（3）要对光缆的预留长度进行核实，在光纤接续的两端和光纤端接设备的两侧必须预留足够的长度，以利于光纤接续或光纤端接。预留光缆应选择安全位置，对于易受外界损伤的段落，应采取切实有效的保护措施（如穿管保护等）。

（4）在进行光纤接续或端接前，应检查光纤质量，在确认合格后方可进行接续或端接。光纤质量主要指光纤衰减常数、光纤长度等。

（5）光纤接续和光纤端接都要求光纤端面清洁、光亮，以确保光纤连接后的传输特性良好。因此，对光缆连接时所处的环境要求极高，必须整齐有序，清洁干净。严禁在有粉尘的地方或毫无遮盖的露天地点作业。在光纤接续和端接过程中应特别注意防尘、防潮和防振。光缆各连接部位、连接工具及材料均应保持清洁、干净。施工操作人员在施工作业过程中应穿工作服、戴工作帽，以确保连接质量和密封效果。对于采用填充材料的光缆，在光缆连接前，应采用专用的清洁剂等材料去除填充物，并擦洗干净。

（6）在光缆连接施工的全过程中，都必须严格执行操作规程中规定的工艺要求。例如在切断光缆时，必须使用专用工具，严禁使用钢锯，在剥除光缆外护套时，开剥长度应符合光缆接头套管的工艺尺寸要求，不宜过长或过短。

（7）光纤接续的平均损耗、光缆接头套管的封合安装以及防护措施等都应符合设计文件中的要求或有关标准的规定。

任务五　用熔接机接续光纤

任务描述

光纤熔接技术是用光纤熔接机将两根光纤熔合成一根完整的光纤。这种方法的连接损耗小，可靠性高，是目前最常用的一种光纤接续方法。本任务要求用常见的光纤熔接机接续光纤。

基础知识

一、几种常见的光纤熔接机 （见表1—5—1）

表1—5—1　　常见的光纤熔接机

产品图片	名称型号	简单介绍
	古河［型号：FiTel S176 型光纤熔接机］	古河 S176 系列独有自动熔接模式，42 种预置程序满足不同种类的光纤熔接，超短切割长度。可分离底座
	美信维［型号：OFS—80 型光纤熔接机］	美信维科技 OFS—80 系列采用了高速图像处理技术和特殊的精密定位技术，可以使光纤熔接的全过程在 9 s 自动完成，熔接效果较好
	日本藤仓［型号：FSM—60S 型光纤熔接机］	日本藤仓 FSM—60S 型光纤熔接机的典型熔接时间为 9 s（SM 快速模式），典型加热时间为 30 s（FP—03），放大倍数有 300 倍（单纤显示）、187 倍（X/Y 同时显示）两种
	日本住友［型号：TYPE—39 型单芯光纤熔接机］	日本住友的 TYPE—39 型单芯光纤熔接机其体积小、质量轻，操作较简便，携带方便，可抵抗 15 m/s 的强风，放电稳定，适合野外及高空作业

续表

产品图片	名称型号	简单介绍
	南吉隆［型号：KL—300T 型光纤熔接机］	KL—300T 型光纤熔接机是一种纯数字式熔接机，具有自动调焦功能，可 X 轴和 Y 轴独立显示，或同时显示 X 轴和 Y 轴，具有先进的纤芯对准功能（PAS 方式），可全自动工作，体积小，质量轻，还提供了诸多选项功能
	南迪威普［型号:DVP—730 型光纤熔接机］	DVP—730 型光纤熔接机，可稳定地在 8 s 内完成快速熔接，40 s 内完成加热，是全世界最快的熔接机。体积小，质量轻，工程携带方便，系统具有自检功能。其光纤夹具的设计有利于光纤定位

二、光纤熔接机的工作原理

目前光纤熔接机使用的熔接方法多数是电弧熔接。其工作原理是利用一对电极高压放电，产生短暂的电弧，加热光纤，使之熔融连接成一体。这种连接方式接头体积小、机械强度较高、光纤连接损耗小、后向反射小，是一种理想的永久性连接方式，如图 1—5—1 所示。

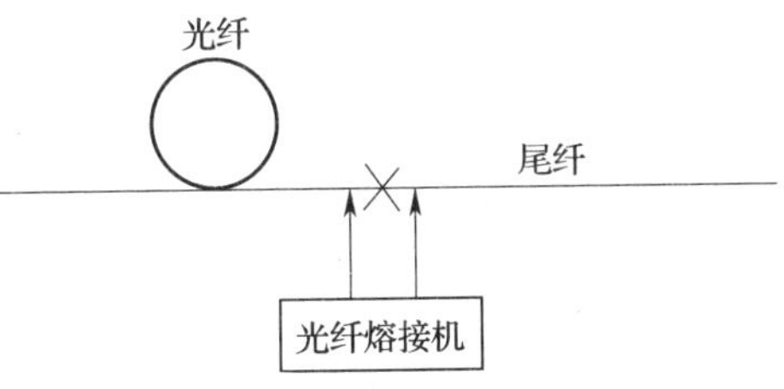

图 1—5—1　熔接原理示意图

三、光纤熔接的注意事项

1. 人工放置光纤时，应避免头发之类的细小物件掉入 V 形槽内和电极间。
2. 熔接完毕，取光纤时，不要触摸熔接机的高压区。
3. 谨慎操作，避免细小的光纤碎丝扎伤手指。
4. 在熔接过程中，出现下列情况之一（见图 1—5—2），均需追加放电。

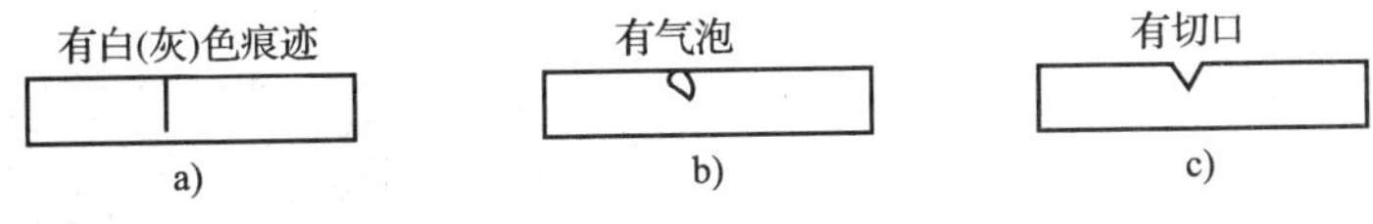

图 1—5—2　熔接缺陷示意图

任务实施

下面，以古河 Fitel S176 型光纤熔接机为例，介绍光纤熔接机的使用步骤。

步骤	图示
第一步：接通电源。打开箱子取出熔接机，将其放置在坚硬的水平工作台上。打开盖，竖起 LCD 屏。将电源线连接至机身右侧的电源插孔，将开关置于“AC”位置。熔接机启动完毕后蜂鸣器提示，屏幕显示“熔接方式菜单”	
第二步：设定熔接程序。熔接机启动后，默认熔接程序是“自动方式”。当前的光纤熔接类型应和被熔接的光纤相一致。如需选择不同的光纤类型，可在类型列表中选择	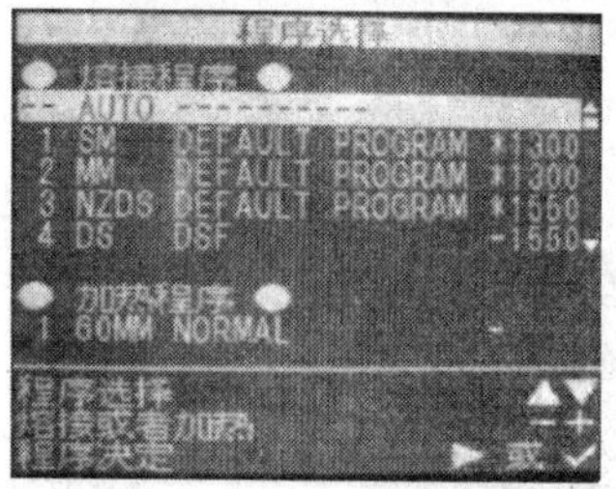
第三步：穿入热保护套管。要确认在光纤剥线及剪断之前，将保护套管套在需要融接的光纤上。注意：热缩套管应在剥覆前穿入，严禁在端面制备后穿入	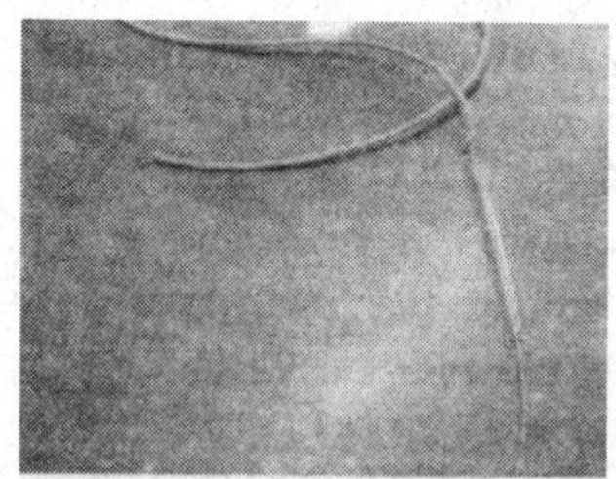
第四步：切断光纤。用专业的光纤切断工具切断光纤。一般建议切断长为 14 ~ 16 mm。注意：光纤切断后，不能再触摸或者擦拭光纤	
第五步：放置光纤。打开防风盖，松开光纤夹，将光纤放入 V 形槽，使光纤端面悬伸至熔接部位上方。轻轻将光纤夹压片压下，使得光纤包层夹压紧光纤包层。然后放下裸光纤夹，使光纤嵌入 V 形槽中。关闭防风盖并确认光纤从防风盖两侧缺口中伸出	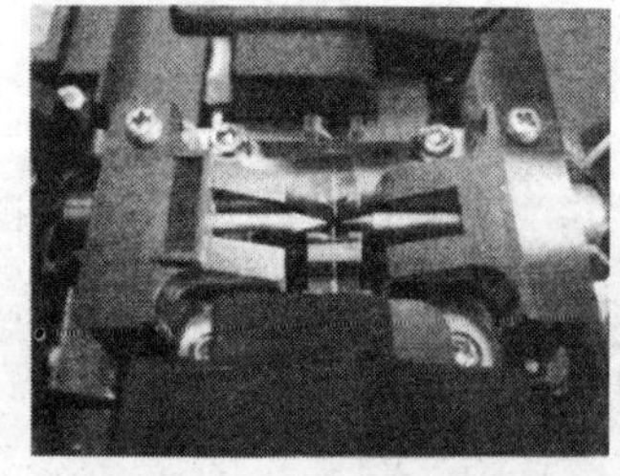

续表

步骤	图示
第六步：熔接光纤。按绿色按钮，开始自动熔接	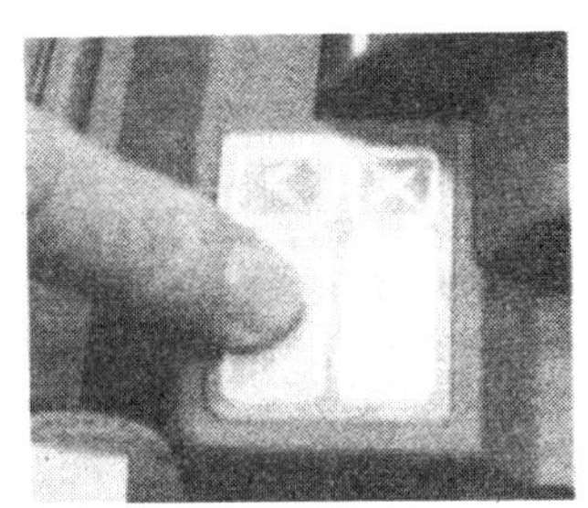
第七步：查看参数。若熔接结果良好，屏幕显示接续损耗为 0.00 dB 并提示“打开防风盖”	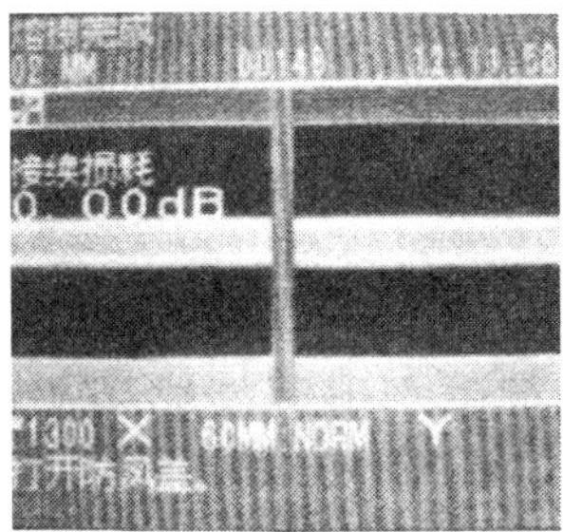
第八步：接头增强保护。从熔接机的 V 形槽上取下熔接好的光纤，将热缩套管轻轻移至熔接位置。再将套好热缩套管的光纤置于熔接机的加热器中进行加热，过 10 s 后，取出熔接好的光纤进行冷却	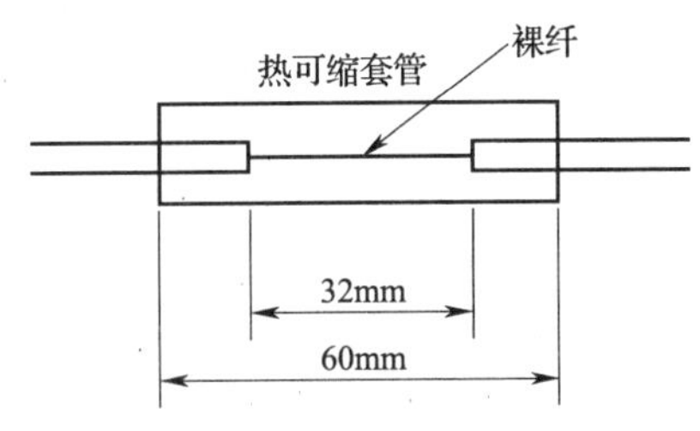
第九步：取出光纤	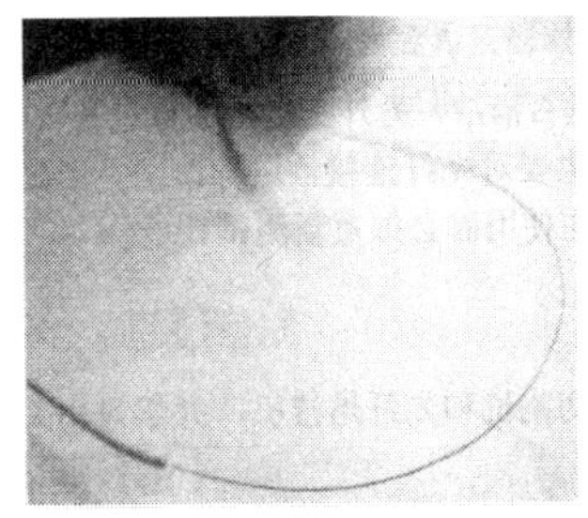

总结评价

一、主题讨论

简述光纤熔接机的工作原理。

二、填写评价表

根据用熔接机接续光纤的熟练程度进行总结，填写评价表（见表1—5—2），给出本任务完成情况的实习成绩。

表1—5—2　　　　用熔接机接续光纤实习评价表

<table>
<tr><th colspan="2">项目</th><th>项目完成情况叙述</th><th>配分</th><th>自我评分</th><th>同学评分</th><th>教师评分</th></tr>
<tr><td colspan="2">熔接机的工作原理</td><td></td><td>10</td><td></td><td></td><td></td></tr>
<tr><td colspan="2">穿热保护套管</td><td></td><td>10</td><td></td><td></td><td></td></tr>
<tr><td colspan="2">切断光纤</td><td></td><td>10</td><td></td><td></td><td></td></tr>
<tr><td colspan="2">放置光纤</td><td></td><td>10</td><td></td><td></td><td></td></tr>
<tr><td colspan="2">熔接光纤</td><td></td><td>10</td><td></td><td></td><td></td></tr>
<tr><td colspan="2">查看参数，判断熔接是否成功</td><td></td><td>10</td><td></td><td></td><td></td></tr>
<tr><td colspan="2">接头增强保护</td><td></td><td>10</td><td></td><td></td><td></td></tr>
<tr><td colspan="3">学生解决问题的能力</td><td>10</td><td></td><td></td><td></td></tr>
<tr><td rowspan="3">安全文明操作</td><td colspan="2">安全操作（违反一项操作规程扣10分，违反两项扣40分）</td><td>10</td><td></td><td></td><td></td></tr>
<tr><td colspan="2">正确摆放、使用工具、仪表等（未正确摆放或使用错误扣5分）</td><td>5</td><td></td><td></td><td></td></tr>
<tr><td colspan="2">现场整理与设备移交（未移交扣20分，未清理扣5分，清理不干净扣2分）</td><td>5</td><td></td><td></td><td></td></tr>
<tr><td rowspan="2">自我评价</td><td colspan="2" rowspan="2"></td><td>综合评分</td><td colspan="3" rowspan="2">自己签名：</td></tr>
<tr><td></td></tr>
<tr><td rowspan="2">小组评价</td><td colspan="2" rowspan="2"></td><td>综合评分</td><td colspan="3" rowspan="2">项目小组负责人签名：</td></tr>
<tr><td></td></tr>
<tr><td rowspan="2">教师评价</td><td colspan="2" rowspan="2"></td><td>综合评分</td><td colspan="3" rowspan="2">教师签名：</td></tr>
<tr><td></td></tr>
</table>

拓展实训

1. 实训目的

通过实训，掌握光纤配线架的安装。

2. 实训设备、材料和工具

实训设备、材料和工具见表1—5—3。

表1—5—3　　　　　　　　　　　　实训清单

设备名称	数量	单位
单模、多模光纤		
光纤配线架		
光纤耦合器		
熔接尾纤		
热缩套管		
光纤剥线钳		
光纤切割机		
光纤熔接机		
光纤陶瓷剪刀		
光纤接头清洁剂		
OTDR 测试仪		

3. 实训内容

安装光纤配线架。

4. 实训步骤

在综合布线系统中，最常使用的光纤管理器件是安装在机柜内的机架式光纤配线架。各厂家生产的机架式光纤配线架的结构有所差异，但功能是相似的。光纤配线架可对光纤起到较好的保护作用并能提供一系列光纤连接器实现光纤端接管理工作。下面以 IBDNFiber—Express 机架式光纤配线架为例，介绍光纤配线架安装步骤。

步骤	图示
第一步：打开并移走光纤配线架的外壳，在配线架内安装上耦合器面板	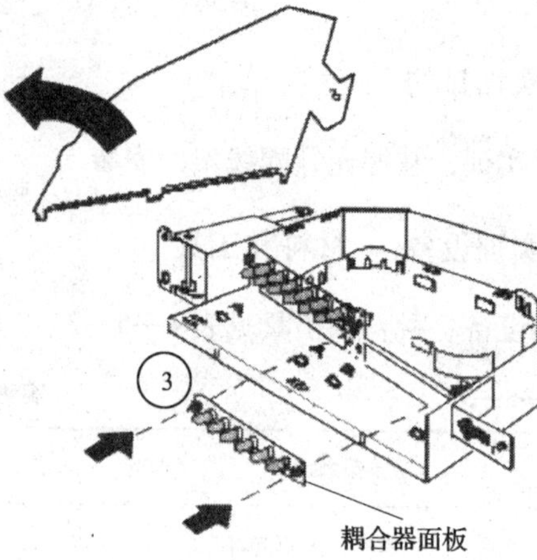 ③ 耦合器面板
第二步：用螺钉将光纤配线架固定在机架合适的位置上	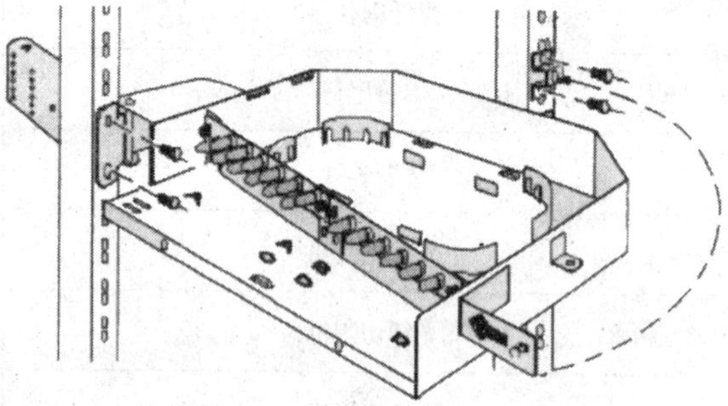
第三步：从光缆末端分别测量出 297.2 cm 和 213.4 cm 位置并打上标志，以便后续的光缆安装	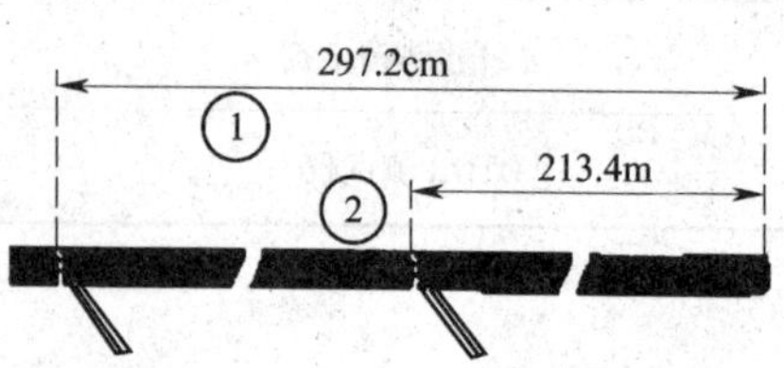 297.2cm ① ② 213.4m
第四步：在距光缆末端 297.2 cm 处剥除光缆的外皮并清洁干净，在距光缆末端 111.8 cm 处打上标志，并在光缆已剥除外皮的部分覆盖一层电工胶皮，以便进行光缆的固定	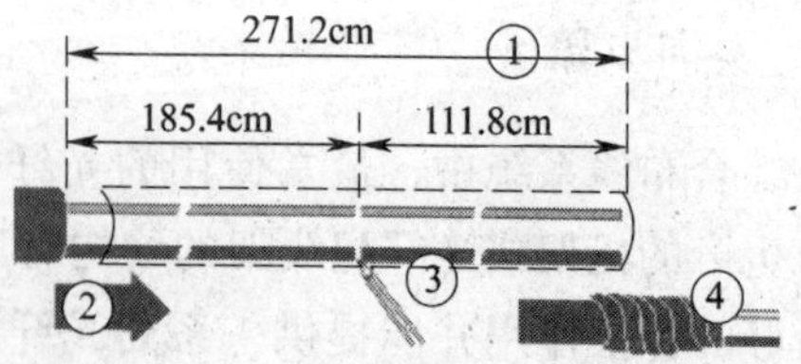 271.2cm ① 185.4cm 111.8cm ② ③ ④

续表

步骤	图示
第五步：将光缆穿放到机架式光纤配线架上，并对光缆进行固定	111.8cm 185.4cm 185.4cm
第六步：将光缆各纤芯与尾纤熔接好后，各尾纤在配线架内盘绕安装并接插到配线架的耦合器内	A C A C B D B D
第七步：将光纤配线架的外壳盖上，在配线架上的标签区域写下光缆标记	1 2 3 标签
第八步：移去耦合器防尘罩，接插光纤跳线到耦合器，另一端连接设备的光纤接口	光纤跳线

拓展知识

1. 光纤熔接损耗的主要因素

产生光纤熔接损耗主要有以下四个方面：

（1）光纤自身因素

光纤自身因素主要包括待连接的两根光纤的模场直径不一致、芯径失配、纤芯截面不圆、纤芯与包层同心度不佳等。

（2）光纤施工质量

由于光纤在敷设过程中的拉伸变形，以及接续盒中夹固光纤压力过大等原因造成接续点附近光纤物理形变。

（3）操作技术不当

由于熔接人员操作水平不高、操作步骤不当、盘纤工艺水平低，或由于熔接机中电极清洁程度差、熔接参数设置不当，或由于工作环境清洁程度差导致光纤端面平整度差、端面分离、出现轴心错位和轴心倾斜等，使连接光纤的位置不准。

（4）熔接机质量

光纤熔接机主要是靠放出电弧将光纤两头熔化，同时运用准直原理平缓推进，以实现光纤模场的耦合。熔接机质量的高低会直接影响光纤耦合点的精度，精度越高，其熔接损失就越小。

2. 提高光纤熔接质量的方法

（1）统一光纤材料

在一条线路中应尽量采用同一批次的光纤，因为其模场直径基本相同。光纤在某点断开后，两端间的模场直径可视为一致，因而在此断开点熔接可使模场直径对光纤熔接损耗的影响降到最低。敷设光缆时，须按编号沿确定的路由顺序布放，并保证前盘光缆的 B 端和后盘光缆的 A 端相连，保证光纤接续时在断开点熔接，并使熔接损耗达到最小。

（2）严格敷设要求

在光缆敷设施工中，严禁光缆打小圈及弯折、扭曲，光缆施工应采用“前走后跟，光缆上肩”的放缆方法。牵引力不超过光缆允许值的 80%，瞬间最大牵引力不超过光缆允许值的 100%，牵引力应加在光缆的加强件上。光缆敷设应严格按光缆施工要求，减少光纤受损伤概率，否则将导致熔接损耗增大。

（3）挑选专业人员

现在光纤熔接多使用熔接机进行自动熔接，但接续人员的水平也会直接影响接续损耗的大小。接续人员应严格按照光纤熔接工艺流程进行接续，并且在熔接过程中，应一边熔接，一边测试熔接点的接续损耗，不符合要求的应重新熔接，对熔接损耗值较大的点，反复熔接次数不宜超过 3 次。

（4）严格选择接续环境

严禁在多尘及潮湿的环境中露天操作。光缆接续部位及工具、材料应保持清洁，不得让光纤接头受潮。准备切割的光纤必须清洁，不得有污物。光纤切割后不得在空气中暴露时间过长，尤其是在多尘、潮湿环境中。

（5）选用高精器材

光纤端面的好坏会直接影响熔接损耗的大小。切割的光纤应为平整的镜面，无毛刺，无缺损。光纤端面的轴线倾角应小于1°。高精度的光纤端面切割器不但可提高光纤切割的成功率，也可以提高光纤端面的质量。

（6）正确使用熔接机

应根据光纤类型正确、合理地设置熔接参数、预放电电流和时间以及主放电电流和时间等，并且在使用中和使用后及时去除熔接机中的灰尘，特别是夹具各镜面和V形槽内的粉尘和光纤碎末。每次使用前，应使熔接机在熔接环境中放置至少15 min，根据当时的气压、温度、湿度等环境情况重新对熔接机的放电电压、放电位置等进行设置。

项目二　综合布线工程设计与施工

综合布线工程设计是指在现有经济和技术条件下，根据建筑物的使用要求，按照国际和国内现行布线标准，对智能建筑进行的工程设计。综合布线工程施工是指按照国家现行的相关工程施工和验收规范，将综合布线工程从设计变为现实的过程。工程设计的好坏直接决定了工程质量的优劣。它不仅需要充分考虑用户的当前要求，还要合理规划未来适当时期的技术发展需要。因此，在进行综合布线系统设计时，应根据用户的需求，对费用预算、应用需求、施工进度等多方面综合考虑，完成综合布线工程各子系统以及其他相关部分的设计与施工。

任务一　识读综合布线工程设计系统结构图

任务描述

综合布线系统工程设计是构建整个网络布线工程建设的蓝图和总体框架，必须按照国际或国内现行布线标准，根据工程具体情况进行设计。综合布线系统结构图作为全面概括布线系统全貌的示意图，主要描述进线间、设备间、电信间的设置情况，各布线子系统缆线的型号、规格和整体布线系统结构等内容。识读图样就是要根据图例和所学的专业知识，认识设计图样上的每个符号，理解其工程意义，进而很好地掌握设计者的设计意图，这是按图施工的基本要求。本任务要求：

- 识读综合布线工程设计系统结构图。
- 使用绘图软件绘制综合布线系统结构图。

基础知识

一、综合布线常用术语对照表（见表 2—1—1）

表 2—1—1　　综合布线常用术语对照表

英文缩写	英文名称	中文名称或解释
BD	Building Distributor	建筑物配线设备
CD	Campus Distributor	建筑群配线设备
CP	Consolidation Point	集合点（楼层配线设备与工作区信息点之间水平缆线路由中的连接点）
FD	Floor Distributor	楼层配线设备
OF	Optical Fiber	光纤
SC	Subscriber Connector	用户连接器（光纤连接器）
TE	Terminal Equipment	终端设备
TO	Telecommunication Outlet	信息插座模块

二、综合布线系统的基本构成

综合布线系统采用开放式结构，其系统构成包括建筑群子系统、垂直子系统、水平子系统、设备间子系统、管理子系统和工作区子系统6个部分。

1. 基本构成

综合布线系统基本构成应符合图2—1—1所示要求，其中，水平子系统中可设置集合点CP，也可不设置CP。

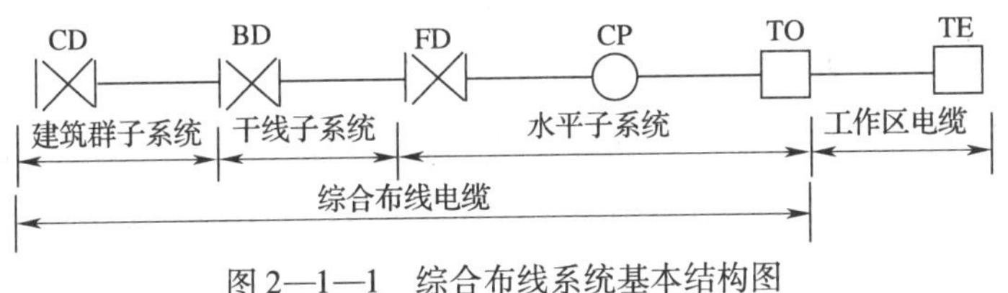

图2—1—1　综合布线系统基本结构图

2. 子系统构成

综合布线系统三个子系统的构成应符合图2—1—2所示要求。图2—1—2a中的虚线表示BD与BD之间、FD与FD之间可以设置主干线缆；图2—1—2b中的建筑物FD可以通过主干线缆连至CD，TO也可以通过水平线缆连至BD。

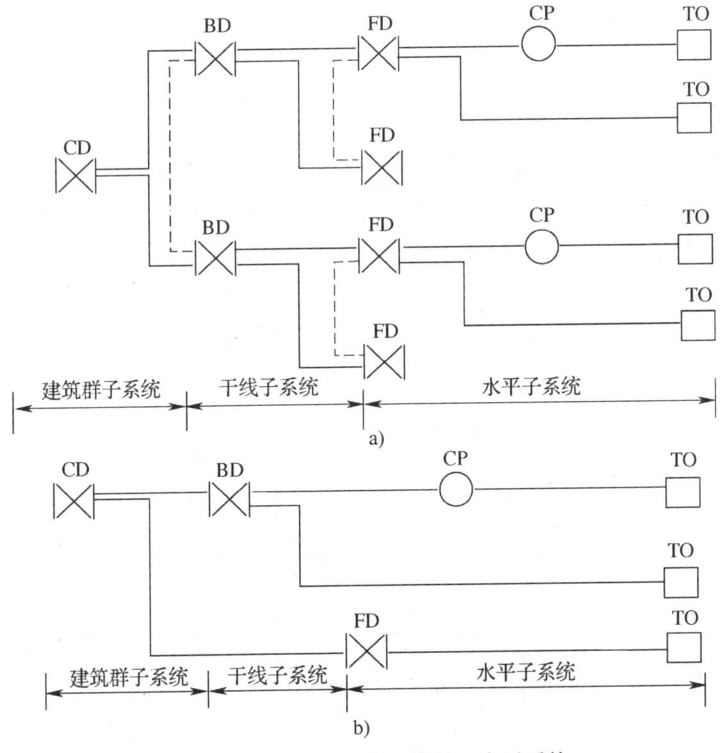

图2—1—2　综合布线系统的三个子系统

3. 入口设施和线缆

综合布线系统入口设施和线缆构成应符合图 2—1—3 所示要求。

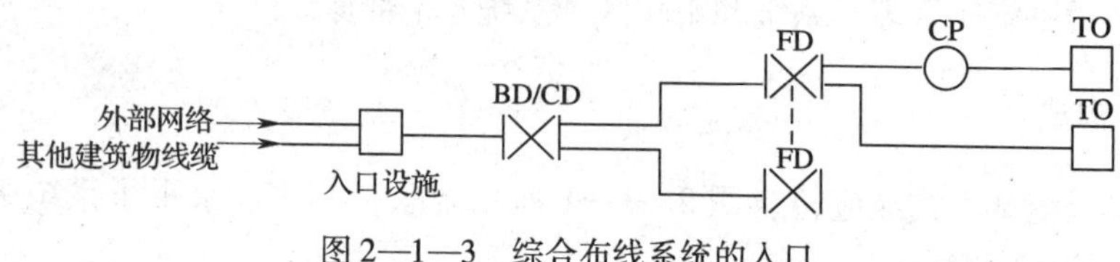

图 2—1—3　综合布线系统的入口

三、各种不同建筑中的综合布线系统结构

具体的综合布线系统工程应根据实际建筑物的类型进行灵活设计，既要符合综合布线的基本构成，又要有特点和个性，以满足其特殊的要求。目前主要有以下几种形式：

1. 建筑物标准 FD—BD 结构

这种结构主要适用于单幢的中、小型智能化建筑，且其附近没有其他房屋建筑，不会发展成为智能化建筑群。在这种结构中可以不设建筑群配线架，也不需要建筑群子系统。在单幢建筑中，需设置两次配线点，即建筑物配线架和楼层配线架，只采用垂直干线子系统和水平干线子系统。这种综合布线系统的网络结构最简单，且使用比较普遍，如图 2—1—4 所示。

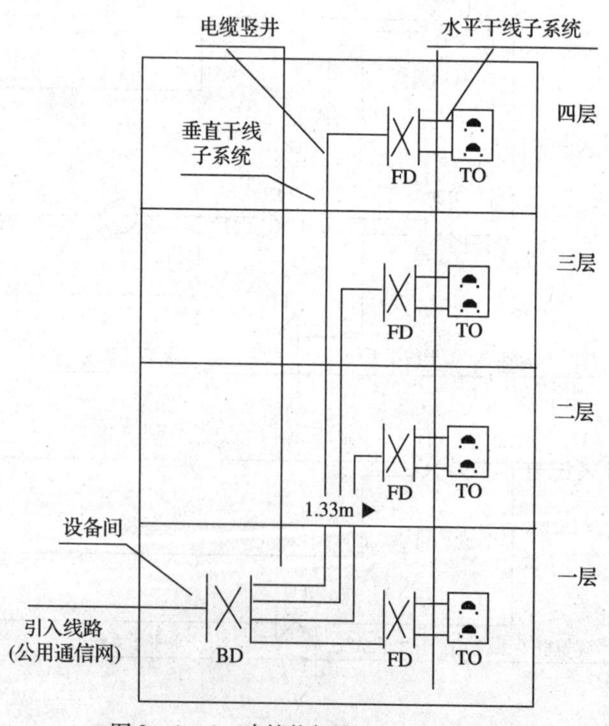

图 2—1—4　建筑物标准 FD—BD 结构

2. 建筑物 FD—BD 共用设备间结构

这种结构就是大楼没有楼层配线间，建筑物配线架和楼层配线架全部设置在大楼设备间，如图 2—1—5 所示。该结构主要适用于以下两种情况：

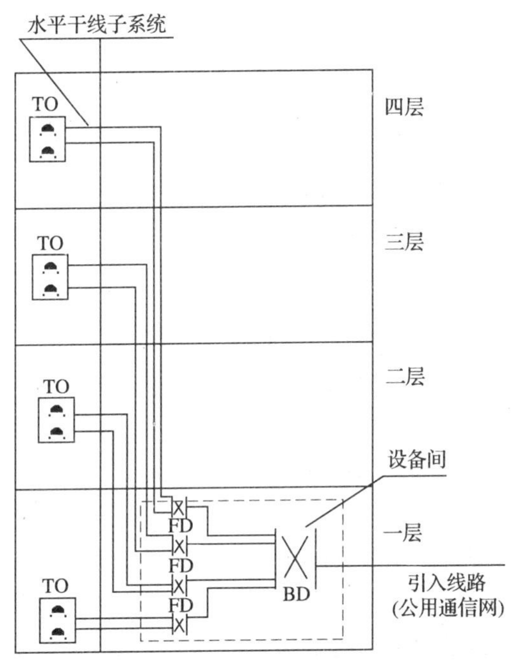

图 2—1—5　建筑物 FD—BD 共用设备间结构

- 小型建筑物中信息点少且 TO 至 BD 之间电缆的最大长度不超过 90 m，没有必要为每个楼层设置一个楼层配线间。
- 当建筑物不大但信息点很多，TO 至 BD 之间电缆的最大长度不超过 90 m 时，为便于维护管理和减少对空间的占用采用这种结构。

3. 建筑物 FD—BD 共用楼层配线间结构

当单幢建筑的楼层面积不大，用户信息点数量不多时，为了简化网络结构和减少接续设备，可以采取每 2 ~ 5 个楼层设置楼层配线架，由中间楼层的楼层配线架分别与相邻楼层的通信引出端相连的连接方法，如图 2—1—6 所示。但是这种结构要求通信引出端至楼层配线架之间的水平线缆的最大长度不超过 90 m，以满足标准规定的传输通道要求。

4. 综合建筑物 FD—BD—CD 结构

单幢大型建筑由于建设规模和建筑面积大，同时建筑性质和功能不同，其建筑外形或层数也不同，因此在进行综合布线系统工程设计时，应根据该建筑的分区性质、功能特点、楼层面积大小、目前用户信息点的分布密度和今后发展等因素综合考虑。

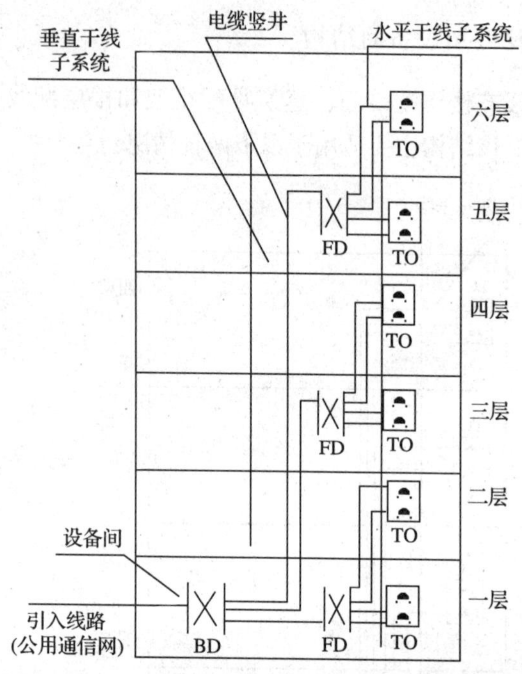

图 2—1—6　建筑物 FD—BD 共用楼层配线间结构

当建筑物是主楼带附楼结构，楼层面积较大，用户信息点数量较多时，可将整幢建筑物进行分区，将各个分区视作多幢建筑物组成的建筑群。在建筑物的中心位置设置建筑群配线架并在各个分区的适当位置设置建筑物配线架。如图 2—1—7 所示，该建筑物中的主楼、附楼 A 和附楼 B 被视作多幢建筑，在建筑物的中心位置即主楼设置建筑群配线架，

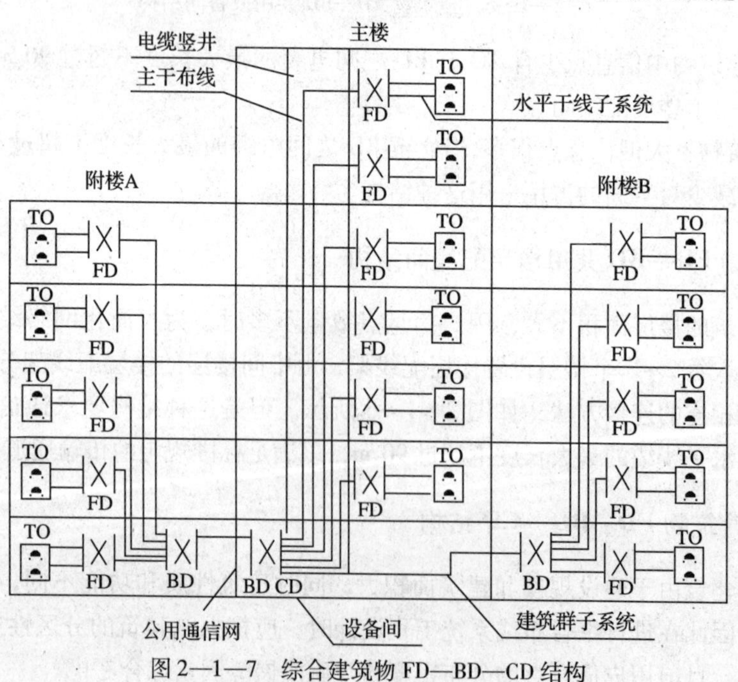

图 2—1—7　综合建筑物 FD—BD—CD 结构

在附楼 A 和附楼 B 的适当位置设置建筑物配线架，主楼的建筑物配线架 BD 可与建筑群配线架 CD 合二为一，这时该建筑物中包含有在同一建筑物内设置的建筑群子系统。此外，还有垂直干线子系统和水平干线子系统。这种综合布线系统的设备配置较为典型，采用的网络结构也较复杂。

5. 建筑群 FD—BD—CD 结构

这种结构适用于建筑物数量不多、小区建设范围不大的场合。在建筑群综合布线系统设计时，最好选择位于建筑群中心位置的建筑物作为各建筑物通信线路和对公用通信网连接的汇接点，并在此安装建筑群配线架。建筑群配线架可与该建筑物的建筑物配线架合设，达到既减少配线接续设备和通信线路长度，又降低工程建设费用的目的。各建筑物中分别装设建筑物配线架和敷设建筑群子系统的主干线路，并与建筑群配线架相连，如图 2—1—8 所示。

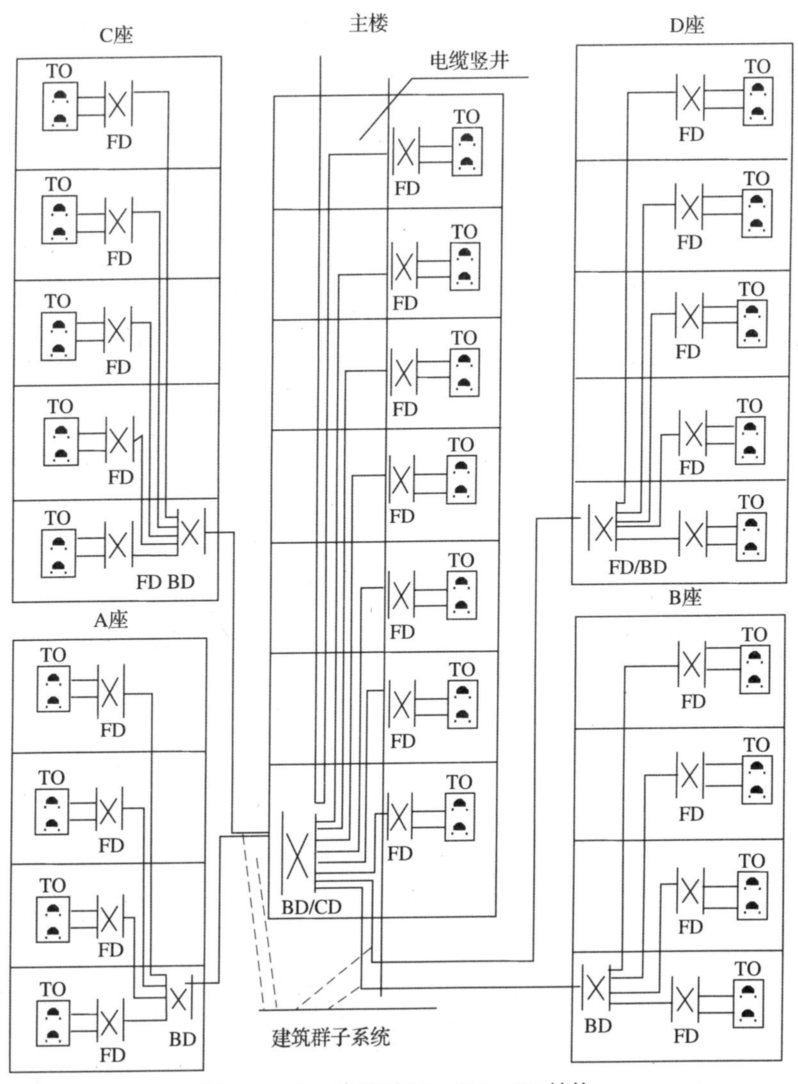

图 2—1—8　建筑群 FD—BD—CD 结构

任务实施

一、根据综合布线系统构成， 填写图 2—1—9。

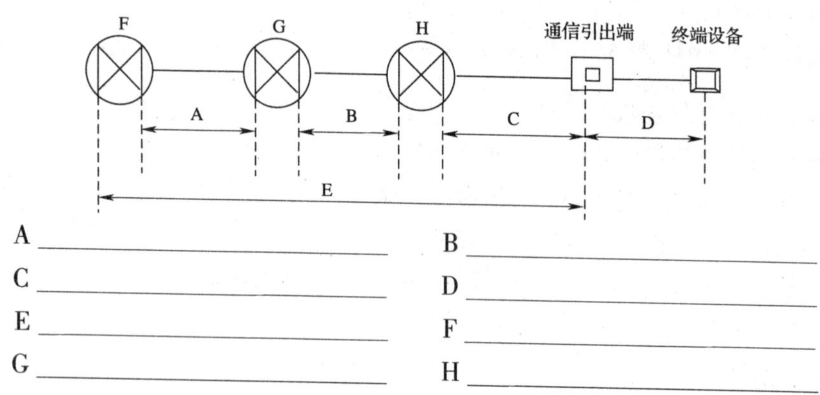

图 2—1—9　综合布线系统构成

二、利用 Visio 软件绘制建筑物标准 FD—BD 综合布线系统结构图

Visio 是 Microsoft Office 组合软件的成员之一，是一个优秀的绘图软件。它具有易用的集成环境、丰富的图表类型和直观的绘图方式，能方便快速地制作出各种建筑平面图、管理机构图、网络布线图、机械设计图、工程流程图和电路图等。在综合布线工程设计中，Visio 通常用于绘制网络拓扑图、布线系统图和楼层信息点分布及管线路由图等。

以下是绘制建筑物标准 FD—BD 综合布线系统结构图的主要步骤：

1. 创建文件。打开 Visio 软件，选择“文件”—“新建”—“建筑设计图”—“平面布置图”。
2. 制作配线间标识。
3. 制作信息点标识。
4. 规划定位配线间。
5. 连接主配线间与楼层配线间。
6. 添加信息点。
7. 连接信息点和楼层配线间。
8. 添加水平连接线的标识。
9. 添加配线间及其信息点标识。
10. 添加图样说明。

总结评价

一、主题讨论

1. 综合布线工程图一般包括哪些图样？

2．Visio 和一般画图软件比较，有什么特点？

3．扩充图库有哪些来源？

二、填写评价表

根据对综合布线系统组成的了解情况进行总结评价，填写评价表（见表 2—1—2）。给出本任务完成情况的实习成绩。

表 2—1—2　　识读综合布线系统结构图评价表

子任务	子任务完成情况叙述	分值	自我评分	同学评分	教师评分
解释综合布线系统常用术语		20			
识读综合布线系统常见的几种结构图		20			
利用绘图工具绘制建筑物标准 FD－BD 综合布线系统构成图		30			
学生解决问题的能力		10			
安全文明操作	安全操作（违反一项操作规程扣 10 分，违反两项扣 40 分）	10			
	正确摆放、使用工具、仪表等（未正确摆放或使用错误扣 5 分）	5			
	现场整理与设备移交（未移交扣 20 分，未清理扣 5 分，清理不干净扣 2 分）	5			
自我评价		综合评分	自己签名：		
小组评价		综合评分	项目小组负责人签名：		
教师评价		综合评分	教师签名：		

拓展知识

一、电缆布线系统分级与组成

1. 电缆布线系统分级

综合布线系统的电缆布线系统一般分为6级，见表2—1—3。

表2—1—3　电缆布线系统分级

系统分级	支持带宽	支持应用器件	
		电缆	连接硬件
A	100 kHz		
B	1 MHz		
C	16 MHz	3类	3类
D	100 MHz	5/5e类	5/5e类
E	250 MHz	6类	6类
F	600 MHz	7类	7类

2. 电缆布线系统的组成

综合布线系统的电缆信道由最长90 m的配线电缆、最长10 m的工作区电缆、跳线和设备电缆及最多4个连接器件组成。永久链路则由最长90 m配线电缆及3个连接器件组成。连接方式如图2—1—10所示。但F级的永久链路仅包括最长90 m的配线电缆和2个连接器件（不包括CP连接器件）。

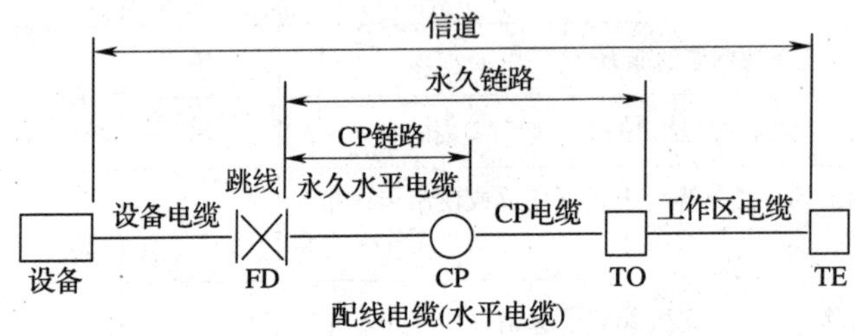

图2—1—10　电缆布线系统的组成

配线子系统各段缆线的长度限值如下：

（1）配线子系统信道的最大长度不应大于100 m。

（2）工作区电缆、电信间配线设备上的跳线和设备电缆之和不应大于10 m，当大于10 m时，配线电缆长度（90 m）应适当减少。

（3）楼层配线设备（FD）的跳线、设备电缆及工作区电缆的长度分别不应大于5 m。

（4）在IEEE 802.3标准中，综合布线系统6类布线系统在10 GB以太网中所支持的长

度不应大于 55 m，但 6A 类（增强 6 类）和 7 类布线系统支持长度可达到 100 m。

二、光纤信道分级与组成

1. 光纤信道分级

光纤信道分为 OF—300、OF—500 和 OF—2 000 三个等级，各等级光纤信道支持的应用长度不应小于 300 m、500 m 和 2 000 m。

2. 光纤信道组成

在光缆布线系统中，配线光缆和主干光缆可以经过电信间的光纤配线设备上的光跳线连接，如图 2—1—11a 所示；也可以经过电信间的端接（熔接或机械连接）构成，如图 2—1—11b 所示，FD 只设光纤之间的连接点；还可以经过电信间直接连至大楼设备间的光配线设备构成，如图 2—1—11c 所示，FD 安装于电信间，只作为光缆路径。

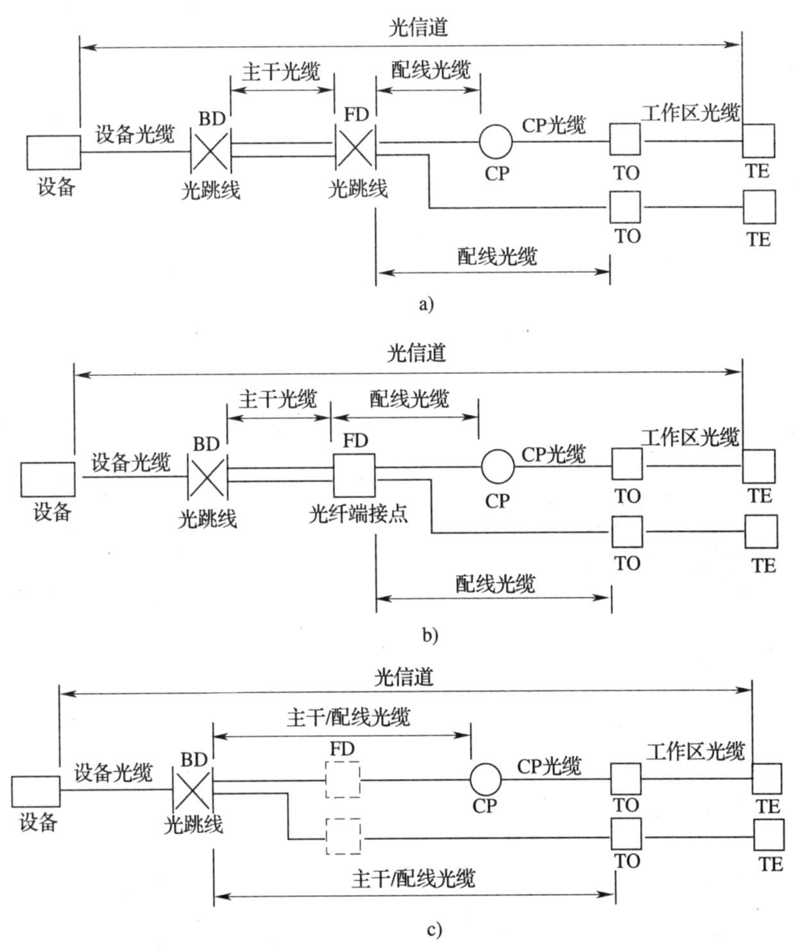

图 2—1—11 光纤信道的构成

a）光缆经电信间 FD 光跳线连接 b）光缆在电信间 FD 做端接 c）光缆经电信间 FD 直接连至设备间 BD

任务二　工作区设计与施工

任务描述

综合布线工作区是包括办公室、写字间等需要电话、计算机、电视机等设施的区域和相应设备的统称。它由水平子系统的信息插座，以及延伸到工作站终端设备处的连接线缆（跳线）及适配器组成。本任务要求根据教师指定的工程资料完成以下工作：

- 计算信息点、水晶头和信息插座的数量。
- 绘制工作区布线路径图。
- 安装 PVC 线槽。
- 安装信息插座底盒和面板。

基础知识

一、工作区的设计范围

在综合布线系统中，一个独立的需要安装终端设备（电话或计算机等）的区域，就可看作一个工作区。如图 2—2—1 所示。

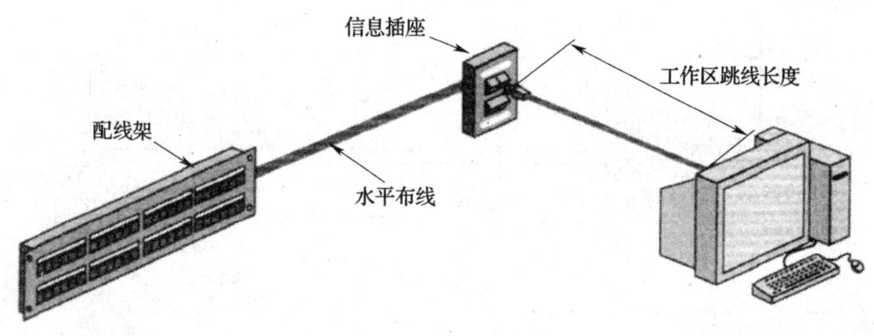

图 2—2—1　工作区

二、工作区的设计步骤

一般来说，工作区的设计可以分为以下两个步骤：

1. 确定信息点数量

工作区信息点数量主要根据用户的具体需求来确定。如果用户不能明确信息点数量，就应根据以下设计规范来确定：每 5 ~ 10 m^{2}的工作区配置一个语音信息点或一个计算机信

息点，或者一个话音信息点和一个计算机信息点，具体还要参照综合布线系统的设计等级来确定。

2. 确定信息插座数量

工作区应安装的信息点数量确定之后，信息插座的数量就很容易确定了。如果工作区配置单孔信息插座，那么信息插座数量应与信息点的数量相当；如果工作区配置双孔信息插座，那么信息插座数量应为信息点数量的一半。考虑到系统应为以后扩充留有余量，因此最终应配置信息插座的总量应为：

信息插座数量 = 信息点数量 ×（1 + 3%）

三、工作区的施工要求

工作区的施工要求主要是指信息插座的安装、电源插座的配备以及布线材料的选择必须符合规范。

1. 信息插座安装规范　（见图 2—2—2）

- 安装在地面上的信息插座应采用防水和抗压的接线盒。
- 安装在墙面或柱子上的信息插座底部离地面的高度宜为 300 mm 以上。
- 信息插座附近有电源插座的，信息插座应距离电源插座 200 mm 以上。

2. 电源插座配备规范

- 每 1 个工作区应至少配置 1 个 220 V 交流电源插座。
- 工作区的电源插座应选用带保护接地的单相电源插座，保护接地与零线应严格分开。

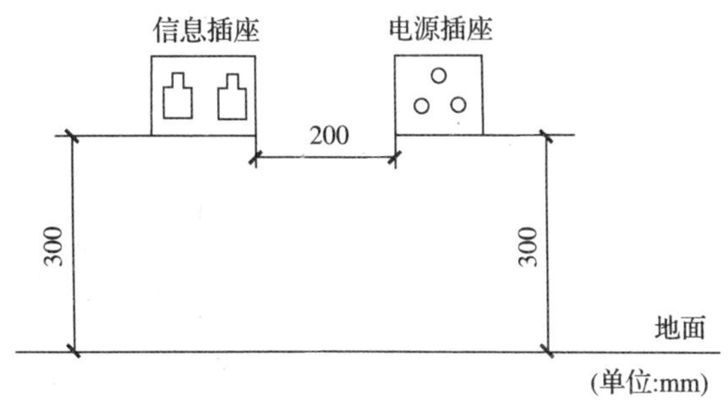

图 2—2—2　信息插座安装规范

3. 布线材料选择规范

工作区的布线材料主要是指连接信息插座与计算机的跳线，以及必要的适配器。

（1）跳线选择规范

- 跳线使用的线缆必须与水平布线完全相同，并且完全符合布线系统标准的规定。
- 跳线的长度通常为 2～3 m，最长不超过 5 m。
- 如果水平布线采用光缆，那么光纤跳线的芯径与类别必须与水平布线保持一致。

（2）适配器选用规范

- 设备的连接插座应与连接线缆的插头匹配，不同的插座与插头之间应加装适配器。
- 当在单一信息插座上进行两项服务时，应采用Y形适配器（见图 2—2—3）。
- 在水平子系统中选用的线缆类别（介质）不同于设备所需的线缆类别（介质）时，应采用适配器。
- 在连接使用不同信号的数模转换或数据速率转换等相应的装置（如数模转换、光电转换、数据传输速率转换等相应装置）时，应采用适配器。

图 2—2—3　Y形适配器

- 为保证网络规程的兼容性，可用协议转换适配器。
- 根据工作区内不同的电信终端设备（如 ISDN 终端），可配备相应的终端适配器。
- 各种不同的终端设备或适配器均安装在工作区的适当位置，并应考虑现场的电源与接地。

任务实施

一、统计信息点点数

1. 信息点点数统计表常用格式

常用信息点点数统计表格式见表 2—2—1。

表 2—2—1　　信息点点数统计表

<table>
<tr><th colspan="14">建筑物网络综合布线系统信息点点数统计表</th></tr>
<tr><th rowspan="3">楼层编号</th><th colspan="10">房间或区域编号</th><th rowspan="3">数据点数合计</th><th rowspan="3">语音点数合计</th><th rowspan="3">信息点数合计</th></tr>
<tr><th colspan="2">01</th><th colspan="2">02</th><th colspan="2">03</th><th colspan="2">04</th><th colspan="2">…</th></tr>
<tr><th>数据</th><th>语音</th><th>数据</th><th>语音</th><th>数据</th><th>语音</th><th>数据</th><th>语音</th><th>数据</th><th>语音</th></tr>
<tr><td rowspan="2">楼层 1</td><td></td><td></td><td></td><td></td><td></td><td></td><td></td><td></td><td></td><td></td><td></td><td></td><td></td></tr>
<tr><td></td><td></td><td></td><td></td><td></td><td></td><td></td><td></td><td></td><td></td><td></td><td></td><td></td></tr>
<tr><td rowspan="2">楼层 2</td><td></td><td></td><td></td><td></td><td></td><td></td><td></td><td></td><td></td><td></td><td></td><td></td><td></td></tr>
<tr><td></td><td></td><td></td><td></td><td></td><td></td><td></td><td></td><td></td><td></td><td></td><td></td><td></td></tr>
</table>

续表

建筑物网络综合布线系统信息点点数统计表													
楼层编号	房间或区域编号										数据点数合计	语音点数合计	信息点数合计
	01		02		03		04		…				
	数据	语音	数据	语音	数据	语音	数据	语音	数据	语音			
楼层 3													
…													
合计													

第一行为设计项目或设计对象的名称；第二行为房间或区域名称；第三行为房间号；第四行为数据或语音类别：其余各行分别按实际情况填写每个房间的数据或话音点数量。为了直观和方便统计，一般每个房间会用两列表示，其中一列表示数据点，另外一列表示语音点。最后几列可分别统计数据点数合计、语音点数合计和信息点数合计。在点数统计的过程中，房间号按从小到大的次序依次从左向右排列并填写。

2. 制表

参考表2—2—1，在 Microsoft Excel 工作表里制作某项目信息点数量统计表样表，见表2—2—2。

表 2—2—2　　某项目信息点数量统计表

×××项目网络综合布线信息点点数统计表									
楼层编号	房间或区域编号						数据点数合计	语音点数合计	信息点数合计
	1		2		3				
	数据	语音	数据	语音	数据	语音			
一楼									
二楼									
三楼									
四楼									
五楼									
合计									

3. 填表

根据该项目需求分析，各房间的信息点数量需求如下：
101：1 个数据信息点，1 个语音信息点。
102：2 个数据信息点，2 个语音信息点。
103：8 个数据信息点，8 个语音信息点。
201：6 个数据信息点，6 个语音信息点。
202：8 个数据信息点，8 个语音信息点。
203：3 个数据信息点，3 个语音信息点。
301：10 个数据信息点，10 个语音信息点。
302：3 个数据信息点，3 个语音信息点。
303：9 个数据信息点，9 个语音信息点。
401：1 个数据信息点，1 个语音信息点。
402：2 个数据信息点，2 个语音信息点。
403：8 个数据信息点，8 个语音信息点。
501：1 个数据信息点，1 个语音信息点。
502：2 个数据信息点，2 个语音信息点。
503：8 个数据信息点，8 个语音信息点。
根据以上需求填写该项目信息点点数统计表。

4. 统计

利用 Microsoft Excel 中的统计函数，对该项目信息点数量进行统计，见表 2—2—3。

表 2—2—3　　某项目信息点数量统计表

×××项目网络综合布线信息点点数统计表									
楼层编号	房间或区域编号						数据点数合计	语音点数合计	信息点数合计
	1		2		3				
	数据	语音	数据	语音	数据	语音			
一楼	1		2		8		11		22
		1		2		8		11	
二楼	6		8		3		17		34
		6		8		3		17	
三楼	10		3		9		22		44
		10		3		9		22	
四楼	1		2		8		11		22
		1		2		8		11	
五楼	1		2		8		11		22
		1		2		8		11	
合计	19		17		36		72		144
		19		17		36		72	

二、计算 RJ—45 水晶头数和信息插座数

1. RJ—45 头数

现场压接 RJ 跳线时，RJ—45 头的需求量一般按以下公式计算：

RJ—45 头需求量 =4 × 信息点总数 ×（1 +15%）

2. 信息插座数

一般来说，工作区最终配置的信息插座数可按以下公式计算：

信息插座数量 = 信息点数量 ×（1 +3%）

三、工作区布线施工

1. 工作内容

（1）绘制工作区布线路径图
（2）安装 PVC 线槽
（3）安装信息插座底盒和面板

2. 设备、材料和工具要求

设备、材料和工具见表 2—2—4。

表 2—2—4　　**设备、材料和工具**

设备名称	数量	单位
综合布线实训装置		
卷尺		
油性笔		
钢笔		
记录本		
直尺		
角尺		
线槽剪		
旋具		
螺钉		
PVC 线槽		
底盒		
面板		
标签条		

3. 实施步骤

(1) 绘制布线路径图

根据工作区布局情况和网络插座位置规划和设计布线路径，如图2—2—4 所示。布线路径为该工作区的网络机柜到墙面网络插座底盒。

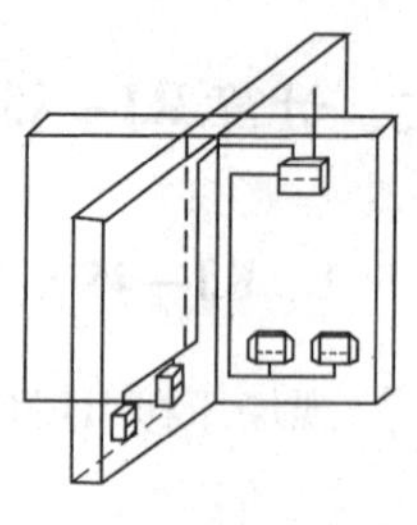

图 2—2—4 布线路径

(2) PVC 线槽加工。

- PVC 线槽水平直角的制作过程，如图 2—2—5 所示。

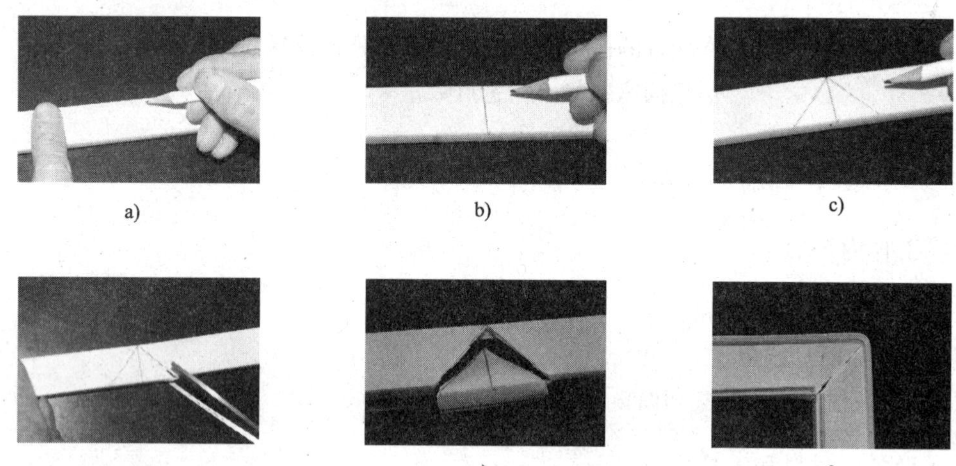

a) b) c)

d) e) f)

图 2—2—5 PVC 线槽水平直角制作过程图

a）对线槽的长度定点 b）以点为顶画一条直线 c）以直线为直角线画一等腰三角形（底长 48 mm，腰长 32 mm） d）以线为边进行裁剪 e）把三角形和侧面剪去 f）将线槽弯曲成形

- PVC 线槽阴角的制作过程，如图 2—2—6 所示。
- PVC 线槽阳角的制作过程，如图 2—2—7 所示。

(3) 安装底盒。

根据布线路径，用 M6 螺栓将底盒固定在墙面上。

(4) 安装线槽。

先在线槽上，每隔 500 ~ 600 mm，开直径 8 mm 的小孔。再根据布线路径，用 M6 螺栓将线槽固定在墙面上。

(5) 安装线缆。

安装好线缆并盖好槽盖板。

(6) 安装信息模块。

安装好信息模块并盖好插座面板。

(7) 贴标签。

按要求在面板上贴标签。

工作区效果如图 2—2—8 所示。

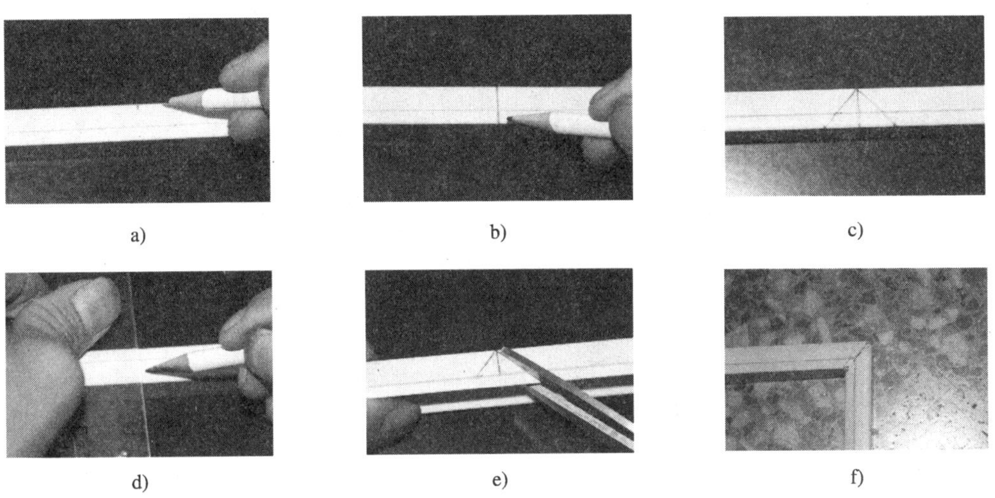

图 2—2—6　PVC 线槽阴角制作过程图

a）对线槽的长度定点　b）以点为顶画一条直线　c）以直线为直角线画一等腰三角形（底长 24 mm，腰长 16 mm）　d）在线槽另一侧画上线　e）把这两个三角形剪掉　f）将线槽弯曲成形

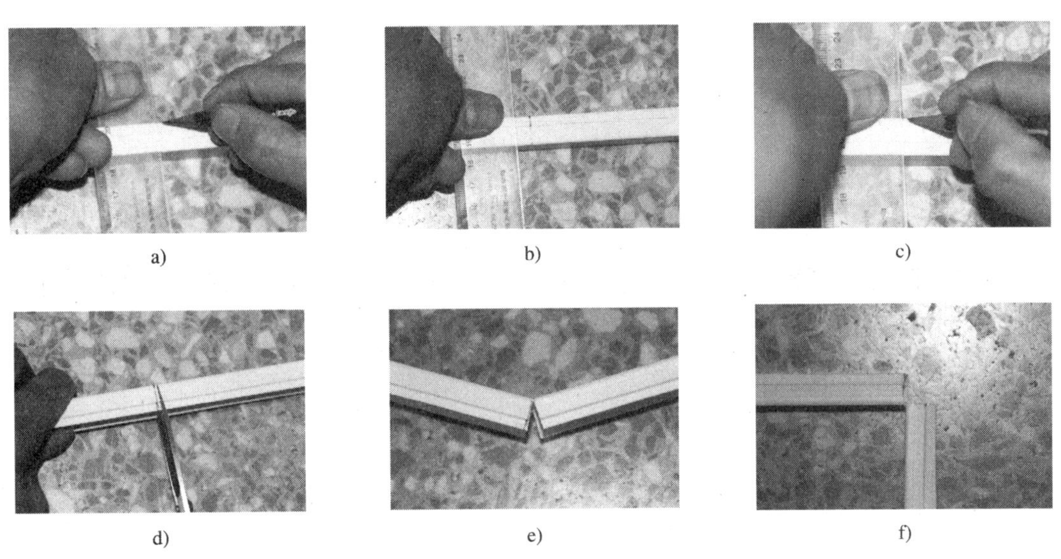

图 2—2—7　PVC 线槽阳角制作过程图

a）对线槽的长度定点　b）以点为顶画一条直线，并以这条线上另一侧定点　c）在线槽的另一侧画直线　d）用剪刀剪线槽两侧　e）将线槽弯曲　f）得到外弯角

图 2—2—8　工作区效果图

总结评价

一、主题讨论

1．简述工作区的设计步骤和要求。

2．工作区的终端设备有几种？如果终端设备的插座（插头）或线缆阻抗不匹配，怎样才能连接到信息插座上？

二、填写评价表

根据对工作区设计步骤和施工要求的了解情况进行总结，填写评价表（见表 2—2—5），给出本任务完成情况的实习成绩。

表 2—2—5　　　　　　　　工作区设计与施工实习评价表

<table>
<tr><th colspan="2">项　目</th><th>项目完成情况叙述</th><th>配分</th><th>自我评分</th><th>同学评分</th><th>教师评分</th></tr>
<tr><td colspan="2">简述工作区设计步骤</td><td></td><td>5</td><td></td><td></td><td></td></tr>
<tr><td colspan="2">记住信息插座数量计算公式</td><td></td><td>10</td><td></td><td></td><td></td></tr>
<tr><td colspan="2">简述工作区施工要求</td><td></td><td>10</td><td></td><td></td><td></td></tr>
<tr><td colspan="2">制作信息点统计表的熟练程度</td><td></td><td>10</td><td></td><td></td><td></td></tr>
<tr><td colspan="2">绘制工作区布线路径图</td><td></td><td>5</td><td></td><td></td><td></td></tr>
<tr><td colspan="2">安装 PVC 线槽</td><td></td><td>10</td><td></td><td></td><td></td></tr>
<tr><td colspan="2">安装信息插座底盒和面板</td><td></td><td>20</td><td></td><td></td><td></td></tr>
<tr><td colspan="3">学生解决问题的能力</td><td>10</td><td></td><td></td><td></td></tr>
<tr><td rowspan="3">安全文明操作</td><td colspan="2">安全操作（违反一项操作规程扣 10 分，违反两项扣 40 分）</td><td>10</td><td></td><td></td><td></td></tr>
<tr><td colspan="2">正确摆放、使用工具、仪表等（未正确摆放或使用错误扣 5 分）</td><td>5</td><td></td><td></td><td></td></tr>
<tr><td colspan="2">现场整理与设备移交（未移交扣 20 分，未清理扣 5 分，清理不干净扣 2 分）</td><td>5</td><td></td><td></td><td></td></tr>
<tr><td rowspan="2">自我评价</td><td colspan="2" rowspan="2"></td><td>综合评分</td><td colspan="3" rowspan="2">自己签名：</td></tr>
<tr><td></td></tr>
<tr><td rowspan="2">小组评价</td><td colspan="2" rowspan="2"></td><td>综合评分</td><td colspan="3" rowspan="2">项目小组负责人签名：</td></tr>
<tr><td></td></tr>
<tr><td rowspan="2">教师评价</td><td colspan="2" rowspan="2"></td><td>综合评分</td><td colspan="3" rowspan="2">教师签名：</td></tr>
<tr><td></td></tr>
</table>

拓展知识

一、PVC 线槽

线槽（PVC 塑料槽、钢槽）是一种带盖板封闭式的管槽材料，盖板和槽体通过卡槽合紧。按型号分有 PVC—20 系列、PVC—25 系列、PVC—25F 系列、PVC—30 系列、PVC—40 系列和 PVC—40Q 系列等。按规格分有 20 mm×12 mm、25 mm×12.5 mm、25 mm×25 mm、30 mm×15 mm 和 40 mm×20 mm 等。与 PVC 线槽配套的连接件有阳角、阴角、直转角、平三通、左三通、右三通、连接头、终端头等。

二、标识要求

1. 所有需要标识的设施都要有标签，每一个电缆、光缆、配线设备、端接点、接地装置、敷设管线等组成部分均应给定唯一的标识符。

2. 标识符应采用相同数量的字母和数字等标明，按照一定的模式和规则来进行。

3. 按照“永久标识”的概念选择材料，标签的寿命应能与布线系统的设计寿命相对应。标签材料要能通过 UL969（或对应标准）认证以保证达到永久标识的标准，同时标签要达到环保 ROHS 指令要求。

4．要对所有的管理设施建立文档。文档应采用计算机进行文档记录与保存。

三、标签的分类

1．标签按打印方式分类

标签按打印方式分为热转移打印标签、激光打印标签、喷墨打印标签、针式打印标签和手写标签。

2．标签按照材料分类

标签按材料分为纸标签、乙烯标签、聚酯标签、尼龙标签、聚酯亚胺标签、聚烯烃套管标签等。

3．标签按照用途分类

标签按用途分为印制线路板标识、条形码标识、实验室标识、电子元器件标识、电力与通信的线缆标识、套管标识、吊牌标识、管道标识、警示标识、防静电标识、耐高温标识、工业防火标识、商品标识、办公用品标识、票据等。

四、标签的布署类型

1．粘贴型和插入型

粘贴型标签是最常用的一类标签。聚酯、乙烯基或聚烯烃都是常用的粘贴型标识材料。插入型标识可以被打印机进行打印，标识本身应具有良好的防撕性能，能够经受环境的考验。常用的材料类型包括聚酯、聚乙烯、聚亚胺酯。

2．缠绕式标签

线缆的直径决定了所需缠绕式标签的长度或者套管的直径。大多数缠绕式标签适用于各种尺寸的线缆。贝迪缠绕式标签适用于各种不同直径的线缆。对于非常细的线缆标签（如光纤跳线标签），可以选用旗形标签。

3．覆盖保护膜线缆标签和管套标签

覆盖保护膜线缆标签可以在端子连接之前或者之后使用，标识的内容清晰，标签完全缠绕在线缆上并有一层透明的薄膜缠绕在打印内容上，可以有效地保护打印内容，防止刮伤或腐蚀。

4. 管套标识

只能在端子连接之前使用，通过电线的开口端套在电线上。有普通套管和热缩套管之分。热缩套管在热缩之前可以随便更换标识，具有灵活性，经过热缩后，套管可成为耐恶劣环境的永久性标识。

任务三　水平子系统设计与施工

任务描述

水平子系统是指综合布线系统中，从工作区的信息插座延伸到楼层配线架的部分。水平子系统通常沿楼层平面的地板或房间吊顶布线，安装得十分隐蔽，是整个布线系统中最难事后维护的子系统。本任务要求为：

- 根据给定资料计算电缆用量。
- 整理比较几种常用水平子系统布线方法的适用范围及其优缺点。
- 完成水平子系统布线施工。

基础知识

一、水平子系统的设计范围

一般来说，一个楼层通常只包括一个水平子系统。它由配线架与工作区信息插座相连的水平布线电缆或光缆组成。其拓扑结构为星型拓扑，即每个信息点都有一条独立的从信息插座到电信间配线架的线路，如图 2—3—1 所示。

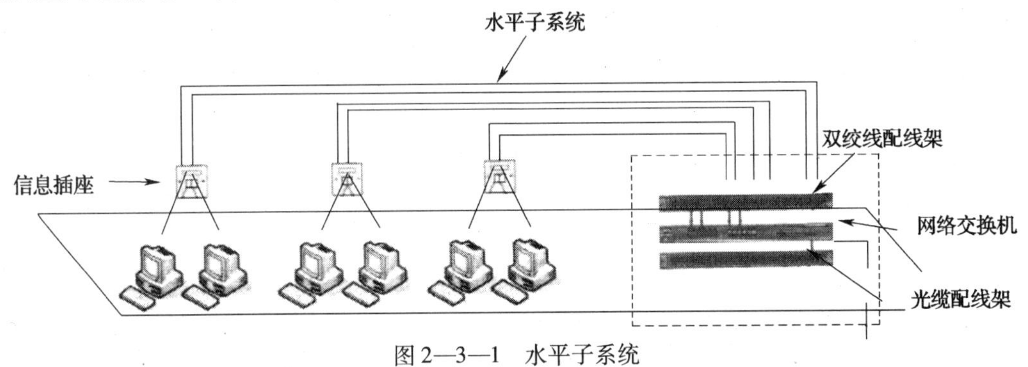

图 2—3—1　水平子系统

二、水平子系统的设计步骤

在进行水平子系统设计之前，一般需要先确定电信间楼层配线架的位置和每个工作区的信息点的类型、规格和数量。然后，再进行水平子系统的详细设计，具体步骤如下：

1. 确定配线路径

根据配线架和信息点位置，确定水平子系统的配线路径。新建建筑物可依据建筑工图纸来确定水平子系统的布线路径方案。旧式建筑物应到现场了解建筑结构、装修状况、管槽路径，然后确定合适的布线路径。建筑物有吊顶的，水平走线可在吊顶内进行；没吊顶的，水平走线则采用地板管道布线方法。

2. 确定线缆类型

水平子系统缆线的选择，要根据工作区具体信息点的类型、容量、带宽和传输速率来确定。对于语音信息点，推荐采用超 5 类、6 类 4 对双绞电缆；对于数据信息点，应采用超 5 类、6 类、7 类 4 对双绞电缆或光缆，推荐采用的室内光缆型号为：62. 5/125 μm、50/125 μm 多模光缆和 8. 3/125 μm 单模光缆。

3. 确定线缆用量

当楼层信息点分布比较均匀时，水平子系统线缆长度的计算可以采用如下方法：

（1）确定平均电缆长度

确定平均电缆长度要根据布线方式和缆线走向，先测定信息插座到楼层配线架的最远和最近距离，如图 2—3—2 所示。

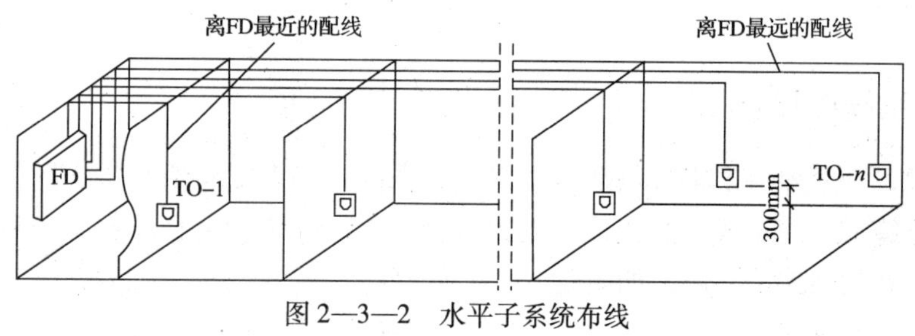

图 2—3—2　水平子系统布线

再按以下公式，计算平均电缆长度：

$$L = (F + N)/2 \times 1.1 + 6(\mathrm{m})$$

式中，F 为最远的信息插座离楼层配线架的路径长度，N 为最近的信息插座离楼层配线架的路径长度。0. 55 为电缆长度平均值加备用部分；6 为端接容差常数（主干子系统采用 15，水平子系统采用 6）。

（2）计算总电缆用量

每个楼层的配线电缆总长度为 $S = L \times C$（m）

式中，C 为每个楼层的电缆信息点总量。

（3）订购电缆

4 对双绞电缆一般以箱为单位成箱订购，每箱电缆的长度通常是 305 m。所以：

每箱可用电缆数 = 每箱电缆长度 ÷ 平均电缆长度

需订购的电缆箱数 = 信息点总数 ÷ 每箱可用电缆数

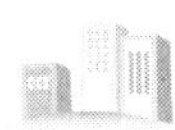

三、水平子系统的设计要点

根据综合布线标准及规范要求，水平子系统应根据下列要求进行设计：

1. 根据工程提出的近期和远期终端设备的设置要求、用户性质、网络构成及实际需要，确定建筑物各层需要安装信息插座模块的数量及其位置，且配线应留有扩充余量。

2. 根据建筑物的结构、用途，确定水平子系统路径设计方案。对于有吊顶的建筑物，水平走线尽可能走吊顶。一般建筑物可采用地板管道布线方法。

3. 水平子系统线缆应采用非屏蔽或屏蔽 4 对双绞线电缆，在需要时也可采用室内多模或单模光缆。

4. 水平子系统的布线电缆长度不应超过 90 m。在能保证链路性能的情况下，水平光缆距离可适当延长。

5. 1 条 4 对双绞线电缆应全部固定终结在 1 个信息插座上，不允许将 1 条 4 对双绞线电缆在 2 个或更多的信息插座上终结。

6. 水平子系统的线缆一般应布设在线槽内。线缆布设数量应考虑只占用线槽截面积的 70%，以方便以后线路扩充的需求。

7. 为了方便以后的线路管理，线缆布设过程中应在两端贴上标签，以标明线缆的起始地点和目的地。

四、水平子系统的布线方法

水平子系统的线缆是从楼层配线架连接到该楼层各工作区的信息插座上。在设计时，必须根据建筑结构的特点、楼层房间平面布置和通信引出端的分布情况，从电缆长度最短、工程造价最低、安装施工最方便和符合布线施工标准等多方面考虑，折中选择合理的水平布线方法和路径。目前常用的水平布线线缆敷设有在吊顶内敷设法和在地板下敷设法两大类型。

1. 吊顶内敷设线缆法

这类方法是在天棚或吊顶内敷设线缆，通常要求建筑物内有足够的操作空间，以利于安装施工和维护、检修以及扩建、更换。此外，在吊顶的适当地方应设置检查口，以便日后维护、检修。在吊顶内敷设线缆的方法有分区布线法、内部布线法、电缆槽道布线法（桥架法）等，这几种方法在新建或已建成的建筑中都可选用。

（1）分区布线法

分区布线法是将吊顶内的空间分成若干个小区域来安装、敷设线缆。大容量的线缆（或根据信息插座数量，用多根 4 对双绞线电缆捆扎成束）由配线间用管道穿放敷设，或线缆直接在吊顶内敷设到每个分区中心，由分区中心分出的线缆经过墙壁或立柱引向房间的各个通信引出端。也可在分区中心设适配器，适配器将大容量电缆（如 25 对线）分成若干根 4 对线的小型线缆，再敷设到用户终端设备位置附近的通信引出端，如图 2—3—3 所示。这种方法适合于大开间工作环境，要求分区中心距楼层配线间的距离大于 15 m，其对应的端口数不超过 12 个。

（2）内部布线法

内部布线法是直接从配线间将 4 对双绞线电缆通过吊顶敷设到信息插座，如图 2—3—4 所示。该方法可以消除大容量线缆相互间的干扰，但初始布线费用比分区布线法要高，适合于楼层面积不大，信息点不多的一般办公室和家居布线环境。吊顶内的线缆可以使用金属管道或硬质阻燃 PVC 管保护，但这样会影响其灵活性。

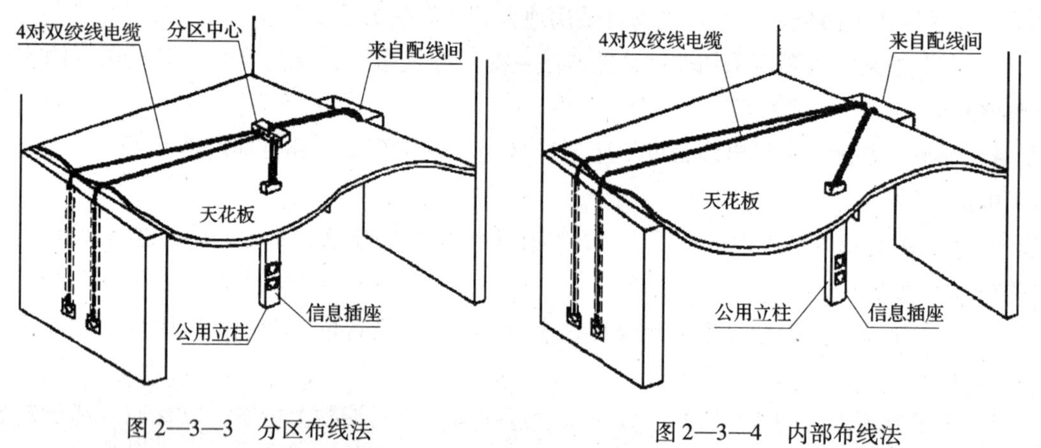

图 2—3—3　分区布线法　　　图 2—3—4　内部布线法

（3）电缆槽道布线法（桥架法）

桥架法是将配线间引出的线缆先通过吊顶内的桥架、管道，再通过墙体内的暗管敷设到工作间的信息插座，如图 2—3—5 所示。该方法适用于大型建筑物或布线系统比较复杂的场合，设计时应尽量将线槽放在走廊的吊顶内，并且敷设到各房间的支管应适当集中在

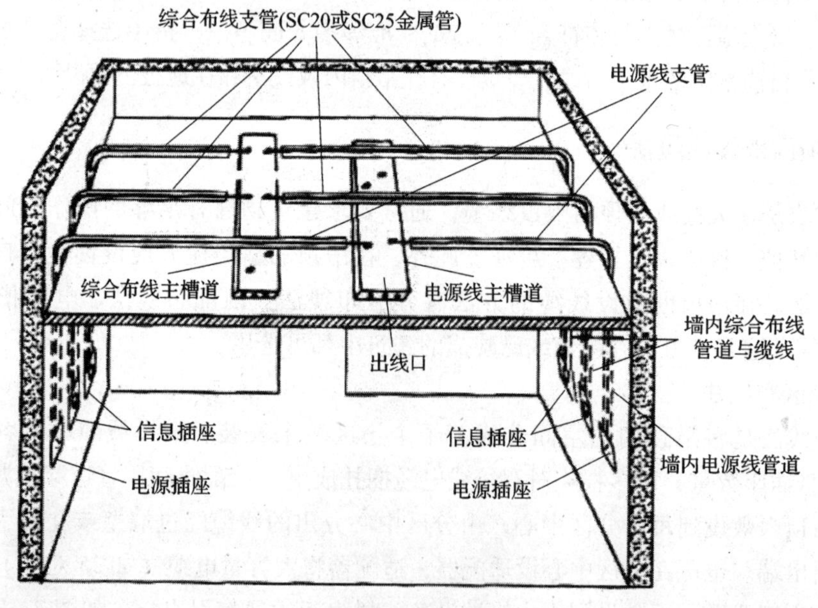

图 2—3—5　桥架法

检修孔附近，以便于维修。由于楼层内装修总是走廊最后进行吊顶，所以综合布线施工不会影响室内装修，并且一般情况下，走廊处于整个建筑物的中间位置，因此布线的平均距离最短。桥架法适用于各种类型的建筑，使用场合较多，是我国目前广泛采用的一种布线方法。

2. 地板下敷设线缆法

地板下敷设线缆法在综合布线系统中使用较为广泛，尤其是在新建和改建的建筑中更为适用。线缆敷设在地板下面，既不影响美观，又不需考虑其荷重，且维护、检修和安装、施工均在地面，因此操作空间大、劳动条件好。目前，地板下的布线方法主要有暗埋管布线法、地面线槽（在地板表面预设线槽）布线法、高架地板布线法等。根据客观环境条件，这些方法可以单独使用，也可以混合使用。

（1）暗埋管布线法

地板下暗埋管布线法是将金属管道或阻燃高强度 PVC 管直接埋入混凝土楼板或墙体中，并从配线间向各信息插座辐射，如图 2—3—6 所示。一般多选用 D16 和 D20 的管子，同一管道适合穿一条综合布线线缆。由于这种方法从配线间引出的管线过多导致需要较厚的地面垫层，且不容易变更和维护，所以它在现代建筑中已逐步被其他布线方式取代。但对于信息点数量较少或楼层面积较小的场合（如塔式楼、住宅楼等）仍可采用，并可以与其他布线方法配合使用。

（2）地面线槽布线法

地面线槽布线法是将线槽放在地面的垫层中，同时埋设地面通信引出端（即地面插座）。配线间出来的线缆沿着地面线槽敷设到地面通信引出端，或由分线盒引出支管到墙上的信息插座，如图 2—3—7 所示。线槽敷设的地面垫层的厚度一般应为 6.5 cm 以上，每隔4 ~ 8 m设置一个分线盒或出线盒，强、弱电电缆可以走同路径相邻的线槽，同时金属线槽应屏蔽接地。由于这种方式不依赖于墙或柱体而直接走地面垫层，因此适合于大区间或需要打隔断的场合，但这种方式要求楼板具有一定的厚度，而且造价较高，多用于高档办公楼。

（3）地板下线槽布线法

地板下线槽布线法是指线缆从配线间出来，经过线缆走线槽到达地面出线盒或墙上的

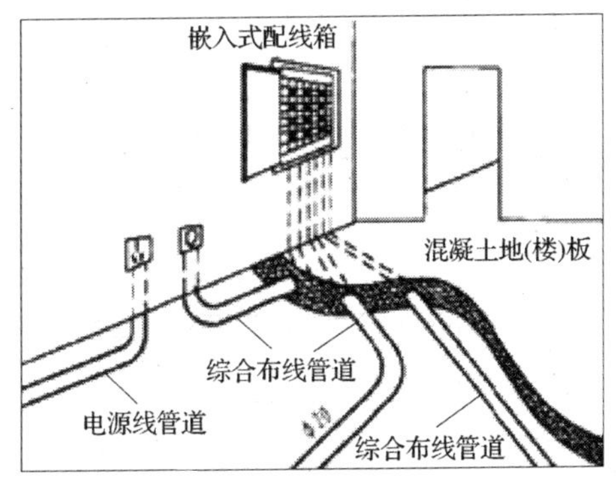

图 2—3—6 暗埋管布线法

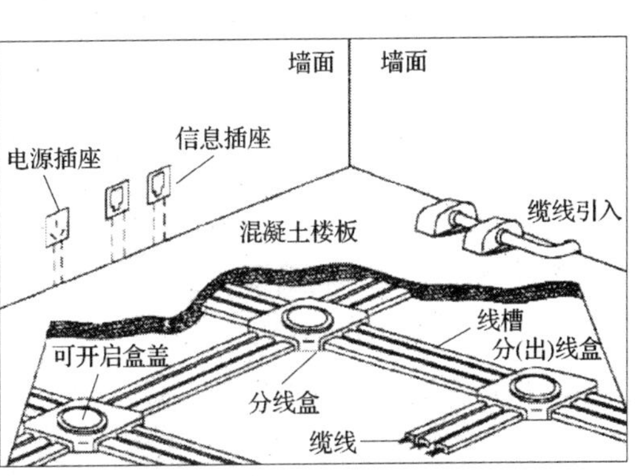

图 2—3—7 地面线槽布线法

信息插座。线缆走线槽被地板遮蔽，如图 2—3—8 所示。在这种布线方法中，强、弱电线槽应被分开，每隔 4 ~8 m 或转弯处设置一个分线盒或出线盒。这种方法可提供良好的机械保护，并减少电气干扰、提高安全性，适用于大型建筑物或大区间的工作环境。

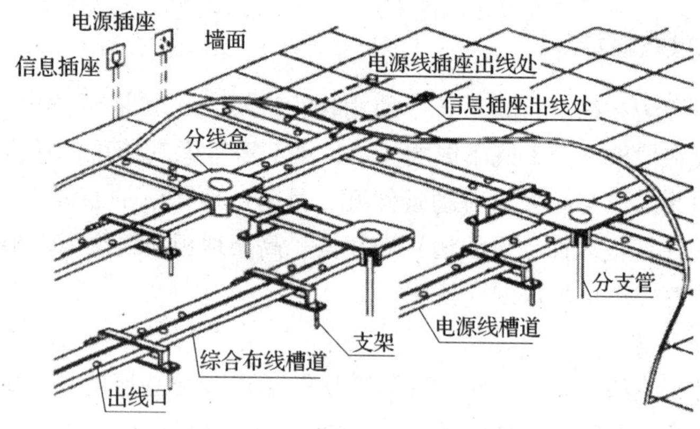

图 2—3—8　地板下线槽布线法

（4）活动地板布线法

活动地板（也称为高架地板）是由许多方块板组成，这种面板搁置在固定于房间地板上的铝制或钢制的锁定支架上。活动地板一般是在钢底板上胶粘多层刨花木板，然后敷贴耐磨层贴砖或聚乙烯贴砖。任何一块方块地板都能活动，以便维护、检修或敷设、拆除电缆。这种方法一般用于机房布线，且信息插座和电源插座一般安装在墙面，必要时也可安装于地面或桌面上，如图 2—3—9 所示。

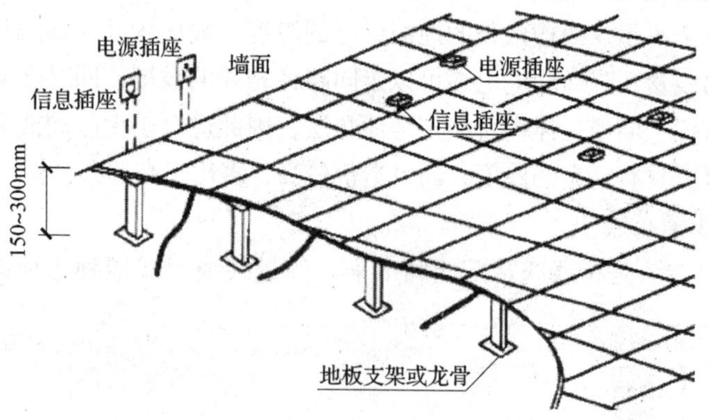

图 2—3—9　活动地板布线法

五、水平子系统布线施工要求

1. 吊顶内布线施工要求

要完成吊顶内布线，首先应根据施工图要求，结合现场实际条件，确定在吊顶内的电缆路径。为此，应在现场将电缆路径要经过的有关吊顶的每块活动镶板推开，详细检查吊

顶内的净空间距，有无影响敷设电缆的障碍；如有槽道或桥架装置，应检查其是否安装正确和牢固可靠，还应仔细检查吊顶安装的稳定牢固程度等。检查后确定未发现问题，才能敷设线缆。

不论吊顶内是否装设槽道或桥架，电缆敷设都应采用人工牵引。单根大对数电缆可以直接牵引，不需拉绳；如果是多根小对数线缆（如4对双绞线电缆），应组成缆束，用拉绳在吊顶内牵引敷设。如长度较长，线缆根数多，重量较大，可在路径中间安排专人负责照料或帮助牵引，以减少牵引人力并防止电缆在牵引中受损。具体人工牵引方法如图2—3—10所示。

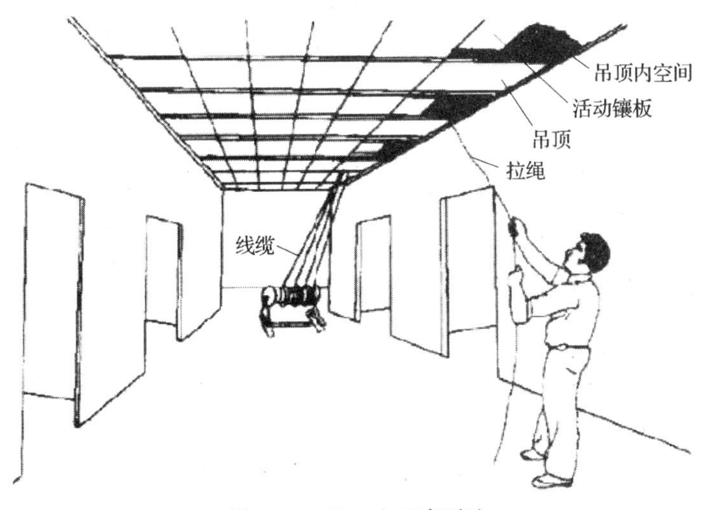

图2—3—10　人工牵引法

2. 地板下布线施工要求

在采用地板中预埋管路或线槽的布线方法和在楼层地板上面（固定或活动地板的下面）的布线方法时，都需注意以下具体要求以保证布线质量，以利于以后的使用和维护。

（1）不论何种地板下布线方法，除要考虑线缆的路径应短捷平直，装设位置应安全稳定以及安装附件应结构简单外，更要考虑该方法是否便于今后维护、检修和有利于布线系统的扩建、改建。

（2）敷设线缆的路径和位置应尽量远离电力、供水和燃气等管线设施，以免遭受这些管线的危害而影响通信质量。水平线缆与其他管线设施间的最小净距与垂直干线子系统的要求相同。

（3）在水平布线系统中有不少支撑和保护线缆的设施，这些支撑和保护设施是否适用，产品是否符合工程质量的要求，对线缆敷设后能否正常运行起着重要作用。

任务实施

一、计算电缆数量

已知某综合布线工程共有电端口信息点408个，布点比较均匀，离FD最近的信息点路径长度为7.5 m，离FD最远的信息点路径长度为82.5 m，试计算需订购的电缆数量（箱数）。

二、 整理比较几种常用水平子系统布线方法的适用范围及其优缺点 （见表2—3—1）

表2—3—1　　常用水平子系统布线方法的适用范围及其优缺点

布线方法	适用范围	优点	缺点
分区法			
内部布线法			
电缆槽道布线法			
暗埋管布线法			
地面线槽布线法			
地板下线槽布线法			
活动地板布线法			

三、水平子系统布线实施步骤

一般来说，水平布线通常都在桥架中进行，而桥架又大多位于天花板上方。下面，就以吊顶布线为例，说明水平子系统布线的实施步骤（见表2—3—2）。

表2—3—2　　吊顶布线的实施步骤

步骤	图示
第一步：画布线路径。根据信息点和配线架的位置，设计线缆的敷设路径图	竖井
第二步：安装桥架	

续表

步骤	图示
第三步：整理布线架。首先将网线拆箱并置于线缆布线架上。再对线箱和线缆逐一标识，以便于与房间号、配线架端口号相匹配。电缆标识应当用防水胶布缠绕，以避免其在穿线过程中磨损或浸湿	
第四步：布线。先将线缆的线头缠绕在一起，便于线缆的统一敷设。再将线缆穿入天花板中并敷设在桥架内。通常情况下，线缆的敷设从楼层配线间开始，由远及近向每个房间依次敷设。这种施工顺序可以最大限度地利用线缆而不会造成浪费	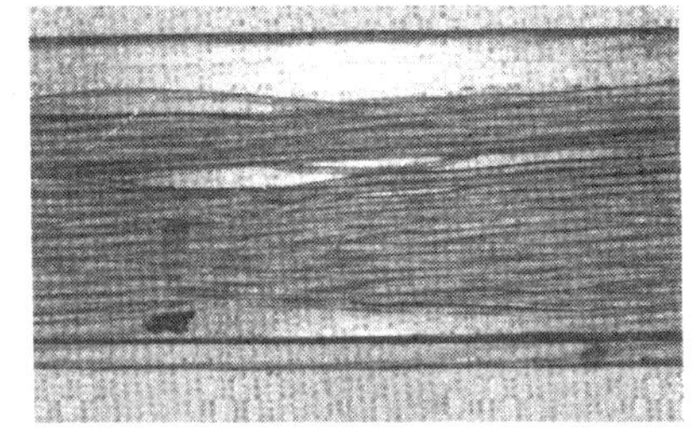
第五步：穿线。当线缆到达一个工作区时，将其从预留的绝缘管中穿入房间。先将钓钩工具沿竖管穿下，然后将一根牵引绳带入竖管中，再借助牵引绳将双绞线拉至信息插座的位置	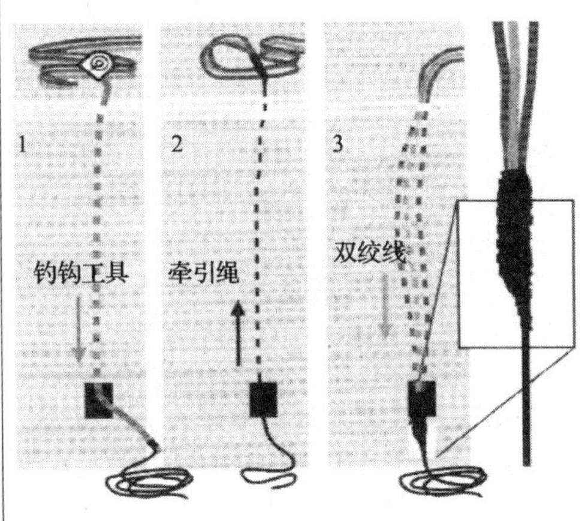
第六步：断线。在信息插座一侧预留 0.5 m 左右（见右图位置3），在配线架一侧，预留足够长度后，分别剪断线缆，并标识	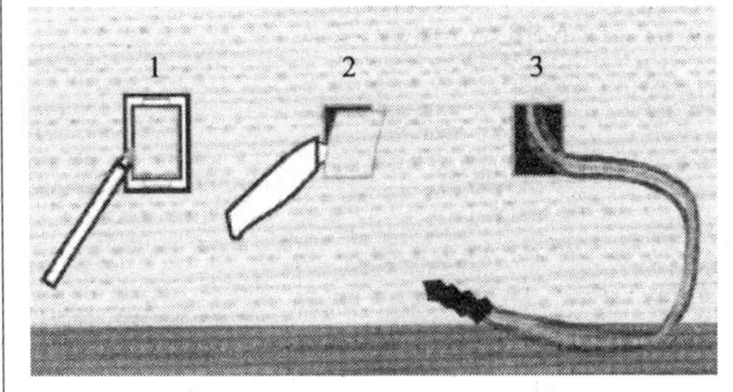

总结评价

一、主题讨论

1. 简述水平子系统的设计步骤和要求。

2. 水平子系统线缆规定为多长？线缆能否超出这一规定？为什么？

3. 在什么场合采用区域布线法？

二、填写评价表

根据对水平子系统设计步骤和施工要求的了解情况，进行总结，填写评价表（见表2—3—3），给出本任务完成情况的实习成绩。

表2—3—3　　水平子系统设计与施工实习评价表

<table>
<tr><th colspan="2">项　目</th><th>项目完成情况叙述</th><th>配分</th><th>自我评分</th><th>同学评分</th><th>教师评分</th></tr>
<tr><td colspan="2">简述水平子系统设计步骤</td><td></td><td>20</td><td></td><td></td><td></td></tr>
<tr><td colspan="2">说出水平子系统的布线方法</td><td></td><td>10</td><td></td><td></td><td></td></tr>
<tr><td colspan="2">计算水平子系统线缆用量</td><td></td><td>20</td><td></td><td></td><td></td></tr>
<tr><td colspan="2">简述水平子系统施工要求</td><td></td><td>20</td><td></td><td></td><td></td></tr>
<tr><td colspan="3">学生解决问题的能力</td><td>10</td><td></td><td></td><td></td></tr>
<tr><td rowspan="3">安全文明操作</td><td colspan="2">安全操作（违反一项操作规程扣10分，违反两项扣40分）</td><td>10</td><td></td><td></td><td></td></tr>
<tr><td colspan="2">正确摆放、使用工具、仪表等（未正确摆放或使用错误扣5分）</td><td>5</td><td></td><td></td><td></td></tr>
<tr><td colspan="2">现场整理与设备移交（未移交扣20分，未清理扣5分，清理不干净扣2分）</td><td>5</td><td></td><td></td><td></td></tr>
<tr><td rowspan="2">自我评价</td><td colspan="2" rowspan="2"></td><td>综合评分</td><td colspan="3" rowspan="2">自己签名：</td></tr>
<tr><td></td></tr>
<tr><td rowspan="2">小组评价</td><td colspan="2" rowspan="2"></td><td>综合评分</td><td colspan="3" rowspan="2">项目小组负责人签名：</td></tr>
<tr><td></td></tr>
<tr><td rowspan="2">教师评价</td><td colspan="2" rowspan="2"></td><td>综合评分</td><td colspan="3" rowspan="2">教师签名：</td></tr>
<tr><td></td></tr>
</table>

拓展实训

1. 实训目的

通过实训，掌握水平子系统中桥架布线方法；掌握支架、桥架、弯头、三通等的安装方法；通过核算、列表、领取材料和工具，训练规范施工的能力。

2. 实训内容

（1）设计一种桥架布线路径和方式，并绘制施工图。

（2）按照施工图，核算实训材料的规格和数量，列出材料清单。

（3）准备实训工具，列出实训工具清单，独立领取实训材料和工具。

（4）独立完成桥架的安装和布线。

3. 实训设备、材料和工具（见表2—3—4）

表2—3—4　　实训工具清单

设备名称	数量	单位
综合布线实训装置		
宽度100 mm的金属桥架		
弯头		
三通		
三角支架		
固定螺钉		
网线		
电动旋具		
十字旋具		
M6x16十字头螺钉		
登高梯子		
卷尺		

4. 实训步骤

（1）画图

设计一种桥架布线路径，并且绘制施工图，如图2—3—11所示。

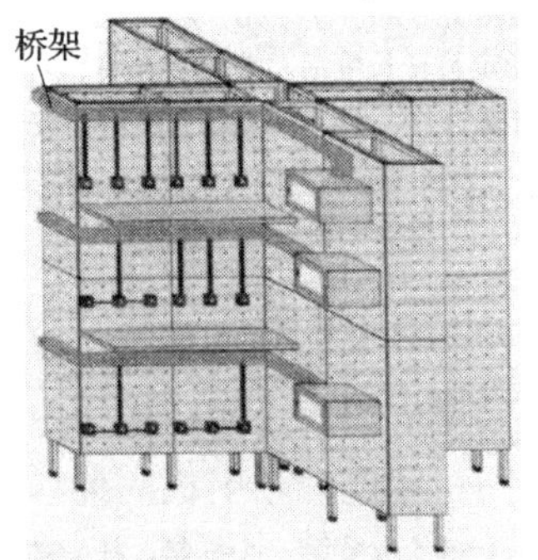

图2—3—11　画图

（2）算料

按照施工图，核算实训材料规格和数量，并列出材料清单。

（3）领料

按照施工图，列出实训工具清单，领取实训工具和材料。

（4）安装三角支架

安装要稳固。

（5）固定桥架

用 M6 ×16 螺钉把桥架固定在支架上，如图 2—3—12 所示。

（6）布线。

在桥架内布线，边布线边装盖板，如图 2—3—13 所示。

图 2—3—12　固定桥架

图 2—3—13　布线

拓展知识

一、线缆敷设工具

1. 钓鱼线

钓鱼线是一根很长的用玻璃纤维树脂制成的线。它既柔软，又有刚性，既不会断裂，也不会打结。它非常适用于管道较长，弯头较多且空间紧张的穿线场合，如图 2—3—14 所示。

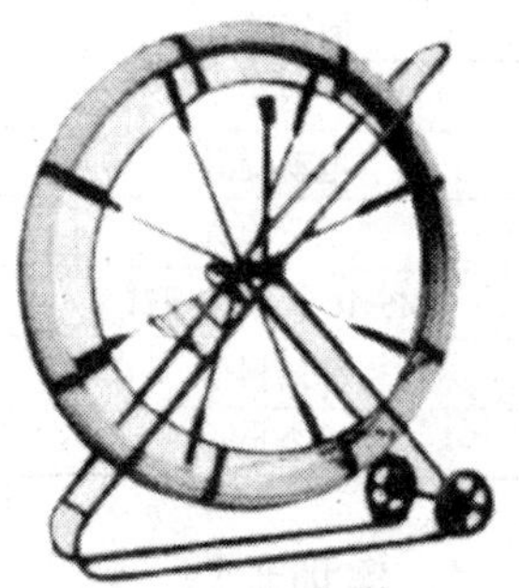

图 2—3—14　钓鱼线

2. 线轴支架

大对数电缆和光缆一般都缠绕在线缆卷轴上，放线时必须将线缆卷轴架设在线轴支架上，从顶部放线。线轴支架如图 2—3—15 所示。

3. 牵引机

当大楼主干布线采用由下往上敷设时，需要用牵引机向上牵引线缆。牵引机有手摇式牵引机和电动牵引机两种。图 2—3—16 所示为一款电动牵引机。电动牵引机能根据线缆情况，通过控制牵引绳的松紧而随意调整牵引力和速度，牵引机的拉力计可随时读出拉力值，并有重负荷报警及过载保护功能。

图 2—3—15　线轴支架

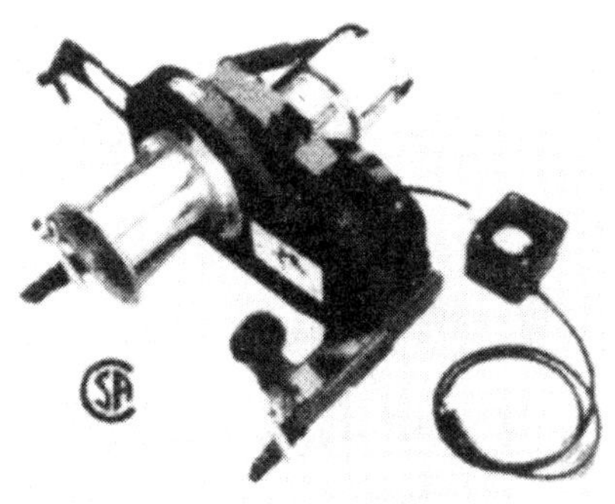

图 2—3—16　牵引机

二、牵引技术

由于建筑物内的各种暗敷管路和槽道在线缆敷设之前就已安装完成，因此要将线缆敷设在管路或槽道内，就必须使用线缆牵引技术。为了方便线缆牵引，在安装各种管路或槽道时已内置了牵引绳（一般为钢绳）。使用牵引绳可以方便地将线缆从管道的一端牵引到另一端。

1. 牵引 4 对双绞线电缆

一条 4 对双绞线电缆很轻，通常不要求做过多的准备，只要将其用电工胶布与拉绳捆扎在一起即可。如果牵引多条 4 对双绞线电缆穿过一条管道，主要采用的方法是使用电工胶布将多根双绞线电缆与牵引绳绑紧，使用牵引绳均匀用力，缓慢牵引电缆，具体操作步骤如下：

（1）将多根双绞线电缆的末端用电工胶布缠绕，如图 2—3—17 所示。

（2）在电缆缠绕端绑扎好牵引绳，然后牵引牵引绳，如图 2—3—18 所示。

多条 4 对双绞线电缆的另一种牵引方法也是经常使用的。具体步骤如下：

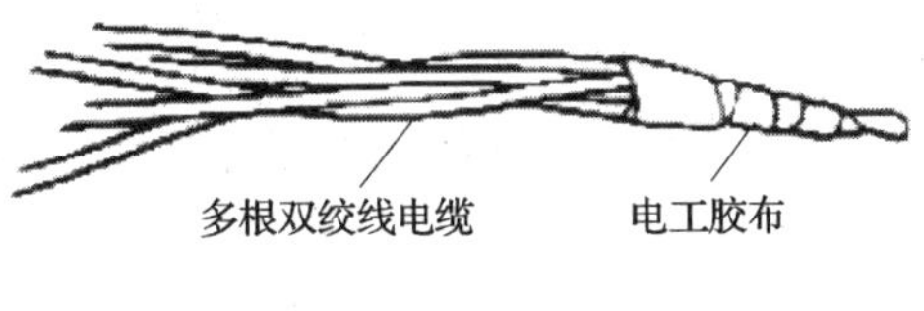

图 2—3—17　步骤（1）

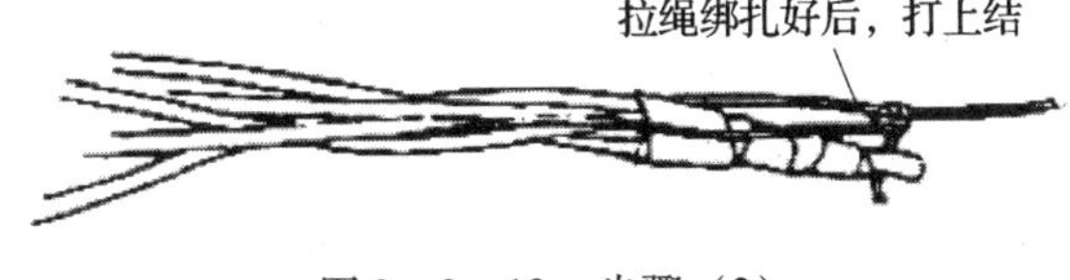

图 2—3—18　步骤（2）

（1）剥除双绞线电缆的外表皮，并整理为两扎裸露的金属导体，如图 2—3—19 所示。

（2）将金属导体编织成一个环，将牵引绳穿过此环并打结，然后将电工带缠到连接点周围，要缠得结实和平滑，如图 2—3—20 所示。

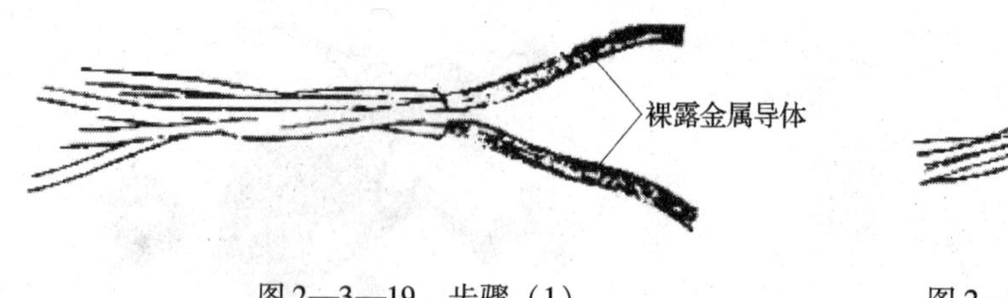

图 2—3—19　步骤（1）　　图 2—3—20　步骤（2）

2. 牵引单根 25 对双绞线电缆

牵引单根 25 对双绞线电缆的主要方法是将电缆末端编成一个环，绑扎好牵引绳后牵引电缆，具体的操作步骤如下：

（1）将电缆末端与电缆自身打结成一个闭合的环，直径 150 ~ 300 mm，并使电缆末端与电缆本身绞紧，如图 2—3—21 所示。

（2）用电工胶布加固，形成一个坚固的环，如图 2—3—22 所示。

（3）在缆环上固定好拉绳，用拉绳牵引电缆，如图 2—3—23 所示。

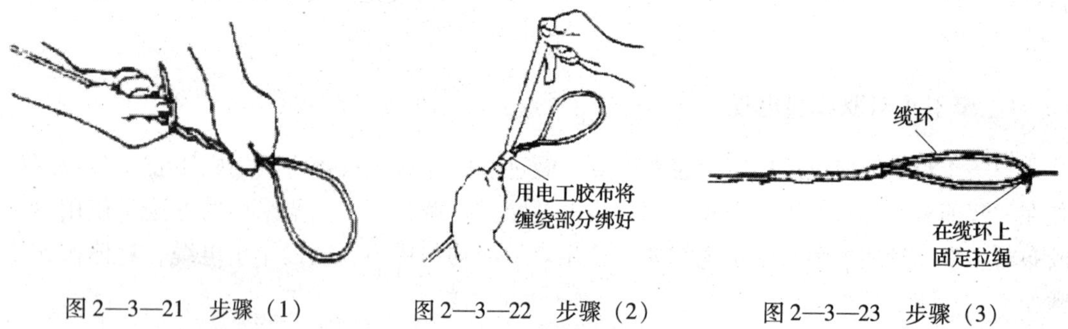

图 2—3—21　步骤（1）　　图 2—3—22　步骤（2）　　图 2—3—23　步骤（3）

3. 牵引多根 25 对双绞线电缆或更多线对电缆

牵引多根 25 对双绞线电缆或更多线对电缆的主要操作方法是将电缆外表皮剥除后，将电缆末端与拉绳绞合固定，然后通过牵引绳牵引电缆，具体操作步骤如下：

（1）将电缆外表皮剥除后，将线对均匀分为两组缆线，如图 2—3—24 所示。

（2）将两组缆线交叉地穿过拉线环，如图 2—3—25 所示。

（3）将两组缆线缠在自身电缆上，加固与拉线环的连接，如图 2—3—26 所示。

（4）在缆线缠绕部分紧密缠绕多层电工胶布，进一步加固电缆与拉线环的连接，如图 2—3—27 所示。

图 2—3—24　步骤（1）　　图 2—3—25　步骤（2）

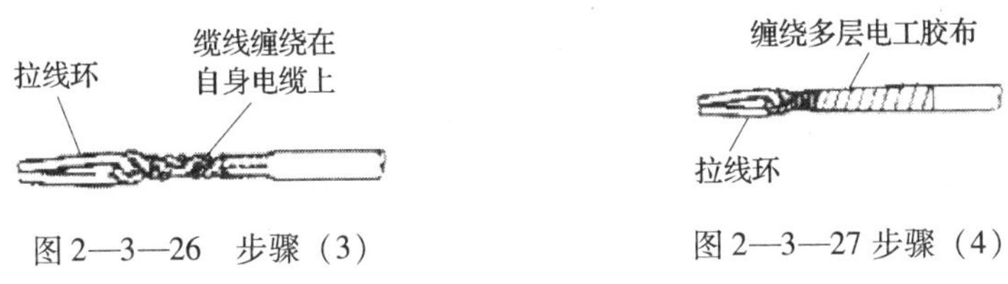

图 2—3—26　步骤（3）　　图 2—3—27 步骤（4）

任务四　垂直子系统设计与施工

任务描述

垂直子系统用于实现设备间和各楼层配线间的连接，是综合布线系统中非常关键的组成部分。垂直子系统的设计与施工与建筑设计有着密切关系，它必须满足当前的需要，又要适应今后的发展。本任务要求为：

- 根据给定材料选择线缆、垂直布线方式，并绘制垂直子系统布线由路图；
- 完成向下垂放线缆和向上牵引缆线施工。

基础知识

一、垂直子系统的设计范围

垂直子系统主要包括垂直传输介质，以及与介质终端连接的硬件设备，通常由设备间的配线设备和跳线，以及设备间至各楼层配线架的连接线缆组成，如图 2—4—1 所示。其拓扑结构也为星型拓扑，即从主设备间到每个楼层配线间都有一条独立的多芯光缆，如图 2—4—2 所示。

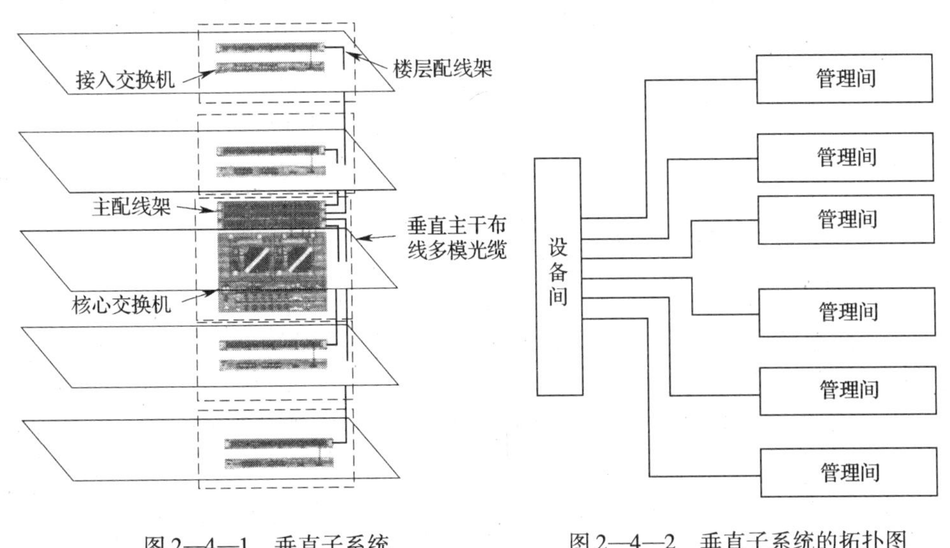

图 2—4—1　垂直子系统　　图 2—4—2　垂直子系统的拓扑图

二、垂直子系统的设计要点

1. 确定线缆类型

应根据建筑物的结构特点以及应用系统的类型，决定垂直子系统需选用的线缆类型。垂直子系统通常使用的线缆主要有：4 对双绞线电缆（UTP 或 STP）、100 Ω 大对数电缆（UTF 或 STP）、62.5 μm/125 μm 多模光缆、8.3 μm/12.5 μm 单模光缆。

目前，电话话音传输一般采用 3 类或 5 类大对数电缆；数据和图像传输一般采用光缆或超 5 类以上 4 对双绞线电缆。在选择垂直子系统线缆时，还要考虑线缆的长度限制，如超 5 类以上 4 对双绞线电缆的敷设长度不宜超过 90 m，否则应选用单模或多模光缆。

2. 确定线缆容量

垂直子系统电缆和光缆所需要的容量配置应符合如下规定：

（1）话音业务。

大对数主干电缆的对数应按每一个电话 8 位模块通用插座配置 1 对线，并在总需求线对的基础上至少预留 10% 的备用线对。

（2）数据业务。

应以交换机或集线器群（按 4 个交换机或集线器组成 1 群），或以每个交换机或集线器设备设置 1 个主干端口配置。每 1 群网络设备或每 4 个网络设备宜考虑设置 1 个备份端口。主干端口为电缆端口时，应按 4 对线配置容量；为光纤端口时，则按 2 芯光纤配置容量。

3. 确定路由

路由的选择要根据建筑物的结构以及建筑物内预留的电缆孔、电缆井等通道位置决定。建筑物内有封闭型和开放型两种通道。封闭型通道是指每层楼都有一间上下对齐的交接间。电缆竖井、电缆孔、管道电缆、电缆桥架等穿过这些房间的地板层。开放型通道是指从建筑物的地下室到楼顶的一个开放空间，中间没有任何楼板隔开。垂直子系统的布线路由应选择在带门的封闭型通道中敷设干线线缆。

4. 确定线缆的端接

垂直子系统的电缆可采用点对点端接，也可采用分支递减端接。点对点端接是最简单、最直接的配线方法，设备间的每根干线电缆直接延伸到指定的楼层配线间，如图 2—4—3 所示。分支递减端接是用 1 根大对数干线电缆来支持若干个楼层配线间的通信容量，经过电缆接头保护箱分出若干根小电缆，它们分别延伸到相应的楼层配线间，并将终端接于目的地的配线设备，如图 2—4—4 所示。

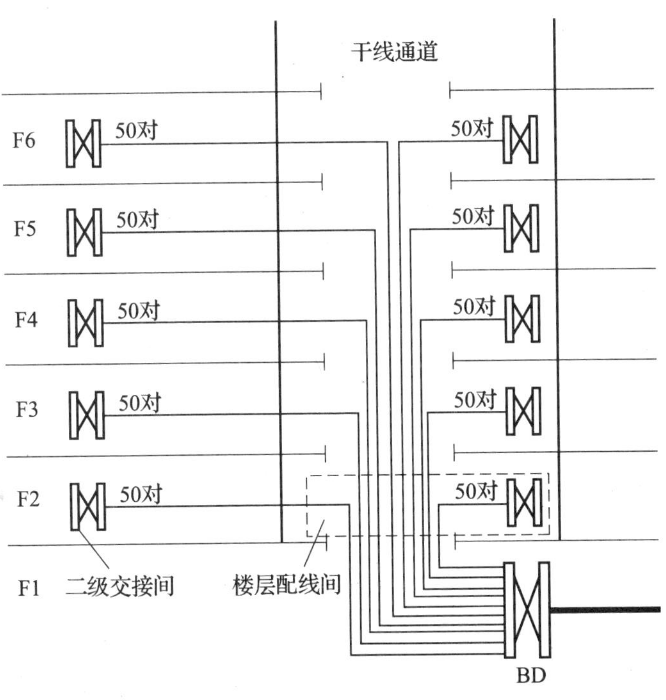

图 2—4—3　点到点端接

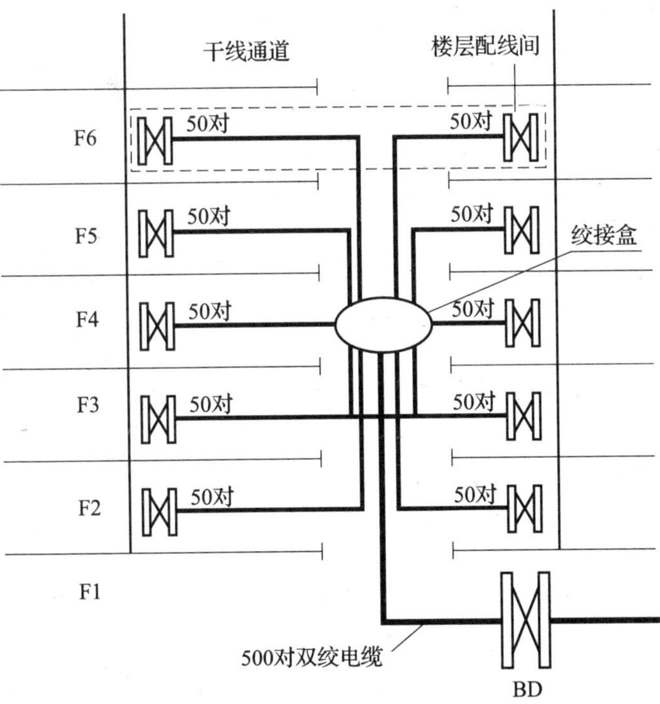

图 2—4—4　分支递减端接

三、垂直子系统的布线方法

目前，垂直子系统的布线主要采用电缆孔法和电缆竖井法两种方法。

1. 电缆孔法

垂直通道中所用的电缆孔是很短的管道。通常由一根或数根直径为 63 ~ 102 mm 的金属管组成，在浇注混凝土地板时，已将它们嵌入其中；也可以直接在地板中预留一个大小适当的孔洞。电缆通常捆在钢绳上，而钢绳固定在墙上已铆好的金属条上。当楼层配线间上、下都对齐时，垂直子系统的布线一般可采用电缆孔法，如图 2—4—5 所示。

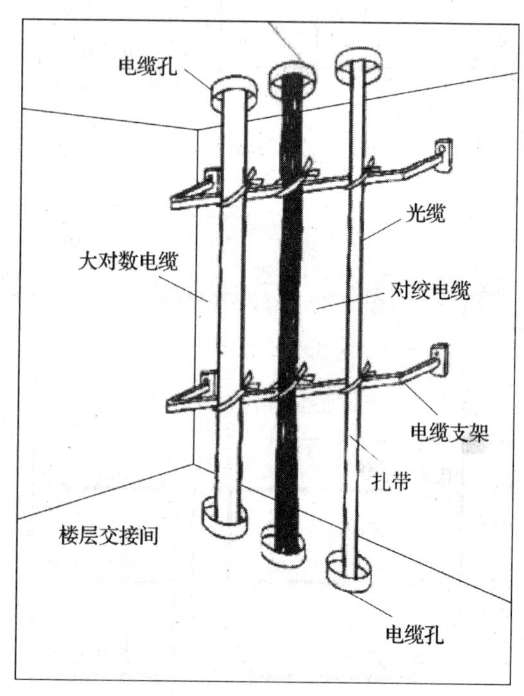

图 2—4—5　电缆孔法

2. 电缆竖井法

电缆竖井是在每层楼板上开方孔形式通道，用于穿入垂直电缆。方孔的大小要根据所布干线电缆的数量而定，如图 2—4—6 所示。与电缆孔法一样，电缆捆扎或箍在支撑用的钢绳上，钢绳再通过墙上的金属条或地板上的三脚架固定。电缆竖井法比电缆孔法更为灵活，可以让各种粗细不一的电缆以任何方式布设通过，但其造价较高，而且不利于防火。

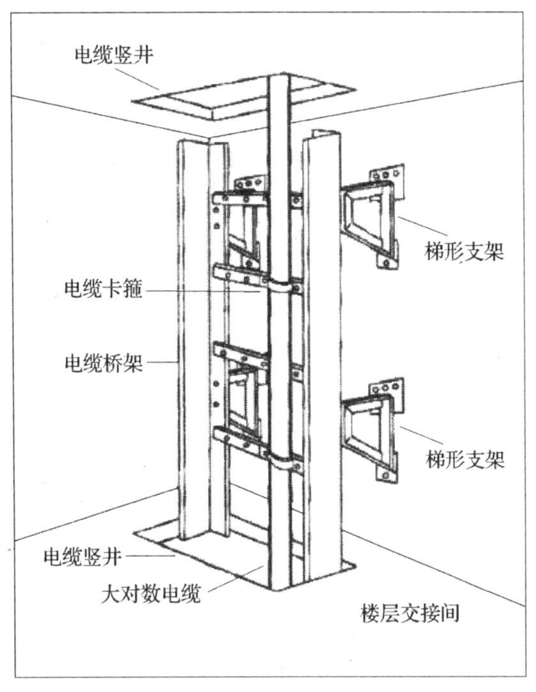

图 2—4—6　电缆竖井法

任务实施

一、根据材料回答问题并绘制图样

某图书馆主体结构有四层，如图 2—4—7 所示。其计划在各个阅览室都安装计算机，供学生进行图书检索。除此之外，还准备建一间专门的计算机房，用于电子图书、音像、视频等多媒体的阅览。根据上述要求，回答关于此图书馆综合布线的问题，并绘制相关图样。

（1）应选择什么类型的线缆？

（2）画出垂直子系统的布线路由。

（3）垂直布线应选择桥架还是管道？说明理由。

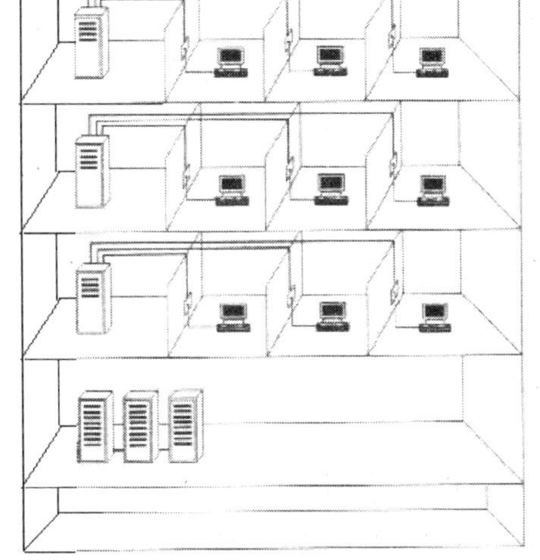

图 2—4—7　某图书馆布线

二、垂直子系统布线实施步骤

建筑物垂直子系统提供了从设备间到每层楼的管理间的信号传输通路，由于线缆较多且集中，因此通常可走竖井通道。在竖井中敷设线缆一般的两种方式为向下垂放线缆式和向上牵引线缆式。

1. 向下垂放线缆式 （见表 2—4—1）

表 2—4—1　　　　向下垂放线缆步骤

步骤	图示
第一步：在建筑物顶层离槽孔 1 ~ 1.5 m 处安放缆线卷轴，并固定	总是从顶部放线 卷轴起重器
第二步：在缆线卷轴处安排所需的布线施工人员，每层楼上要有一个工人帮助引导缆线下垂	电缆井 电缆孔 从一层到 一层对准
第三步：转动缆线卷轴，将拉出的缆线引导进弱电间中的电缆孔。在此之前，先在孔中安放一个塑料的靴状保护物，以防止电缆孔不光滑的边缘擦破缆线的外皮	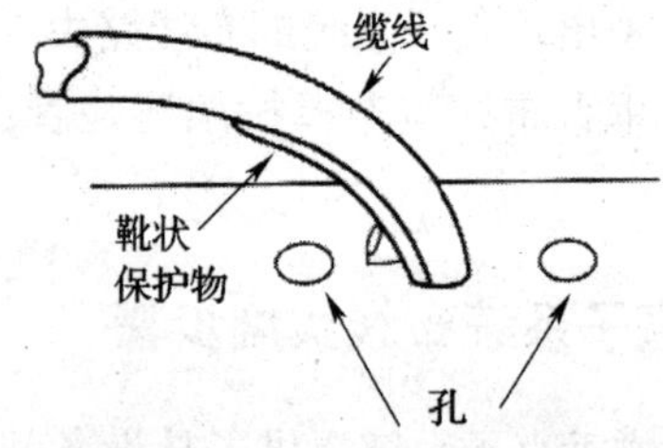

续表

步骤	图示
第四步：继续放缆，直到下一层布线施工人员能将缆线引到下一电缆孔	
第五步：在每一层楼重复上述步骤，直到缆线达到目的楼层，用扎带将缆线固定住。如果要经由一个大扎（电缆井）敷设干线缆线，最好使用一个滑轮来下垂缆线	

2. 向上牵引缆线式

若布放的缆线较多，可采用电动牵引绞车向上牵引的方案。其步骤如下：

（1）先往绞车中穿一条牵引绳（确认此牵引绳的强度能保护牵引的缆线）。

（2）启动绞车，往下垂放牵引绳，直至牵引绳前端到达安放缆线的底层。

（3）将牵引绳连接到缆线的拉眼（牵引头）上。

（4）启动绞车，慢速而均匀地将缆线通过各层的孔向上牵引。

（5）缆线的末端到达顶层时，停止绞动。

（6）在地板孔边沿上用夹具将缆线固定。

（7）在所有连接制作好之后，从绞车上释放缆线的末端。

总结评价

一、主题讨论

1. 为了满足大量多媒体数据传输的需要，在综合布线时，垂直子系统应该选择何种类型的线缆？

2．垂直子系统的布线有哪几种方法？分析其优缺点。

3．垂直子系统通常又称为干线子系统。干线子系统线缆是否都是垂直布放？为什么？举例说明。

二、填写评价表

根据对垂直子系统设计步骤和施工要求的了解情况，进行总结，填写评价表（见表2—4—2），给出本任务完成情况的实习成绩。

表 2—4—2　　垂直子系统设计与施工实习评价表

<table>
<tr><th colspan="2">项目</th><th>项目完成情况叙述</th><th>配分</th><th>自我评分</th><th>同学评分</th><th>教师评分</th></tr>
<tr><td colspan="2">简述垂直子系统设计步骤</td><td></td><td>20</td><td></td><td></td><td></td></tr>
<tr><td colspan="2">说出垂直子系统的布线方法</td><td></td><td>10</td><td></td><td></td><td></td></tr>
<tr><td colspan="2">计算垂直子系统线缆用量</td><td></td><td>20</td><td></td><td></td><td></td></tr>
<tr><td colspan="2">简述垂直子系统施工要求</td><td></td><td>20</td><td></td><td></td><td></td></tr>
<tr><td colspan="3">学生解决问题的能力</td><td>10</td><td></td><td></td><td></td></tr>
<tr><td rowspan="3">安全文明操作</td><td colspan="2">安全操作（违反一项操作规程扣 10 分，违反两项扣 40 分）</td><td>10</td><td></td><td></td><td></td></tr>
<tr><td colspan="2">正确摆放、使用工具、仪表等（未正确摆放或使用错误扣 5 分）</td><td>5</td><td></td><td></td><td></td></tr>
<tr><td colspan="2">现场整理与设备移交（未移交扣 20 分，未清理扣 5 分，清理不干净扣 2 分）</td><td>5</td><td></td><td></td><td></td></tr>
<tr><td>自我评价</td><td colspan="2"></td><td>综合评分</td><td colspan="3">自己签名：</td></tr>
<tr><td>小组评价</td><td colspan="2"></td><td>综合评分</td><td colspan="3">项目小组负责人签名：</td></tr>
<tr><td>教师评价</td><td colspan="2"></td><td>综合评分</td><td colspan="3">教师签名：</td></tr>
</table>

拓展实训

1. 实训目的

通过设计模拟建筑物的垂直子系统，了解垂直子系统的设计要领；通过线槽/线管的安装和穿线，进一步掌握垂直子系统的施工方法；通过核算、列表、领料，训练规范施工的能力。

2. 实训内容

（1）计算和准备好实训所需的材料和工具。

（2）完成竖井内模拟布线实训：从设备间网络配线机柜到1、2、3楼3个管理间机柜的布线施工。要求合理设计和施工布线系统，路径合理，如图2—4—8所示。

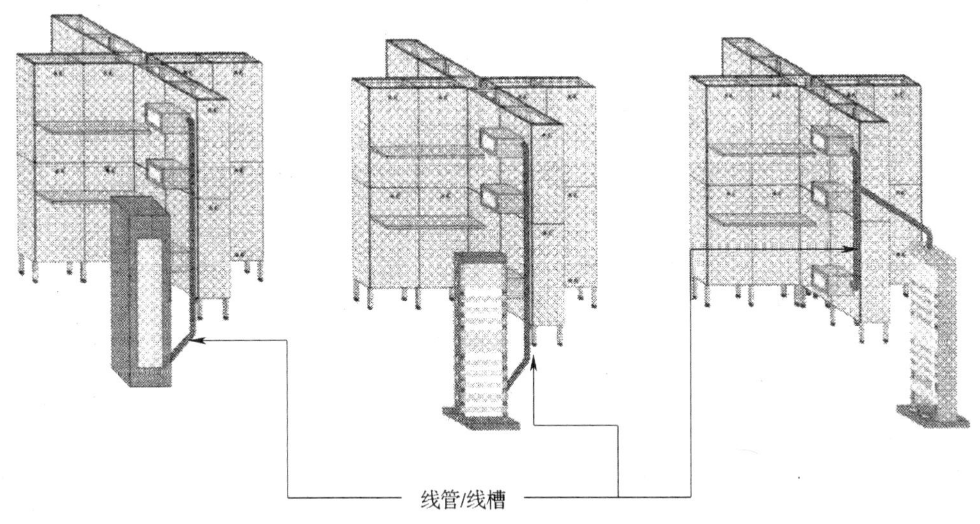

图2—4—8　竖井布线模拟图

（3）垂直布线要平直、美观，接头合理。

（4）掌握垂直子系统线槽/线管的接头和二通连接以及大线槽开孔、安装、布线、盖板的方法和技巧。

（5）掌握锯弓、旋具、电动旋具等工具的使用方法和技巧。

3. 实训设备、材料和工具（见表2—4—3）

表2—4—3　实训工具清单

设备名称	数量	单位
综合布线实训装置		

续表

设备名称	数量	单位
宽度 40 mm 的 PVC 线槽		
PVC 塑料管		
接头		
弯头		
管卡		
锯弓		
锯条		
固定螺钉		
电动旋具		
十字旋具		
M6×16 十字头螺钉		
登高梯子		
卷尺		

4. 实训步骤

（1）读懂图 2—4—8 所示的施工图。

（2）按照施工图，核算实训材料规格和数量，掌握工程材料核算方法，填写材料清单（参见表 2—4—3）。

（3）按照施工图，安装 PVC 线槽/线管。注意：明装布线实训时，边布管边穿线。

拓展知识

建筑物内光缆的敷设主要是应用在水平子系统和垂直（主干）子系统。

1. 垂直子系统光缆的敷设

建筑物内主干光缆一般安装在建筑物专用的弱电井中，从设备间至各个楼层的交接间

布放，形成建筑物内的主要骨干线路。在弱电井中布放光缆有两种方式，即垂直布放的施工式和向上牵引施工式。一般情况下，垂直子系统光缆的敷设均采用由上向下的方式。其步骤如下：

（1）在建筑物顶层离设备间的槽孔 1 ~ 1.5 m 处安放光缆盘，并将光缆盘安置在平台上，如图 2—4—9 所示。

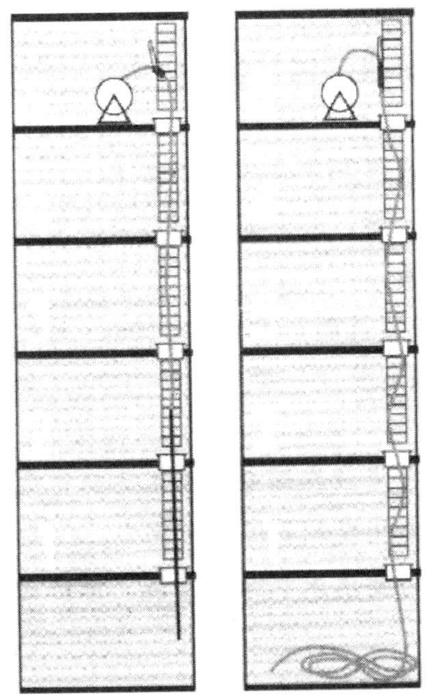

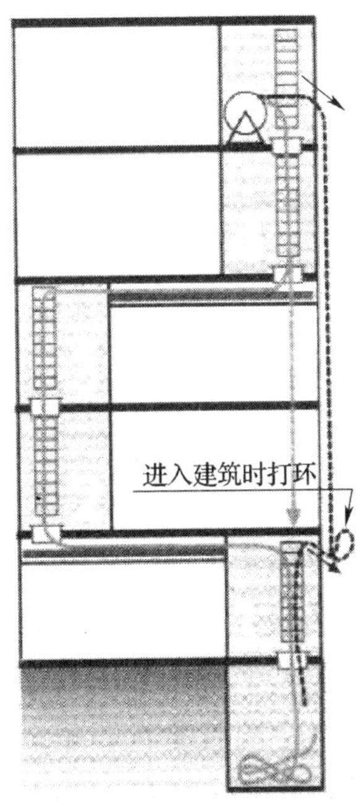

图 2—4—9　垂直子系统光缆的敷设

（2）转动光缆盘，将光缆从其顶部牵出。牵引光缆时，要遵守不超过最小弯曲半径和最大张力的规定。

（3）引导光缆进入敷设好的线缆桥架中。

（4）慢慢从光缆盘上牵引光缆，由下一层的施工人员将光缆引入到下一层，重复此操作使光缆达到最底层。

2. 水平子系统光缆的敷设

布放垂直子系统光缆后，还要布放从弱电井到交接间的光缆，一般采用走架桥（吊顶）的敷设方式。具体步骤如下：

（1）按设计的光缆敷设路由打开吊顶。

（2）将线缆网套后端压缩，使之张开后套入欲牵引的光缆。

（3）逐节压缩引绳器，逐步套入光缆，使网套与光缆紧贴。

（4）待网套全部套入后（可空留一段），用扎带或铁丝扎紧引绳器开口处。

（5）将光缆牵引到所需的地方，并留下足够长的光缆供后续处理用。

任务五　设备间设计与施工

任务描述

设备间是建筑物综合布线系统的线路汇聚中心，各房间内的信息插座经水平线缆连接，再经垂直线缆最终连接至设备间。设备间还安装了与各应用系统相关的管理设备，为建筑物各信息点的用户提供各类服务，并管理各类服务的运行情况，如图 2—5—1 所示。本任务要求为：

- 阐述设备间的主要布线方式。
- 安装配线架。

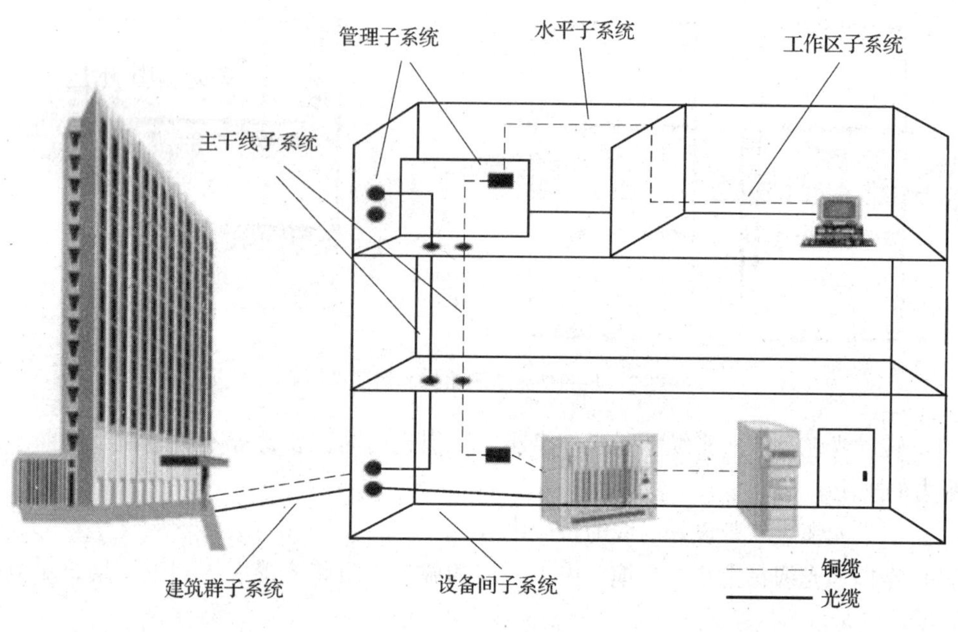

图 2—5—1　建筑物综合布线

基础知识

一、设备间的设计范围

设备间是大楼的电话交换机设备和计算机网络设备以及建筑物配线设备（BD）安装的地点，也是进行网络管理的场所。对综合布线工程设计而言，设备间主要安装主配线设备，如图 2—5—2 所示。

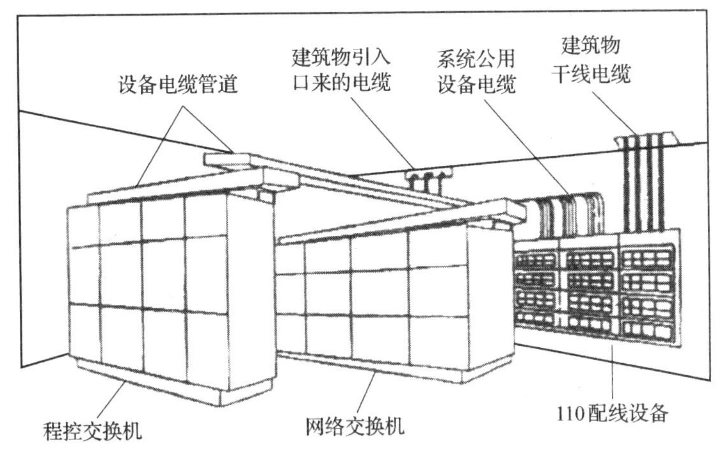

图 2—5—2　设备间的主要设备

二、设备间的设计要点

1. 确定位置和面积

设备间的位置和面积是设计中的主要内容，其要点如下：

首先，设备间的理想位置是建筑物内综合布线系统干线网络的中间位置。一般常位于地下室、一层或二层，并应尽量靠近建筑物内的引入通信线路处，以便与屋内外各种通信设备和网络接口连接，所以通信线路的引入处和通信设备以及网络接口的间距，一般不宜超过 15 m。此外，设备间还应邻近电梯间，以便装运笨重设备，同时，要注意电梯内部的面积大小和净空高度以及电梯载重的限制。有的大厦采用电信接入间（地下一层）加设备间（二层）的设计模式。当电话交换设备和计算机网络设备分别设置时，应考虑距离设备间不宜太远，以便连接和利用综合布线系统的通信网络，有利于缩短缆线的长度和保证信息传输质量。

其次，设备间的面积大小应根据智能化建筑的工程建设规模、各种系统的配置、安装设备的数量和网络结构的要求以及今后发展需要等因素综合考虑确定。要求在设备间内应安装所有设备（包括用户电话交换机、计算机主机和进线接续设备等），并应有足够的安装施工和维护检修空间，机柜距离墙面 600 mm 以上。设备间的面积大小除上述因素外，还应适当预留空间，以适应今后一定时期的需要。

2. 确定供电方式

设备间应保持可靠的交流电源供电，减少偶然断电的事故发生。设备间的供电可以采用直接供电或不间断供电方式，也可是辅助设备由市电直接供电，程控交换机和计算机网络设备由不间断电源（UPS）供电。供电容量可按照各台设备用电量的标称值相加后再乘以 1.73，电压波动值不宜超过 ±10%。在设备间内应提供 220 V、10 A 带保护接地的单向电源插座不少于两个。设备间应有良好的接地系统，配线架和有源设备外壳（正极）的接地宜用单独导线引至接地汇流排，当电缆从建筑物外引入时应采用过压过流保护措施。

3. 确定防火规范

为了保证设备使用安全，应根据消防防火级别，确定设备间的设计方案，安装相应的消防系统，配备防火防盗门，其耐火等级必须符合《高层民用建筑设计防火规范》GB 50045—1995 中相应耐火等级的规定。在设备间的活动地板下、吊顶上方及易燃物附近都直设置烟感和温感探测器，设备间内应设置二氧化碳（CO_2）自动灭火系统，并备有手提式二氧化碳灭火器，禁止使用水、干粉或泡沫等易产生二次破坏的灭火器。为了在发生火灾或意外事故时方便设备间工作人员迅速向外疏散，对于规模较大的建筑物，在设备间或机房应设置直通室外的安全出口。

4. 确定环境要求

设备间设计时，应确保环境符合相应的要求。设备间的温度、湿度和尘埃对微电子设备的正常运行及使用寿命都有很大的影响，过高的室温会使元件损失效率急剧增加，使用寿命下降；过低的室温又会使磁介质等发脆，容易断裂。温度的波动会产生电噪声，使微电子设备不能正常运行。相对湿度过低容易产生静电，对微电子设备造成干扰；相对湿度过高会使微电子设备内部焊点和插座的接触电阻增大。尘埃或纤维性颗粒积聚时，微生物的作用还会使导线被腐蚀断掉。所以在设计设备间时，除了按国家标准《计算站场地技术条件》（GB/T 2887—2000）执行外，还应根据具体情况选择合适的空调系统。

（1）温度和湿度

综合布线有关设备的温湿度要求可分为 A、B、C 三级，设备间的温湿度也可参照这 3 个级别进行设计。3 个级别具体要求见表 2—5—1。

表 2—5—1　　设备间温湿度要求

项目＼指标＼级别	A 级		B 级	C 级
	夏季	冬季		
温度（℃）	22 ±4	18 ±4	12 ~ 30	8 ~ 35
相对湿度（%）	40 ~ 65		35 ~ 70	20 ~ 80
温度变化率（℃/h）	<5 要不凝露		>5 要不凝露	<15 要不凝露

（2）尘埃

设备对设备间内的尘埃量是有要求的，一般可分为 A、B 二级。具体指标见表 2—5—2。

表 2—5—2　　尘埃度量表

指标＼级别 项目	A 级	B 级
粒度（μm）	>0.5	>0.5
个数（粒/dm^3）	<10 000	<18 000

5. 确定防雷设计

由于设备间的通信和供电线缆，多从室外引入至设备间，易遭受雷电的侵袭，因此设备间的防雷设计显得尤为重要。设备间的防雷设计除应有效地保护建筑物自身的安全外，还应为设备的防雷及工作接地打下良好的基础。设备间的防雷设计施工完成后，应提供准确的系统接地网或接地环带的位置和布设图，避免设备接地网与建筑接地网冲突。

三、设备间的布线方法

设备间的布线设计除应充分考虑扩展性外，在路由选材上还应采用金属材料，不宜采用塑料管材。其原因是金属管槽可以通过其良好的接地性能减少干扰，并提高设备间的防火等级；采用金属管槽作为路由材料，容易增加线缆，可扩展性好。设备间的布线主要有埋入式和桥架式两种模式。

1. 埋入式

埋入式是指对于有活动地板的机房，通常都是将线槽安装在活动地板下，如图 2—5—3 所示。该方式施工简单、管理方便、布线美观，并且可以随时扩充。在布线时，先在活动地板下安装布线管槽，然后通过管槽，将线缆连接至网络设备和配线架。线槽的安装通常围绕设备布置，主要有两种方式：一是和成排的机柜平行布局，为每排机柜布置一条线槽；二是在相邻机柜中间的过道上布置一条线槽供两排机柜使用。

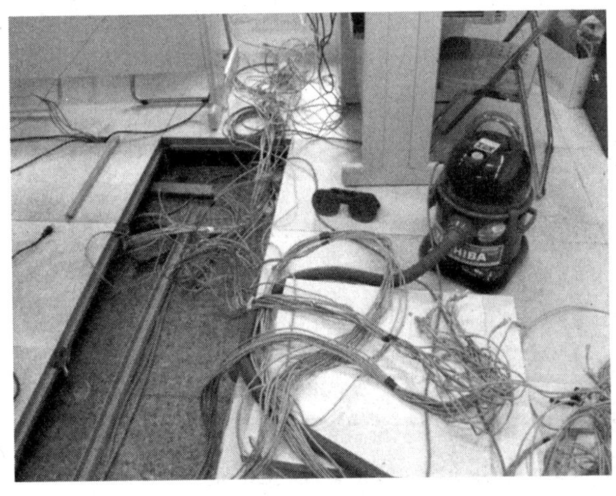

图 2—5—3　埋入式

2. 桥架式

当线缆数量非常大时，建议采用桥架敷设，即线缆由设备间外部进入，经垂直桥架到达室内，然后再由水平桥架分布至各机柜或机架。桥架敷设线缆有敞开式和封闭式两种形式。

敞开式桥架是主流的应用方式。如图 2—5—4、图 2—5—5 所示分别为天花板外敞开式桥架和天花板内敞开式桥架。在设计敞开式桥架时，首先应根据机房平面中机柜的总体规划，每排机柜设置一路桥架。敞开式桥架的优点是便于维护，因为不需要额外开孔，增减线路很方便，不需要掀地板，只需要梯子即可实施，工作量小；便于发现故障，很容易观察到故障点，特别是火灾危险。其缺点是对防鼠的要求比埋入式高。敞开式桥架的上、中、下 3 层（每层之间的距离不小于 300 mm），通常分别作为强电线路、铜线缆路和光线缆路的通道，这样的布局很容易管理。如果机房的层高不够，也可减少层数，采用左右布局。

图 2—5—4　天花板外敞开式桥架

图 2—5—5　天花板内敞开式桥架

如果机房的层高无法满足开放式桥架的要求，当为强电时可考虑采用屏蔽线或者封闭式桥架。由于光跳线比较脆弱，所以设备间内的光跳线常采用封闭式桥架，如图 2—5—6 所示。

图 2—5—6　封闭式桥架

四、设备间的主要设备

1. 机柜

在智能建筑的综合布线中，机柜是不可缺少的。机柜一般用在网络布线间、楼层配线间、中心机房、控制中心等地方。对于各种网络设备而言，机柜和 UPS 电源一样有着重要的辅助作用。一个好的机柜能保证设备在良好的环境里运行。

（1）机柜的技术要求

- 应具有良好的技术性能。机柜的结构应根据设备的电气、机械性能和使用环境的要求，进行必要的物理设计和化学设计，以保证机柜的结构具有良好的刚度和强度以及良好的电磁隔离、接地、噪声隔离、通风散热等性能。此外，机柜应具有抗振动、抗冲击、耐腐蚀、防尘、防水、防辐射等性能，以保证设备稳定可靠地工作。
- 应具有良好的使用性和安全防护设施，便于操作、安装和维修，并能保证操作者的安全。
- 应便于生产、组装、调试和包装运输。
- 应合乎标准化、规格化、系列化的要求。
- 造型美观、适用、色彩协调。

（2）机柜的分类

机柜按构件的承重、材料及其制造工艺的不同，可分为型材和薄板两种基本结构；按照用途来分，一般分为服务器机柜、网络机柜等。

- 型材结构机柜：有钢型材机柜和铝型材机柜两种。钢型材机柜以异型无缝钢管作为立柱，刚度和强度都很好，适用于重型设备。由铝合金型材组成的铝型材机柜重量轻，加工量少，具有一定的刚度和强度，适用于一般或轻型设备，柜外形美观，应用十分广泛。
- 薄板结构机柜：整板式机柜，其侧板由一整块钢板弯折成形。这种机柜刚度和强度均较好，适用于重型或一般设备。但由于侧板不可拆卸，使组装、维修不方便。弯板立柱式机柜的结构与型材机柜相似，而立柱则由钢板弯折而成。这种机柜具有一定的刚度和强度，适用于一般设备。
- 服务器机柜：为安装服务器、显示器、UPS 等 19“标准设备及非 19”标准的设备专用的机柜，对于机柜的深度、高度、承重等方面均有要求。如图 2—5—7 所示。高度有 2.0 m、1.8 m、1.6 m、1.4 m、1.2 m、1 m 等各种高度；常用宽度为 600 mm、750 mm、800 mm 三种；常用深度为 600 mm、800 mm、900 mm、960 mm、1 000 mm 五种。各厂家亦可根据客户的需要定做。

图 2—5—7 服务器机柜图

- 网络机柜：网络机柜主要是在布线工程中，

用于存放路由器、交换机、显示器、配线架等设备。常见的网络机柜的规格见表2—5—3。

表2—5—3　　常见网络机柜的规格表

规格	高度/mm	宽度/mm	深度/mm	
42U	2 000	600	800	650
37U	1 800	600	800	650
32U	1 600	600	800	650
25U	1 300	600	800	650
20U	1 000	600	800	650
14U	700	600	450	
7U	400	600	450	
6U	350	600	450	
4U	200	600	450	

2. 配线架

（1）配线架的作用

配线架是主要是用于在局端对前端信息点进行管理的模块化的设备。配线架作为综合布线系统的核心，起着传输信号的灵活转接、灵活分配以及综合统一管理的作用，又因为综合布线系统最大的特性就是利用同一接口和同一种传输介质，让各种不同信息在上面传输，而这一特性的实现主要通过连接不同信息的配线架之间的跳线来完成。具体而言：前端的信息点线缆（超5类或者6类线）进入设备间后，首先进入配线架，将线打在配线架的模块上，然后用跳线（RJ—45接口）连接配线架与交换机，如图2—5—8所示。如果没有

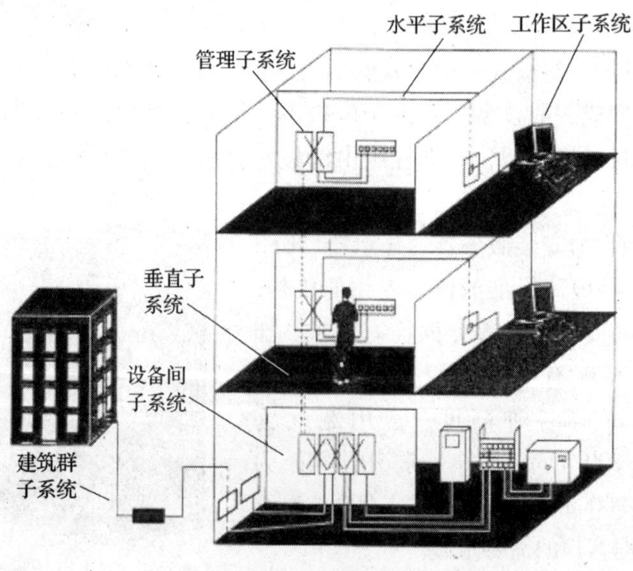

图2—5—8　配线架使用位置

配线架，前端的信息点直接接入交换机上，那么，线缆一旦出现问题，就要重新布线。此外，管理上也比较混乱，多次插拔可能引起交换机端口的损坏。配线架的存在就解决了这个问题，可以通过更换跳线来实现较好的管理。

（2）配线架的型号

目前常见的双绞线配线架有 RJ—45 模块式快速配线架和 110 型配线架等类型，见表 2—5—4。

表 2—5—4　　配线架的型号

配线架	图示
24 位/48 位配线架（带理线器）	24 口配线架 48 口配线架
• 卡接簧片镀银：可重复次数 >200 次 • 绝缘电阻：正常大气压条件下，绝缘电阻≥100 MΩ • 接触电阻：（不包括体电阻）正常大气压条件下，接触电阻≤2.5 MΩ • 寿命：插头、插座可重复插拔次数≥750 次 • 抗电强度：DC1 000 V（AC 700 V）1 min 无击穿和飞弧现象	
墙柜式超 5 类配线架	
• 卡接簧片镀银：可重复次数 >200 次 • 铁板颜色：喷塑，黑色 • 寿命：插头、插座可重复插拔次数≥750 次 • 抗电强度：DC1 000 V（AC 700 V）1 min 无击穿和飞弧现象	
50 对 110 型跳线架	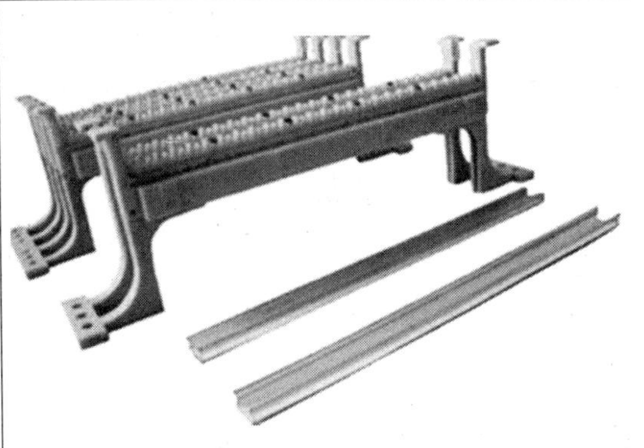
• 尺寸结构：19 in 安装尺寸，模块化设计。端子采用科龙型 45°结构 • IDC：磷青铜，镀银（20 ~ 50 uinch），适用线径为 0.4 ~ 0.6 mm，寿命≥200 次 • 8 线插针：磷青铜，镀金（20 ~ 50 uinch），插头、插座可重复插拔次数≥750 次 • 阻燃性：采用 PC 注塑而成	

任务实施

一、设备间的布线方式主要有哪两种？ 说说它们各自的优缺点。

二、安装配线架

配线架作为缆线的接续设备，一般安装在设备间和电信间的机柜（机架）中，如图2—5—9 所示。各厂家模块式快速配线架的结构和安装方法基本相同。下面以 IBDN PS5E HD—BIX 配线架为例，介绍模块式快速配线架的安装步骤，见表 2—5—5。

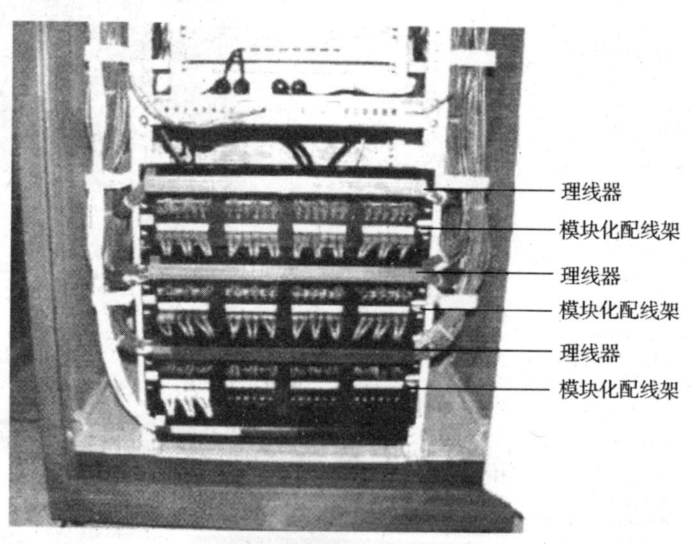

图 2—5—9　配线架

表 2—5—5　　模块式快速配线架的安装步骤

步　骤	图　示
第一步：使用螺钉将 HD—BIX 配线架固定在机架上	模块化配线架 理线架
第二步：在配线架背面安装理线环，将电缆整理好后固定在理线环中，并使用扎带固定。一般情况下，每 6 根电缆作为一组进行绑扎	理线环 6 根电缆组成一组并绑扎固定
第三步：根据每根电缆连接接口的位置，测量端接电缆应预留的长度，然后使用平口钳截断电缆	5cm(2in.) 5cm(2po) 15.2cm(6in.) 15.2cm(6po) Ref. Ref.
第四步：根据系统安装标准选定 EIA/TIA—568A 或 EIA/TIA—568B 标签，然后将标签压入模块组插槽	EIA/TIA—568A EIA/TIA—568B

续表

步　骤	图　示
第五步：根据标签色标排列顺序，将对应颜色的线对逐一压入槽内，然后使用打线工具固定线对连接，同时将伸出槽位外多余的线缆截断	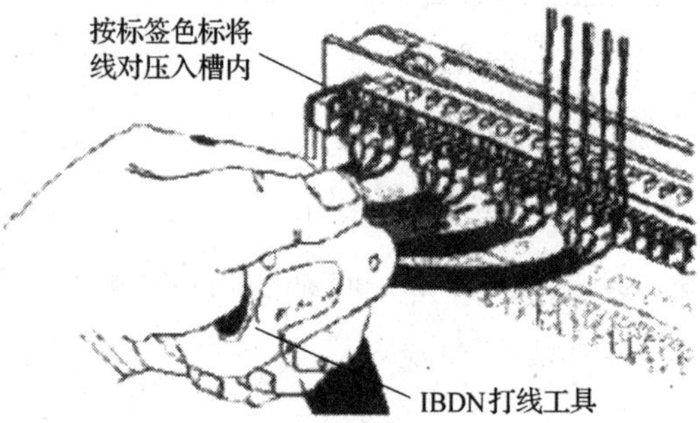 按标签色标将线对压入槽内 IBDN打线工具
第六步：将每组线缆压入槽位，然后整理并绑扎固定线缆	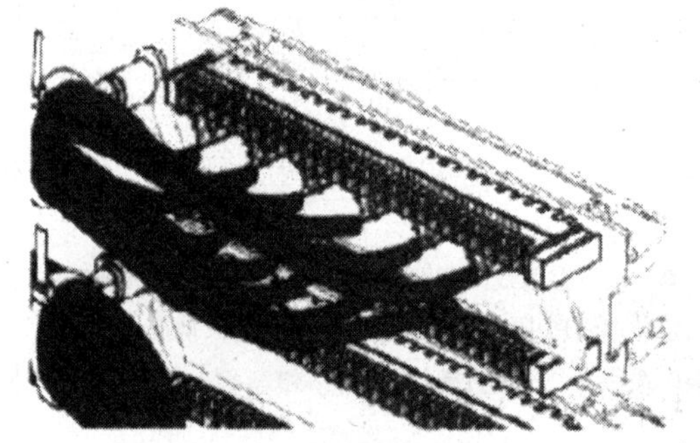
第七步：将跳线通过配线架下方的理线架整理固定后，逐一接插到配线架前面板的 RJ—45 接口，最后编好标签并贴在配线架前面板上	

总结评价

一、主题讨论

1. 在设备间设计时，为什么要安装 UPS 电源？

2. 在设备间设计时，为什么要特别注意防火、防尘、防雷？除此之外，还需注意哪些环境因素？

二、填写评价表

根据对设备间设计步骤和施工要求的了解情况，进行总结，填写评价表2—5—6，给出本任务完成情况的实习成绩。

表2—5—6　　**设备间设计与施工实习评价表**

<table>
<tr><td colspan="2">项目</td><td>项目完成情况叙述</td><td>配分</td><td>自我评分</td><td>同学评分</td><td>教师评分</td></tr>
<tr><td colspan="2">简述设备间设计要点</td><td></td><td>20</td><td></td><td></td><td></td></tr>
<tr><td colspan="2">说出设备间的布线方法</td><td></td><td>20</td><td></td><td></td><td></td></tr>
<tr><td colspan="2">简述模块式配线架的安装步骤</td><td></td><td>20</td><td></td><td></td><td></td></tr>
<tr><td colspan="2">简述设备间施工要求</td><td></td><td>10</td><td></td><td></td><td></td></tr>
<tr><td colspan="3">学生解决问题能力</td><td>10</td><td></td><td></td><td></td></tr>
<tr><td rowspan="3">安全文明操作</td><td colspan="2">安全操作（违反一项操作规程扣10分，违反两项扣40分）</td><td>10</td><td></td><td></td><td></td></tr>
<tr><td colspan="2">正确摆放、使用工具、仪表等（未正确摆放或使用错误扣5分）</td><td>5</td><td></td><td></td><td></td></tr>
<tr><td colspan="2">现场整理与设备移交（未移交扣20分，未清理扣5分，清理不干净扣2分）</td><td>5</td><td></td><td></td><td></td></tr>
<tr><td rowspan="2">自我评价</td><td colspan="2" rowspan="2"></td><td>综合评分</td><td colspan="3" rowspan="2">自己签名：</td></tr>
<tr><td></td></tr>
<tr><td rowspan="2">小组评价</td><td colspan="2" rowspan="2"></td><td>综合评分</td><td colspan="3" rowspan="2">项目小组负责人签名：</td></tr>
<tr><td></td></tr>
<tr><td rowspan="2">教师评价</td><td colspan="2" rowspan="2"></td><td>综合评分</td><td colspan="3" rowspan="2">教师签名：</td></tr>
<tr><td></td></tr>
</table>

拓展实训

1. 实训目的

通过实训，认识110配线架、连接块及理线器；理解110配线架的用途；掌握双绞线压接110配线架的技能；掌握多对打线器的使用方法。

2. 实训设备、材料及工具

实训设备、材料及工具，见表2—5—7。

表 2—5—7 实训工具清单

设备名称	数量	单位
100 对 110 配线架		
4 对或 5 对连接快		
标签胶条		
超 5 类双绞线		
25 对或 50 对大对数双绞线		
扎带		
理线器		
剥线刀		
单对打线钳		
5 对 110 打线钳		
斜口钳		

3. 实训内容

安装 110 配线架。

4. 实训步骤（见表 2—5—8）

表 2—5—8 实训步骤

步　骤	图　示
第一步：在机柜内安装好 110 配线架，在其上方安装好理线器	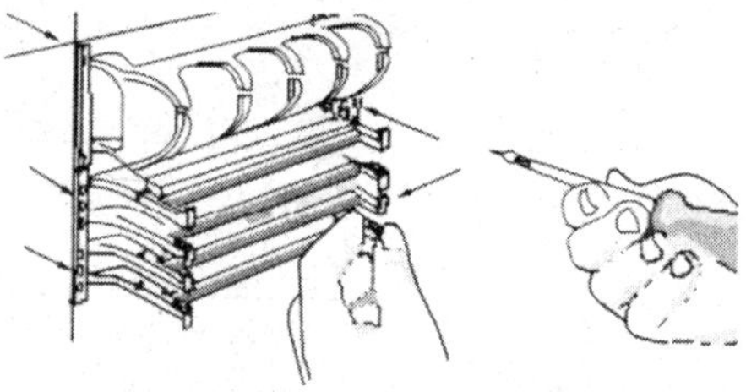
第二步：将每 6 根 4 对电缆为一组绑扎好，然后布放到配线架内，如右图所示。注意线缆不要绑扎太紧，要让电缆能自由移动	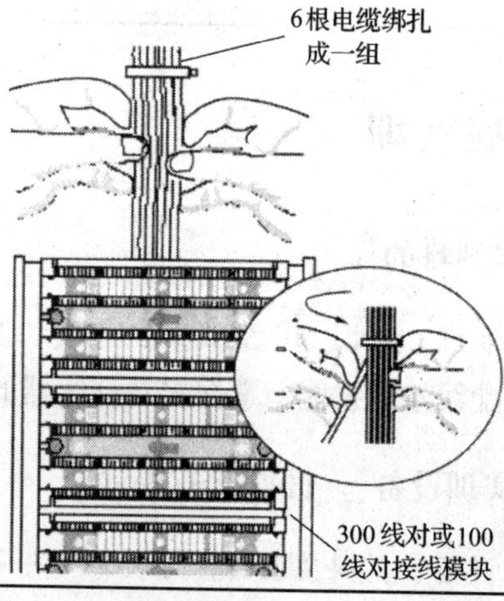 6根电缆绑扎成一组 300线对或100线对接线模块

续表

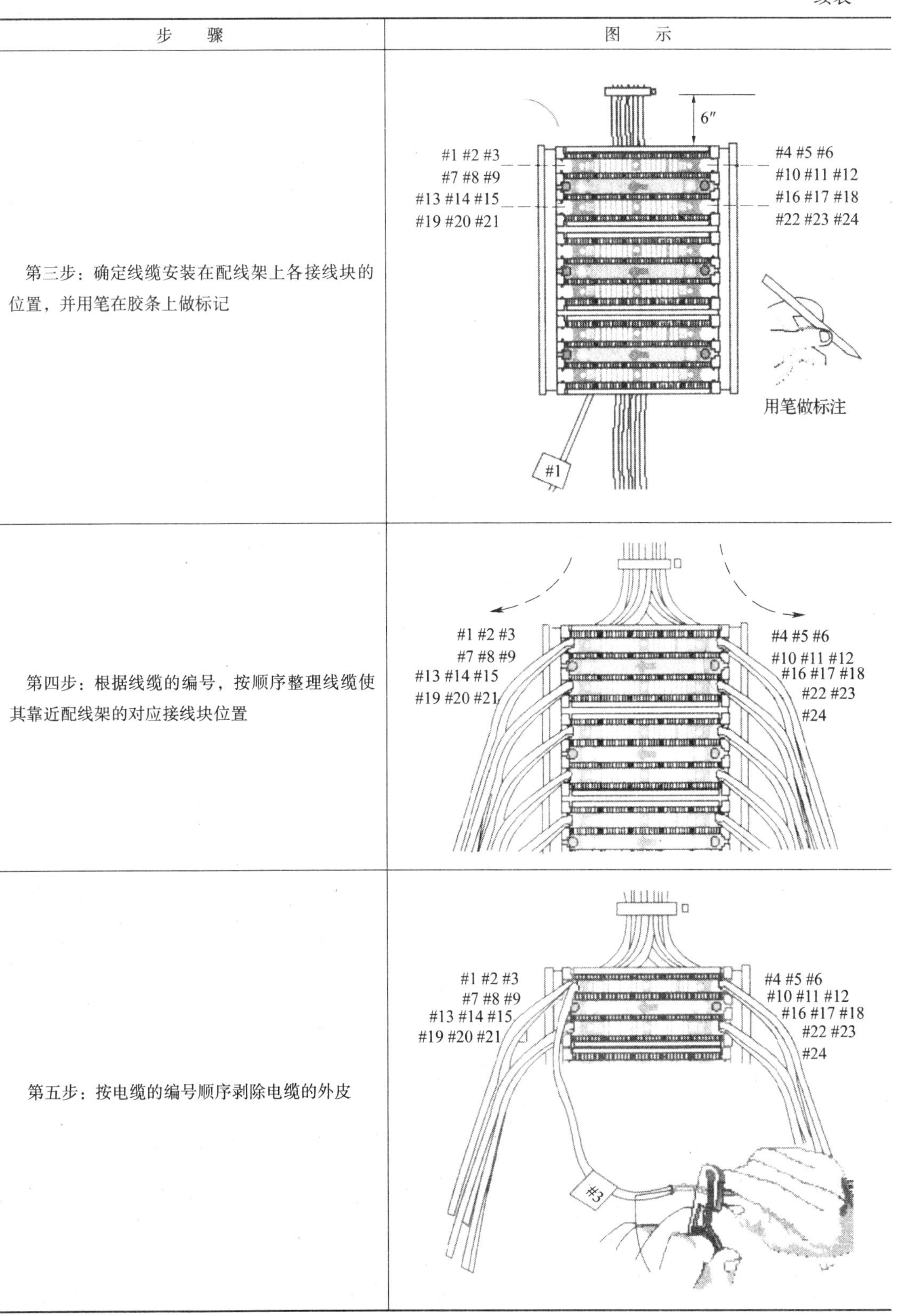

步　　骤	图　　示
第三步：确定线缆安装在配线架上各接线块的位置，并用笔在胶条上做标记	
第四步：根据线缆的编号，按顺序整理线缆使其靠近配线架的对应接线块位置	
第五步：按电缆的编号顺序剥除电缆的外皮	

续表

步　骤	图　示
第六步：按照规定的线序将线对逐一压入连接块的槽位内	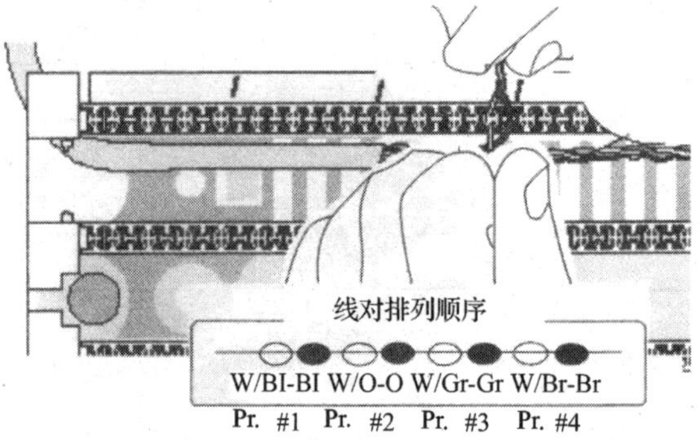
第七步：在上下相邻的两个110槽位上安装完线缆的线对	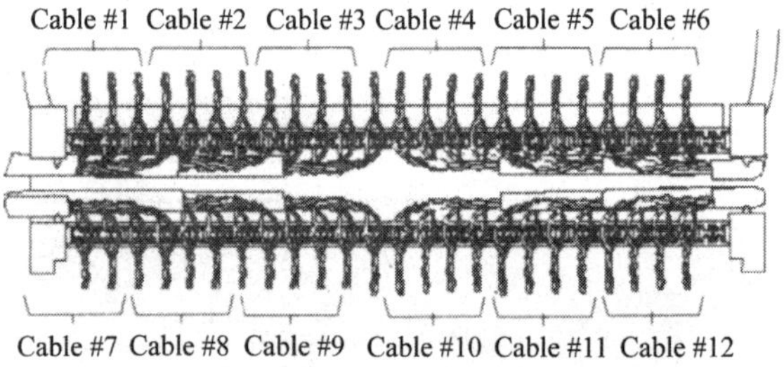
第八步：使用专用的110压线工具，将线对冲压入线槽内，确保将每个线对可靠地压入槽内。注意在冲压线对之前，重新检查线对的排列顺序是否符合要求	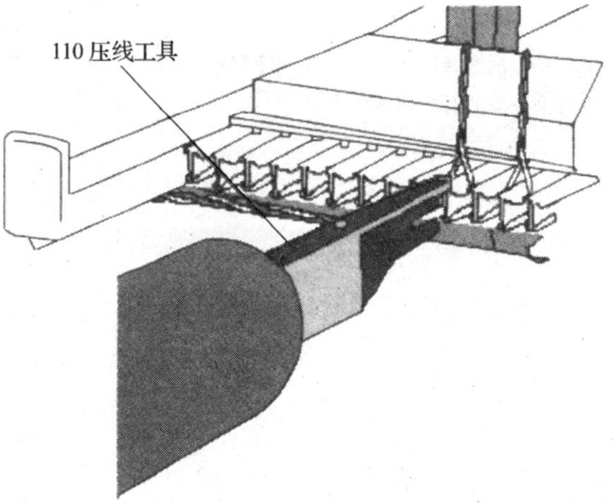
第九步：使用多线对压接工具，将4线对连接块（或5线对连接块）冲压到110配线架线槽上	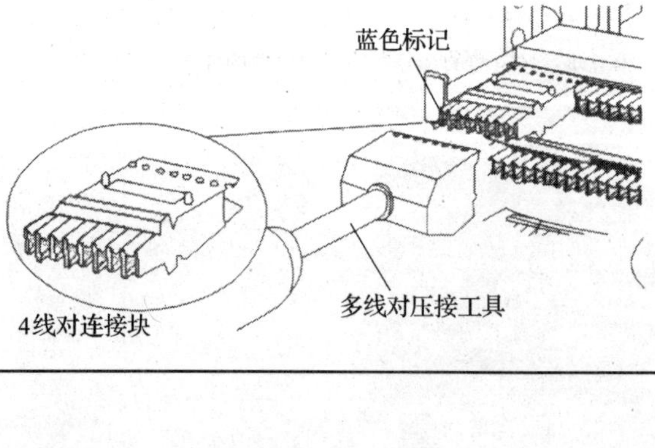

续表

步 骤	图 示
第十步：在配线架上下两槽位之间安装胶条及标签	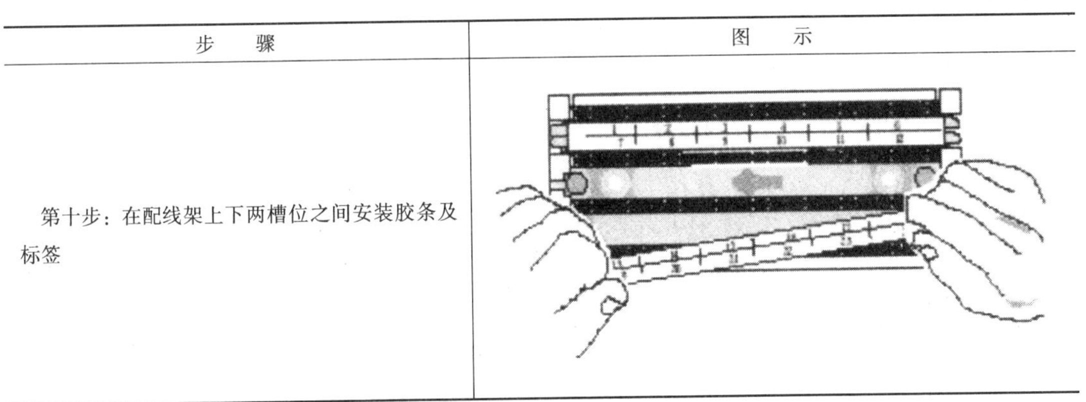

拓展知识

在设备间和管理间，信息点的线缆是通过信息集线面板进行管理的，而语音点的线缆是通过 110 型硬件进行管理。

一、110 型硬件的分类

110 型硬件有两类分别是 110A 型跨接线管理类和 110P 型插入线管理类。所有的接线块每行均端接 25 对线。3、4 或 5 对线的连接决定了线路的模块系数。连接块与连接插件配合使用。连接插件有 4 对线和 5 对线之分，4 对线插件用于双绞线插件，5 对线插件用于大对数线插件。4 对线插件和 5 对线插件如图 2—5—10 所示。

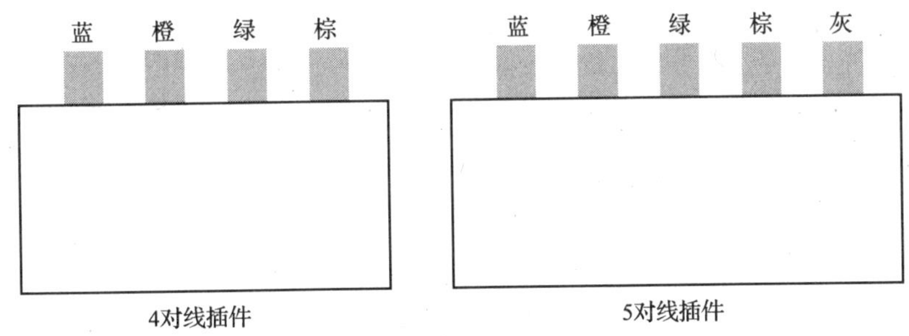

图 2—5—10 110 型连接插件

1. 110A 型硬件

110A 型是跨接线管理类，在对线路不进行改动、移位或重新组合的情况下，实现电缆的端接，如图 2—5—11 所示。110A 型硬件的组成包括：

（1）100 型或 300 对线的接线块，可选择是否配有安装脚。

（2）3、4 或 5 对线的 110C 型连接块。

（3）188B1 或 188B2 底板。

(4) 188A 定位器。

(5) 188UTl—50 标记带(空白带)。

(6) 色标不干胶线路标志。

(7) XLBET 框架。

(8) 交连跨接线。

2. 110P 型硬件

110P 型属于插入线管理类,其外观简洁,便于使用插入线而不用跨接线,通过重新安排线路连接方式,实现电缆的端接,如图 2—5—12 所示。110P 型硬件的组成包括:

(1) 安装于终端块面板上的 100 对线的 110D 型接线块。

(2) 3、4 或 5 对线的 110C 型连接块。

(3) 188C2 和 188D2 垂直底板。

(4) 188E2 水平跨接线过线槽。

(5) 管道组建。

(6) 插入线。

(7) 名牌标签或标记带。

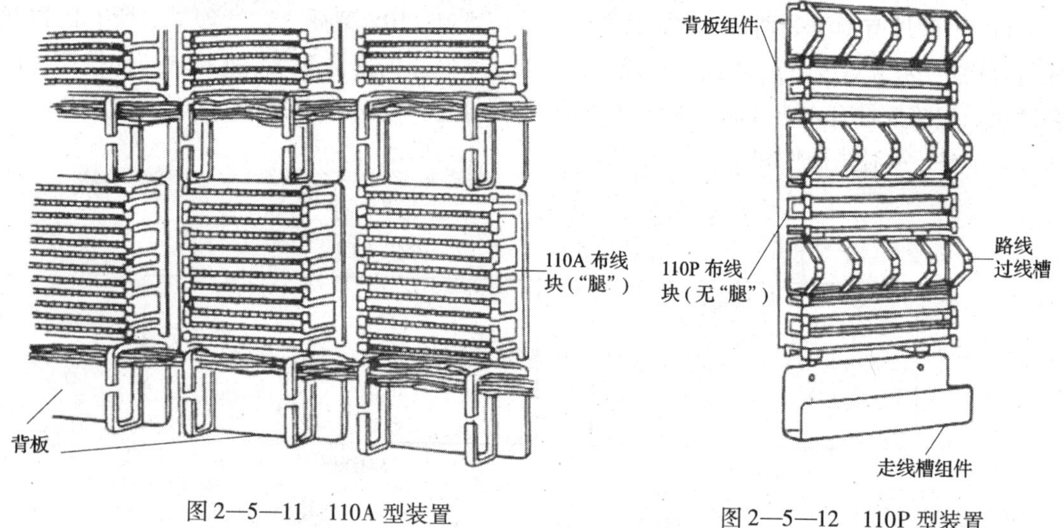

图 2—5—11 110A 型装置

图 2—5—12 110P 型装置

二、110 型硬件的说明

1. 110 型接线块

110 型接线块也称配线架,是一种阻燃的模制塑料件,其上面装有若干齿形条,足够用于端接 25 对线。110 型接线块正面从左到右均有色标,以区分各条输入线。把这些线放入齿形的槽缝里后,再与连接块结合。利用 788J12 工具,就可以把接线块的连线冲压到 110C 型连接块上。

110 型配线架也分为插接式（P 型）和卡接式（A 型）两种，如图 2—5—13 所示。A 型接线块又分 100 对和 300 对两种，并可任意组合。P 型又分 300 对和 900 对两种。

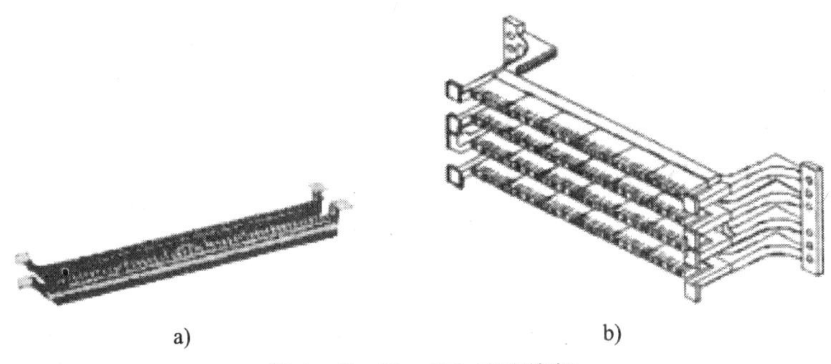

a)　　b)

图 2—5—13　110 型配线架

a）110 插接式配线架　b）110 卡接式配线架

110A 型硬件包括若干个 100 对线的接线块，块与块之间由安装于后面板上的水平插入线过线槽隔开。110P 型硬件有 300 对线或 900 对线的终端块，既有现场端接的，也有连接器的。110P 型终端块有垂直交替叠放的 110 型接线块和水平跨接线块，过线槽位于接线上。终端块的下部连接器的终端块均已组装完毕，可随时进行现场安装。

2. 110C 连接块

连接块与连接插件配合使用。连接块上装有夹子，当连接块推入齿形条时，这些夹子就切开连线的绝缘层。连接块的顶部用于交叉连接，顶部的连线通过连接块与齿形条内的连线相连，如图 2—5—14 所示。

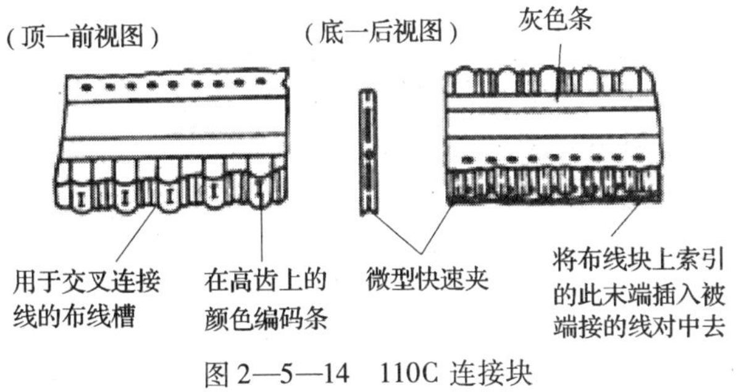

图 2—5—14　110C 连接块

110C 型连接块有 3、4 和 5 对线 3 种规格。所有的接线块每行均端接 25 对线。3、4 和 5 对线的连接决定了线路的模块系数。含 3 对线的线路（线路模块化系数为 3 对线）需要使用 3 对线的连接块；含 4 对线的线路需要使用 4 对线的连接块。4 对线的连接块也可用于其他场合，如 2 对线的线路也可以使用 4 对线的连接块，因为 4 是 2 的整数倍。

3. 托架

托架被装扣到配线架 110A 型的“支撑腿”上，用来保持在一列顶部和底部的交叉连线，如图 2—5—15 所示。

4. 底板

（1）110A 型用的底板

110A 型用的底板有 188B1 和 188B2 两种。188B1 底板用于承受和支撑连接块之间的水平方向跨接线。188B2 底板支脚可以使线缆在底板后面通过，如图 2—5—16 所示。

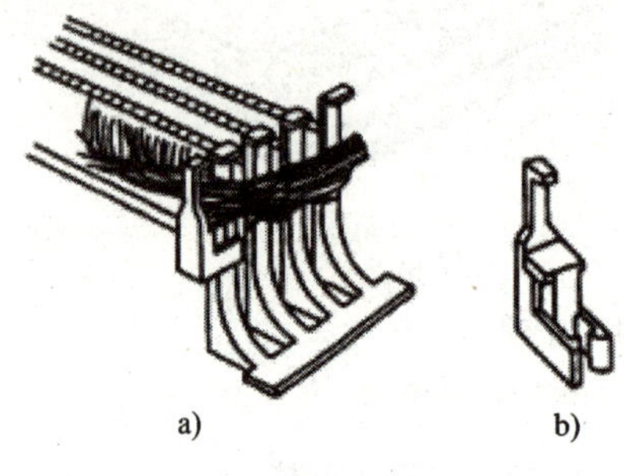

图 2—5—15　托架

a）110A 型配线模块　b）交叉连接托架

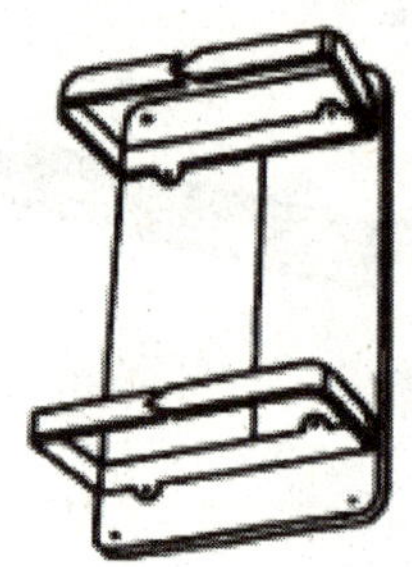

图 2—5—16　110A 型用的底板

（2）110P 型用的底板

110P 型用的底板有 3 种：

- 188C2 在 900 对线组合装置的各个色场之间提供垂直过线槽；
- 188D2 在 300 对线组合装置的各个色场之间提供垂直过线槽；
- 188E2 在中继线/辅助场和主布线场提供水平接插线过线槽，也可以在各列 300 对线终端块之间提供水平接插线过线槽。

5. 接插线

110 型接插线是预先装有连接器的跨接线，只要把插头夹到所需的位置，就可以完成交连。接插线有 1、2、3 和 4 对线共 4 种，长度也有数种。其内部的独特结构可防止插接极性接反和各个线对错开，如图 2—5—17 所示。

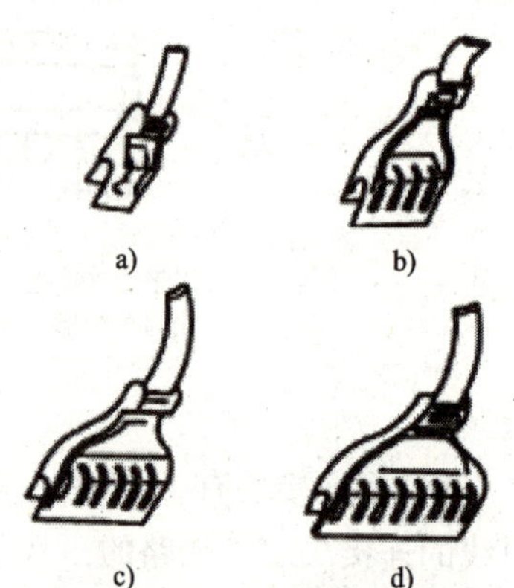

图 2—5—17　接插线

a）1 对快接式跳线　b）2 对快接式跳线　c）3 对快接式跳线　d）4 对快接式跳线

6. 过线槽

过线槽位于配线模块之上，以便布放快接式跳线，如图 2—5—18 所示。

7. 连接夹和 F 夹终端绝缘子

连接夹和连接线用来建立线缆之间的电气连通性，如图 2—5—19 所示。F 夹终端绝缘子是一对红色的塑料夹，用来对要求专门保护及识别的线路进行保护和标记。

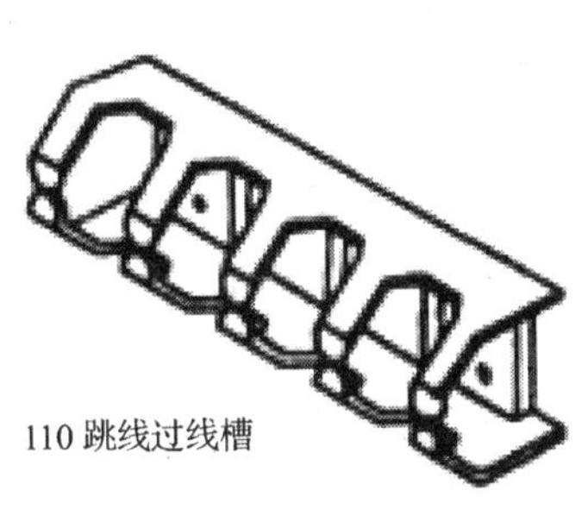

图 2—5—18　110 跳线过线槽

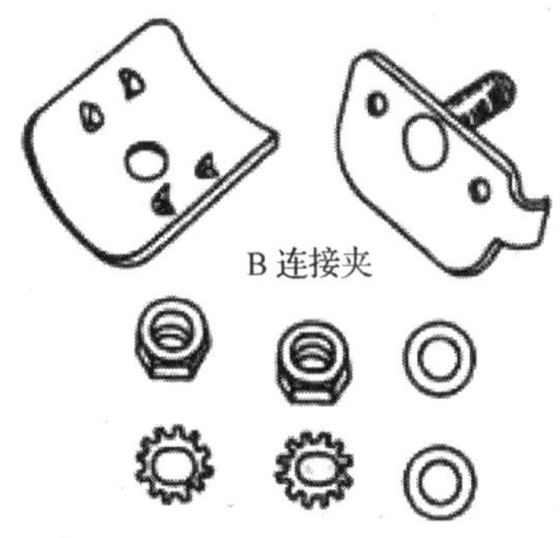

图 2—5—19　连接夹

8. 电源配接线

电源配接线把辅助电源连至 110 型终端块的 1 个 4 对线连接块。电源配接线是一根 1 对线的电缆：一端接有一个含 6 个导电片的模块化插头，它接到电源上；另一端接有一个1 对线的 110 型插接线插头，用于与 110 型连接块连接。

9. 测试线

D 测试线可以在不拆卸任何跨接线的情况下测试 1 对线，有 1.2 m 和 1.8 m 两种长度。

10. 其他器件

110 型硬件除上述器件外，常用的器件还有分线环、理线器、墙装型支架和标识条等。

任务六　管理间设计与施工

任务描述

管理间（也称为电信间）是楼层水平线缆和建筑垂直（主干）线缆相连的场所。其管理子系统为其提供了与其他子系统连接的手段，使得通信线路能够延伸到建筑物内部的各个信息插座，从而实现综合布线系统的管理。本任务要求：

- 阐述管理间的主要设计步骤、配线架的连接方式。
- 安装标准机柜和配线架。

基础知识

一、管理间的设计范围

一般情况下，一个楼层设置一个管理间。管理间集中了楼层安装配线设备和楼层计算机网络设备（主要是交换机），同时在该场地应设置竖井、等电位接地体、电源插座、UPS、配电箱等设施。在场地面积许可的情况下，还可设置诸如安全防范、消防、建筑设备监控、无线信号覆盖等系统的布缆线槽和功能模块。如果综合布线系统与弱电系统设备合设于楼层中的同一场地，从建筑的角度出发，也可称其为弱电间。

二、管理间的设计要点

1. 确定位置

管理间最理想的位置是位于楼层平面的中心，以便使所有水平线缆的长度控制在 90 m 的范围内。如果楼层平面面积较大，水平线缆的长度超出了最大限值（90 m），就应该考虑设置两个或多个管理间。

2. 确定面积

管理间的面积不应小于 5 m^2，其尺寸的确定可以参考表 2—6—1。如果管理间兼作设备间，其面积不应小于 10 m^2。

表 2—6—1　　　　管理间面积与其服务面积对照表

服务面积（m^2）	管理间的尺寸（m×m）	服务面积（m^2）	管理间的尺寸（m×m）
1 000	3×3.4	500	3×2.2
800	3×2.8		

3. 确定供电方式

管理间的网络有源设备应由设备间 UPS 集中供电或单独设置 UPS，并应设置至少 2 个 220 V、10 A 带保护接地的单相电源插座。

4. 确定环境要求

管理间应采用外开丙级防火门，门宽大于 0.7 m。管理间内的温度应为 10～35℃，相对湿度宜为 20%～80%。如果要安装网络设备，应符合相应的设计要求。管理间的其他环境要求与设备间相同。

5. 确定连接方式

由于用户工作区的所有信息插座都通过水平子系统连接到管理间的配线架，因此，综合布线管理人员只要调整配线设备的交接方式，就可以管理整个应用系统终端设备，从而实现综合布线系统的灵活性、开放性和扩展性。配线间内配线架与网络设备的连接方式分为两种，即互相连接和交叉连接，简称互连和交连。互连和交连允许将通信线路定位或重新定位到建筑物的不同部分，以便于管理通信线路，从而在移动终端设备上能方便地进行插拔。

（1）互相连接

所谓互相连接，是指水平线缆一端连接至工作间的信息插座，另一端连接至配线间的设备架，配线架和网络设备通过接插软线进行连接的方式，如图 2—6—1 所示。互相连接方式所使用的配线架的前面板通常为 RJ—45 端口，因此网络设备与配线架之间使用 RJ—45—to—RJ—45 接插软线。

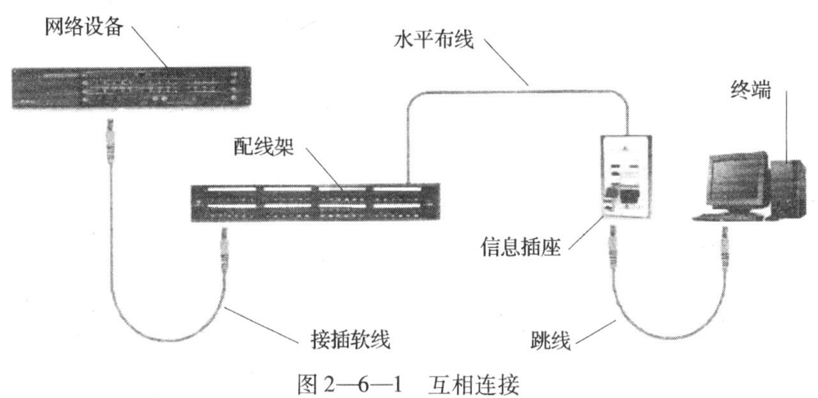

图 2—6—1 互相连接

（2）交叉连接

所谓交叉连接，是指在水平链路中安装两个配线架。其中，水平线缆一端连接至工作间的信息插座，另一端连接至设备间的配线架，网络设备通过接插软线连接至另一个配线架，再通过多条接插软线将两个配线架连接起来，从而便于对网络用户的管理，如图 2—6—2 所示。

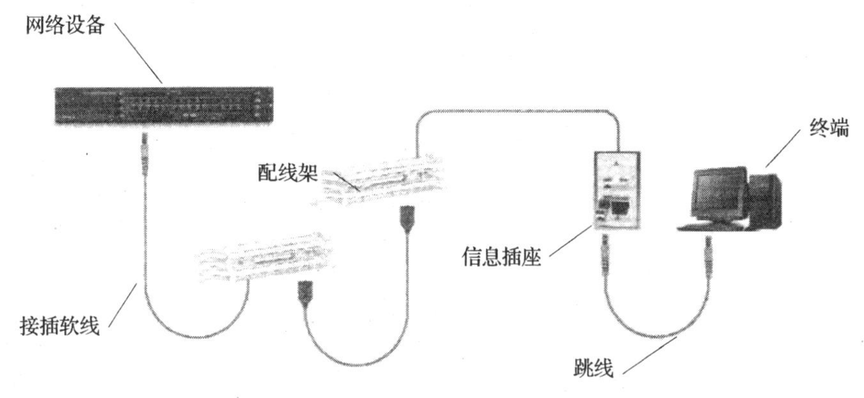

图 2—6—2 交叉连接

交叉连接又可划分为单点管理单交连、单点管理双交连和双点管理双交连 3 种方式。

1）单点管理单交连。单点管理系统只有一个管理单元负责各信息点的管理。该系统有两种布线方式，即单点管理单交连和单点管理双交连。单点管理单交连在整幢大楼内只设一个设备间作为交叉连接（Cross Connect）区，楼内信息点均直接点对点地与设备间连接，适用于楼层低、信息点数少的布线系统，如图 2—6—3 所示。

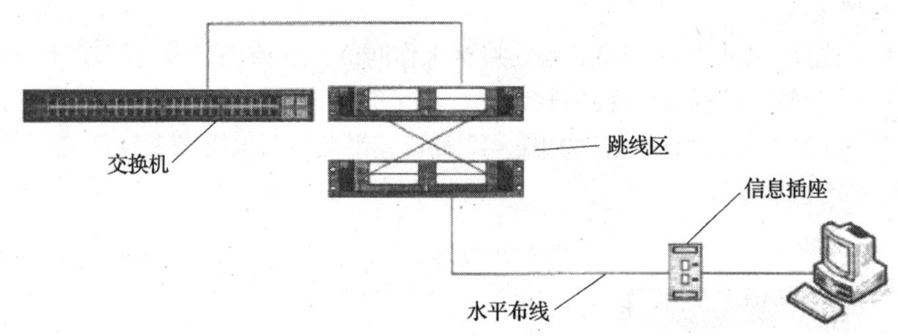

图 2—6—3　单点管理单交连

2）单点管理双交连。管理子系统宜采用单点管理双交连，如图 2—6—4 所示。其管理单元位于设备间中的交换设备或互联设备附近（进行跳线管理），并在每层楼设置一个接线区作为互连（InterConnect）区。如果没有设备间，互连区可以放在工作间的墙壁上。该方式的优点是易于布线施工，适用于楼层高、信息点较多的场所。

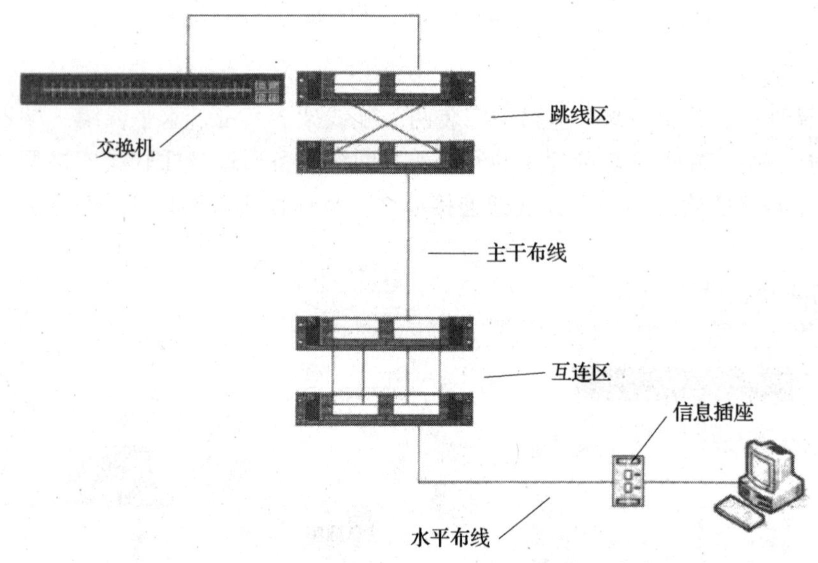

图 2—6—4　单点管理双交连

3）双点管理双交连。双点管理系统在整幢大楼设有一个设备间，在各楼层还分别设有管理子系统负责该楼层信息节点的管理，同时各楼层的管理子系统均采用主干线缆与设备间连接，如图 2—6—5 所示。由于每个信息点有两个可管理的单元，因此被称为双点管理双连接系统，其适合于楼层高、信息点数多的布线环境。双点管理双交连方式的布线，使客户在交连场改变线路变得非常简单，不必使用专门的工具或求助于专业技术人员，只需进行简单的跳线变动，便可以完成复杂的变更任务。

6. 确定配线架端子数和网络设备

在管理间的设计过程中，确定楼层所需端子总数，是一项重要的任务。

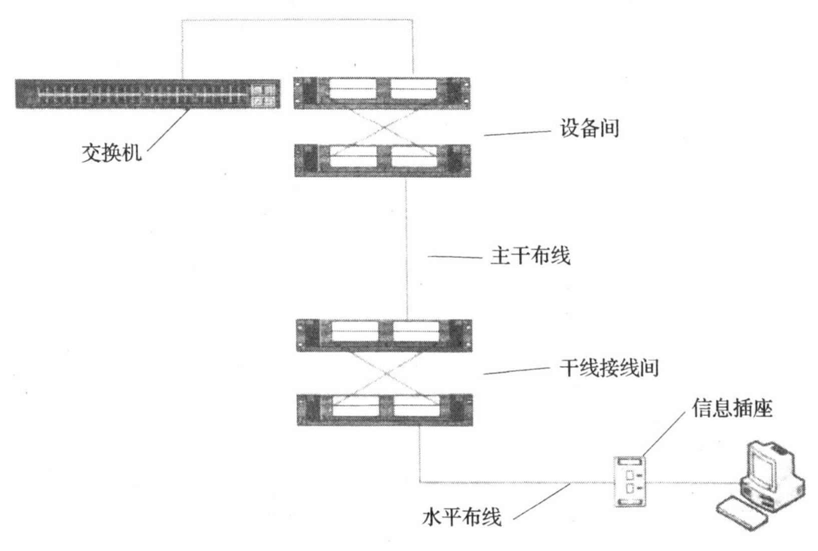

图 2—6—5　双点管理双交连

（1）水平配线区的端子数

一般来说，水平干线的所有芯线都应连接在配线架上。各楼层配线架的水平配线区的端子数量可按照下式计算：

$$D = 4H(1+u) + 4J(1+u)$$

式中，D 表示楼层配线架水平配线区的端子数；H 表示电话出线口的数量；J 表示计算机出线口的数量；u 表示配线架上的备用量，一般取 5% ~15% 。

值得注意的是，在配线架上，电话端子和数据端子通常是分别设置。故上式中的楼层配线架水平配线区的端子数为电话端子数和数据端子数应分别根据配线架规格取整后相加。

例如，一建筑物的某一层需要设 200 个信息插座，其中有 80 个电话出线口、120 个计算机出线口。水平干线全部采用 5e 类 4 对双绞线电缆，共 200 根。那么，

$$\begin{aligned} D &= 4\times80(1+10\%) + 4\times120(1+10\%) \\ &= 352+528 \\ &= 375+550 = 925 \text{（对）（按 25 对取整）} \end{aligned}$$

因此，该楼层配线架水平配线区应配置 925 对端子。若在计算机出线口使用 24 口 RJ—45 模块式快速配线架，则需要采用 6 个，占用 4 ×24 ×6 =576 对线。

（2）垂直干线区的端子数

楼层配线架垂直干线区的端子数应根据垂直干线的数量来确定。在本例中，电话垂直干线的端子数为 200 对用于连接电话主干线；数据垂直干线的端子数为 20 对用于连接作为数据垂直干线的 5e 类双绞线电缆；同时配置 3 对光纤连接端口，用于连接光缆。

（3）网络设备的配置

在本例中，网络设备的配置可考虑在 128 ~144 端口，即配置 5 台 24 端口和 1 台 8 端口的交换机，也可配置 6 台 24 端口的交换机。

（4）机柜配置

综合布线系统的配线设备和计算机网络设备，如光纤连接盘、RJ—45（24 口）配线模块、多线对卡接模块（100 对）、理线器、交换机等，通常都安装在 19in 的标准机柜里。

1）机柜的安装要求

- 机柜、机架的安装位置应符合设计要求，机柜安装应竖直，柜面保持水平，垂直偏差不应大于 0.1%，水平偏差不应大于 3 mm。
- 机柜、机架上的各种零件不得脱落或碰坏，漆面不应有脱落及划痕，各种标志应完整、清晰。
- 机柜面板前应预留有 60 cm 以上的空间，机柜背面与墙面间的距离以便于安装和维护为原则进行预留。
- 机柜、机架的安装应牢固，如有抗震要求，应按抗震设计进行加固。
- 各种螺钉必须拧紧，无松动、缺少、损坏或锈蚀等缺陷。
- 机柜必须与接地排连接。

2）机柜内设备的安装要求

- 合理安排网络设备和配线设备的摆放位置，主要考虑网络设备的散热和配线设备的缆线接入。由于机柜的风扇一般安装在顶部，所以，机柜内一般采用上层网络设备、下层配线设备的安装方式。
- 各部件应完整，安装就位，标志齐全。
- 安装螺钉必须拧紧，面板应保持在一个平面上。
- 进入机柜的缆线必须用扎带和专用固定环进行固定，确保机柜的整齐美观和管理方便。
- 机柜内的所有设备都必须与机柜金属框架有效连接，网络设备可以通过机柜与接地线来连接地，最好每台设备直接与接地排连接。

任务实施

一、说说管理间的主要设计步骤。

二、配线架的连接方式有哪几种？ 说说各自的应用范围。

三、安装标准机柜和配线架

通用 19 in 标准机柜的安装通常是以 *U*（0. 625 in＋0. 625 in＋0. 5 in 通用孔距）为一个安装单位，可适用于所有的 19 in 设备的安装。安装步骤见表 2—6—2。

表 2—6—2　　通用 19 in 标准机柜的安装步骤

<table>
<tr><th>步　骤</th><th>图　示</th></tr>
<tr><td>第一步：配线架与理线器的安装。安装配线架和理线器之前，首先应在机柜相应的位置上安装 4 个浮动螺母，然后将所安装设备用附件 M4 螺钉固定在机柜上，每安装 1 个配线架（最多 2 个）均应在相邻位置安装 1 个理线器，以使缆线整齐有序。应注意电缆施工最小曲率半径应大于电缆外径的 8 倍，长期使用的电缆最小曲率半径应大于电缆外径的 6 倍</td><td>接线盘
螺钉
管理线盘
立柱</td></tr>
<tr><td>第二步：有源设备的安装。有源设备的安装通过使用托架或直接安装在立柱上来实现</td><td>螺钉
用户有源设备
立柱
调置板</td></tr>
<tr><td>第三步：空面板安装和机柜接地。机柜中未装设备的空余位置，为了整齐美观，可以安装空面板，以后需要扩容时，再将空面板换成所需安装的设备。为保证设备安全，机柜应有可靠的接地</td><td></td></tr>
<tr><td>第四步：进线电缆管理安装。进线电缆可从机柜顶部或底座引入，将电缆平直安放、合理布置，并用尼龙扣带捆扎在 L 形穿线环上，电缆应敷设到所连接的模块或配线架附近的缆线固定支架处，也可用尼龙扣带将电缆固定在缆线固定支架上</td><td>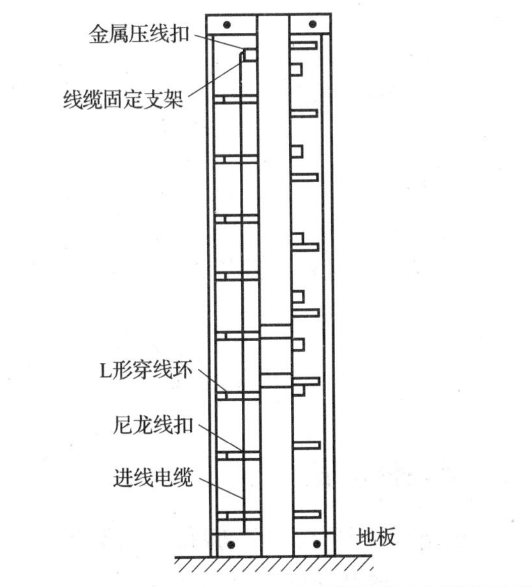
</td></tr>
</table>

续表

步骤	图示
第五步：跳线电缆管理安装。跳线电缆的长度应根据两端需要连接的接线端子间的距离来决定，跳线电缆必须合理布置，并安装在U形立柱上的走线环和理线器的穿线环上，以便走线整齐有序，便于维护检修	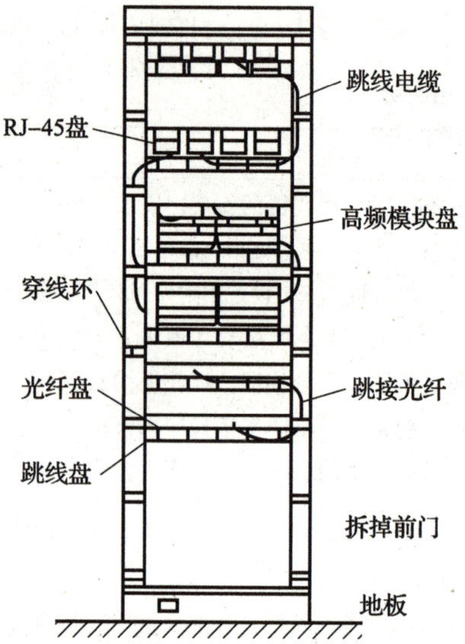

总结评价

一、主题讨论

1. 如何设计管理间的供配电系统？

2. 是否每层楼都应该设计一个管理间？为什么？

3. 管理间机柜等设备的配置有哪些要求？

二、填写评价表

根据对管理间设计步骤和施工要求了解到的情况，进行总结，填写评价表2—6—3，给出本任务完成情况的实习成绩。

表 2—6—3　　管理间设计与施工实习评价表

项目		项目完成情况叙述	配分	自我评分	同学评分	教师评分
简述管理间设计要点			20			
解释管理交接的几种方案			20			
会计算楼层配线架的水平配线区的端子数量			20			
简述配线架和机柜的安装步骤			10			
学生解决问题的能力			10			
安全文明操作	安全操作（违反一项操作规程扣 10 分，违反两项则扣 40 分）		10			
	正确摆放、使用工具和仪表等（未正确摆放或使用错误扣 5 分）		5			
	现场整理与设备移交（未移交扣 20 分，未清理扣 5 分，清理不干净扣 2 分）		5			
自我评价			综合评分	自己签名：		
小组评价			综合评分	项目小组负责人签名：		
教师评价			综合评分	教师签名：		

拓展实训

1. 实训目的

通过实训，了解网络机柜内布线设备的安装方法和使用功能，熟悉常用工具和配套材料的使用方法。

2. 实训内容

（1）完成网络配线架的安装和压接线实训。

（2）完成理线环的安装和理线实训。

3. 实训设备、材料和工具

实训设备、材料和工具，见表 2—6—4。

表 2—6—4　　实训工具清单

设备名称	数量	单位
网络综合布线实训装置		
42U 立式机柜		
壁挂式 6U		

续表

设备名称	数量	单位
配线架		
UTP 双绞线		
十字旋具		
M6×16 十字头螺钉		
配线架		
理线环		
压线钳		

4. 实训步骤

（1）设计并绘制机柜内安装设备布局示意图。

（2）按照设计图，准备实训工具，列出实训工具清单。

（3）领取实训材料和工具。

（4）确定机柜内需要安装的设备和数量，合理安排配线架、理线环的位置，主要考虑级连线路合理性及施工维修方便。

（5）准备好需要安装的设备，打开设备自带的螺钉包，在设计好的位置上安装配线架、理线环等设备。注意保持设备平齐，螺钉固定牢靠，并且做好设备编号和标记，如图2—6—6 所示。

（6）安装完毕后，开始理线和压接线缆，如图2—6—7 所示。

图2—6—6　设备编号和标记

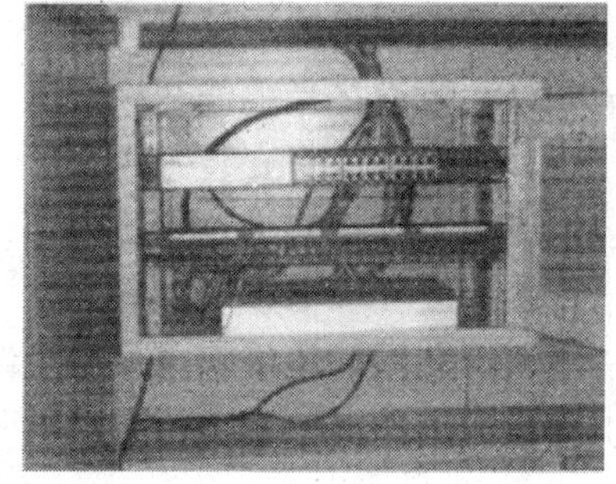

图2—6—7　机柜内设备布置图

拓展知识

综合布线系统工程的技术管理涉及综合布线系统的工作区、电信间、设备间、进线间、入口设施、缆线管道与传输介质、配线连接器件及接地等各方面。管理就是对设备间、电信间、进线间和工作区的配线设备、缆线、信息点等设施按一定的模式进行标识和记录。管理的内容包括管理方式、标识、色标、交叉连接等，这些内容的实施，将给今后的维护和管理带来很大的方便，有利于提高管理水平和工作效率. 特别是对于较为复杂的综合布线系统，如采用计算机进行管理，其效果将十分明显。

一、管理分级

根据布线系统的复杂程度，管理的层次可分为以下四级：

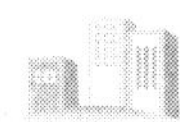

1. 一级管理

一级管理是针对单一电信间或设备间的系统。

2. 二级管理

二级管理是针对同一建筑物内多个电信间或设备间的系统。

3. 三级管理

三级管理是针对同一建筑群内多栋建筑物的系统，包括建筑物内部及外部系统。

4. 四级管理

四级管理是针对多个建筑群的系统。

二、管理标识

管理标识是综合布线系统的一个重要组成部分。综合布线系统应在需要管理的各个部位设置标签，表示相关的管理信息。标识符可由数字、英文字母、汉语拼音或其他字符组成，布线系统内同类型的器件与缆线的标识符应具有同样特征（相同数量的字母和数字等）。根据 TIA/ETA—606 标准（即《商业建筑物电信基础结构管理标准》）的规定，传输机房、设备间、介质终端、双绞线、光纤、接地线等都有明确的编号标准和方法。用户可以通过每条线缆的唯一编码，在配线架和面板插座上识别线缆。

综合布线系统通常利用标签来进行管理，应根据不同的应用场合和连接方法，分别选用不同的标记方式。常见的标记有 3 种：线缆标记、插入标记和场标记。

（1）线缆标记

线缆标记，如图 2—6—8 所示。主要用于交接硬件安装之前，在线缆的两端标明起始点和终止点。线缆标记的材质一般是不干胶制品，可以直接贴到各种表面上，其尺寸和形状根据实际需要而定。

（2）插入标记

插入标记，如图 2—6—9 所示。用于设备间和二级接线间的管理场，它是用颜色来标记端接线缆的起始点的。插入标记是一种硬纸片，可以插入 1. 27 cm × 20. 32 cm 的透明塑料

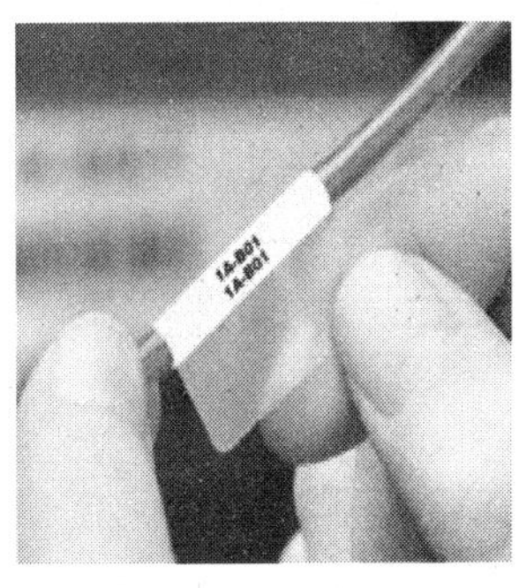

图 2—6—8　线缆标记

图 2—6—9　插入标记

夹里，对于模块化配线架，可以插在模块的缆线端接部位。

（3）场标记

场标记又称区域标记，是一种色标标记。在设备间、进线间、电信间的各种配线设备上，用色标来区分配线设备连接的电缆是干线电缆、配线电缆还是设备端接点。同时，还应采用标签表明端接区域、物理位置、编号、容量、规格等，以便维护人员在现场一目了然地加以识别，如图 2—6—10。场标记的背面也是不干胶，可以贴在建筑物布线场的平整表面上。色标的规定见表 2—6—5，其应用场合如图 2—6—11 所示。

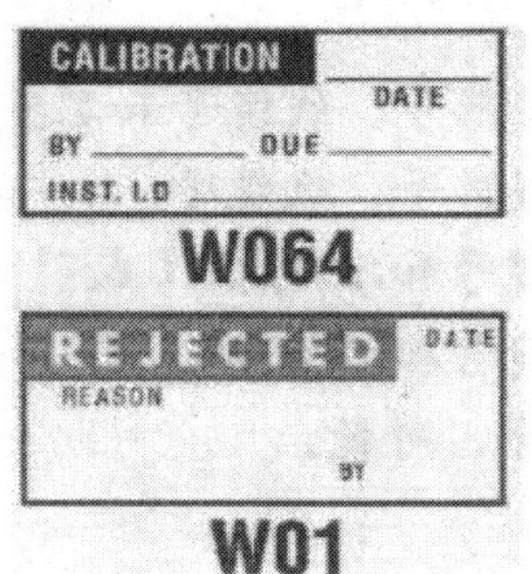

图 2—6—10　场标记

表 2—6—5　综合布线系统标识的色标

色标	设备间	配线间	二级交接间
蓝色	设备间至工作区或用户终端线路	连接配线间与工作区的线路	自交接间连接工作区线路
橙色	网络接口、多路复用器引来的线路	来自配线间多路复用器的输出线路	来自配线间多路复用器的输出线路
绿色	来自电信局的输入中断线或网络接口的设备		
黄色	交换机的用户引出线或辅助装置的连接线路		
灰色		至二级交接间的连接电缆	来自配线间的连接电缆端接
紫色	来自系统公用设备（如程控交换机或网络设备）连接线路	来自系统公用设备（如程控交换机或网络设备）连接线路	来自系统公用设备（如程控交换机或网络设备）连接线路
白色	干线电缆和建筑群间连接电缆	来自设备间干线电缆的端接点	来自设备间干线的点到点端接
红色	预留备用		

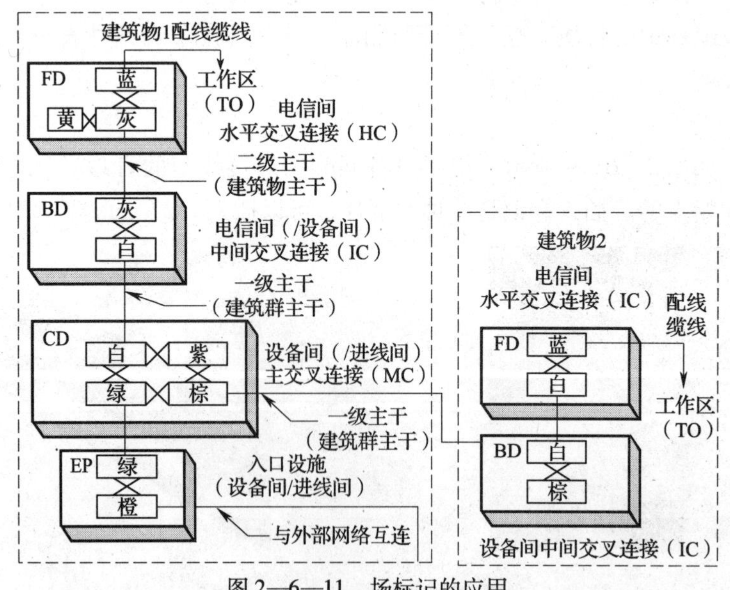

图 2—6—11　场标记的应用

任务七　建筑群子系统设计

任务描述

一个企业或政府机关可能分散在几幢相邻或不相邻建筑物内办公，但彼此之间的语音、数据、图像和监控等系统可通过传输介质和各种支持设备（硬件）连接在一起。连接各建筑物之间的传输介质和各种支持设备（硬件）组成一个建筑群综合布线系统，其中，连接各建筑物之间的缆线和配线设备组成建筑群子系统，也称为楼宇管理子系统。本任务要求。

- 阐述建筑群子系统的设计范围。
- 根据给定材料，进行建筑群子系统初步设计。

基础知识

一、建筑群子系统的设计范围

建筑群子系统主要应用于多幢建筑物组成的建筑群综合布线场合，单幢建筑物的综合布线系统可以不考虑建筑群子系统。在建筑群综合布线系统的设计中，建筑群子系统的设计主要包括确定建筑群子系统的路由和布线方法，进行建筑群缆线设计（确定每幢楼的缆线类别和容量以及主设备间、分设备间建筑群侧配线设备的类型、规格和数量），进行建筑群子系统的支撑系统设计（确定建筑群缆线支撑、固定部件的类型和数量）。

二、建筑群子系统的设计要点

建筑群子系统既可以采用多模或单模光纤，也可以使用大对数双绞线；既可以采取地下管道敷设方式，也可以采用悬挂方式。线缆的两端分别是两幢建筑的设备间子系统的接续设备。在建筑群环境中，除了需在某个建筑物内建立一个主设备间外，还应在其他建筑内都配置一个中间设备间。根据 AT&T 推荐的方法，建筑群子系统的设计步骤分为如下九步：

1. 确定铺设现场的特点

确定铺设现场的特点包括确定整个工地的大小、工地的地界以及共有多少座建筑物。

2. 确定线缆系统的一般参数

建筑群数据网的主干线缆一般应选用中心束管式多模或单模室外光缆，芯数不小于 12

芯。建筑群数据网的主干线缆如果使用光缆与电信公网连接，应采用单模光缆，芯数根据综合通信业务的需要确定；如果选用双绞线，一般考虑选择高质量的大对数双绞线。当建筑群子系统使双绞线电缆时，总长度不应超过 1 500 m。对于建筑群语音网，主干线缆一般可选用三类大对数电缆。

CD（建筑群配线设备）宜安装在进线间或设备间，并可与入口设施或 BD（建筑物配线设备）合用场地。CD 配线设备内、外侧的容量应与建筑物内连接 BD 配线设备的建筑群主干线缆容量及建筑物外部引入的建筑群主干线缆容量相一致。

此外，还应确认线缆的起点位置、端接点位置、所涉及的建筑物和每座建筑物的层数、每个端接点所需的双绞线对数、有多个端接点的每座建筑物所需的双绞线总对数。

3. 确定建筑物的线缆入口

对于现有建筑物，要确定各个入口管道的位置、每座建筑物有多少入口管道可供使用，以及入口管道数目是否满足系统的需要。

如果入口管道不够用，则要确定在移走或重新布置某些线缆时是否能腾出某些入口管道以及应另装多少入口管道。

如果建筑物尚未建起来，则要根据选定的线缆路由完善线缆系统设计，并标记入口管道的位置，选定入口管道的规格、长度和材料，在建筑物施工过程中安装好入口管道。

建筑物入口管道的位置应便于连接公用设备，可根据需要在墙上穿过一根或多根管道。查阅当地的建筑法规，了解对承重墙穿孔有无特殊要求。所有易燃材料（如聚丙烯管道、聚乙烯管道）应端接在建筑物的外面。如果外线线缆延伸到建筑物内部的长度超过 15 m，就应使用合适的线缆入口器材，在入口管道中填入防水性和气密性很好的密封胶，如 B 形管道密封胶。

4. 确定明显障碍物的位置

确定土壤类型（如沙质土、黏土、砾土等）、线缆的布线方法以及地下公用设施的位置；查清拟定的线缆路由沿线各个障碍物的位置或地理条件：铺路区、桥梁、铁路、树林、池塘、河流、山丘、砾石土区、截留井、人字形孔道及其他；以此确定对管道的要求。

5. 确定主干线缆路由和备用线缆路由

对于每一种待定的路由，确定可能的线缆结构；对所有建筑物进行分组，每组单独分配一根线缆，每座建筑物单用一根线缆；查清在线缆路由中，哪些地方需要获准后才能通过；比较每种路由的优缺点，从而选定最佳路由方案。

6. 选择所需线缆类型和规格

确定线缆长度，画出最终的结构图；绘制所选定路由的位置和挖沟详图，包括公用道路图和所有需要经审批才能动用的地区草图；确定入口管道的规格；选择每种设计方案所需的专用线缆，参考《AT&T SYSTIMAX PDS 部件指南》有关线缆部分中，信号、双绞线对数和长度应符合有关要求；应保证线缆可进入入口管道；如果需要用管道，应确定其规格和材料；如果需用钢管，应确定其规格、长度和类型。

7. 确定每种方案所需的劳务费用

确定施工时间，包括迁移或改变道路、草坪、树木等所花的时间；如果使用管道，还应包括铺设管道和穿线缆的时间；确定线缆接合时间；确定其他时间，例如拿掉旧电缆、避开障碍物等所需的时间。计算总时间，即上述 3 项布线时间的总和。计算每种设计方案的劳务费用的公式为：总时间 × 当地的工时费。

8. 确定每种方案的材料成本

确定线缆成本：通过参考有关布线材料价格表后将每米的成本乘以所需米数得到线缆成本；确定所有支持结构的成本：首先查清并列出所有的支持结构，根据价格表查明每项用品的单价，然后将单价乘以所需的数量得到所有支持结构的成本；确定所有支撑硬件的成本：对于所有的支撑硬件的成本，可按照支持结构成本的计算方式计算。

9. 选择最经济、 最实用的设计方案

将每种方案的各项成本和劳务费用加在一起得到每种方案的总成本；比较各种方案的总成本，选择成本较低者；确定该比较经济的方案是否有重大缺点，是否抵消了经济上的优势。如该方案存在重大缺点并抵消了经济上的优势，应取消此方案，考虑经济性比较好的另一设计方案。如果牵涉到干线线缆，应把有关的成本和设计规范也列进来。

三、建筑群子系统的布线方法

在建筑群子系统中，电缆布线设计方法有架空、直埋线缆、直埋管道和电缆沟通道 4 种。

1. 架空布线法

架空布线法要求用电线杆将线缆在建筑物之间悬空架设，一般是先架设钢丝绳，然后在钢丝绳上挂放线缆。架空线缆应采用塑料线缆，在引入建筑物时，通常应先穿入建筑物外墙上的 U 形钢保护套，然后向下（或向上）延伸，从电缆孔进入建筑物内部，如图 2—7—1 所示。电缆入口的孔径一般为 5 cm。建筑物到最近处的电线杆的距离应小于 30 m。通信电缆与电力电缆之间的间距应遵守当地有关部门的规定。

架空法布线的优点是施工技术比较简单；施工不受地形等条件的限制；能适应今后变动，易于拆除、迁移、更换或调整，便于扩建、增容；工程初次投资费用较低。缺点是产生

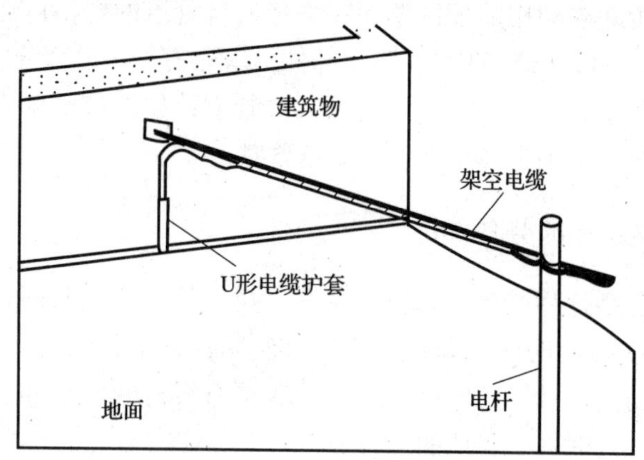

图 2—7—1 架空布线法

障碍的机会较多，通信安全会受到影响；易受外界腐蚀和机械损伤使电（光）缆使用寿命缩短；维护工作和维护费用较多；对周围环境美观有影响。

架空法布线适用的场所有：不定型的街坊或小区，以及道路有可能变化的地段；有其他架空杆路可利用，能够节约成本的场合；因客观条件限制，无法采用地下方式的地段。不适用的场所有：附近有空气腐蚀或高压电力线的场合；要求环境美观的街坊和小区；特殊重要的地段，如广场等。

2. 直埋线缆布线法

直埋线缆布线法是根据选定的布线路由在地面挖沟，然后将线缆直接埋在沟内的布线方法。直埋布线的线缆除了穿过基础墙的那部分电缆有线管保护外，电缆的其余部分直埋于地下，没有保护，如图 2—7—2 所示。直埋线缆通常应埋在距地面 0.6 m 以下的地方，或按照当地有关部门的相关法规施工。如果在同一土沟内埋入了通信电缆和电力电缆，应设立明显的共用标志。直埋线缆应根据不同环境条件采用不同形式的钢带铠装电（光）缆，一般不采用塑料护套电（光）缆。

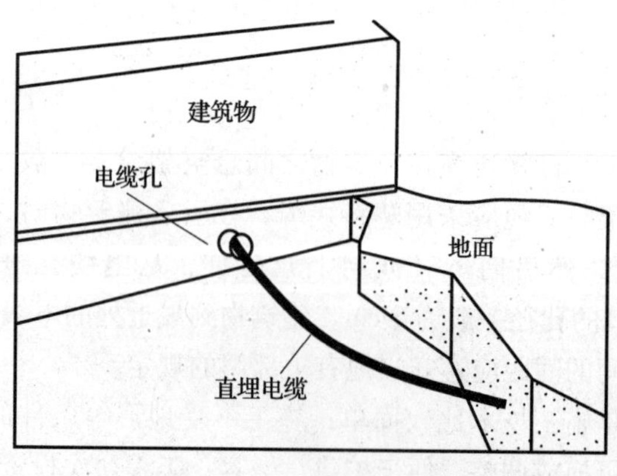

图 2—7—2 直埋线缆布线法

直埋线缆布线法的优点有：比架空布线安全，产生障碍机会少，有利于使用和维护；维护工作和费用较少；线路隐蔽，环境美观不受影响；工程初次投资较管道布线低，不需建手井和管道，施工技术较简单；建筑条件不受限制，与其他地下管线发生矛盾时易处理。其缺点有：维护、更换及扩建都不方便；发生故障后必须挖掘，修复时间较长，影响通信；与其他地下管线较为邻近时，双方在维修时，会增加外界机械损伤机会。

直埋线缆布线法适用的场所有：用户数量比较固定，线缆容量和条数不多，且今后不会扩建的场所；要求线缆隐藏，采用管道不经济或不能建设管道的场合；敷设线缆条数很少的特殊重要地段。其不适用的场所有：今后需要翻建的道路或广场；规划用地或今后有发展规划的地段；地下有化学腐蚀或电气腐蚀以及土质不好的地段；地下管线和建筑物比较复杂且常有挖掘可能的地段；已建成高级路面的道路。

3. 直埋管道布线法

直埋管道布线法是一种由管道组成的地下系统，将一根或多根管道通过基础墙进入建筑物内部，把建筑群的各个建筑物连接在一起，如图 2—7—3 所示。地下管道对线缆能起到很好的保护作用，因此线缆受损坏的机会较少，而且不会影响建筑物的外观及内部结构。管道内线缆不宜采用外包钢带铠装结构，一般采用塑料护套电（光）缆。直埋管道的埋设深度一般为 0.8 ~ 1.2 m，或符合当地有关部门相关法规规定的深度。为了方便日后的布线，管道安装时应预埋一根拉线。为了方便线缆的管理，地下管道应间隔 50 ~ 180 m 设立一个接合井（人孔），以方便人员维护。

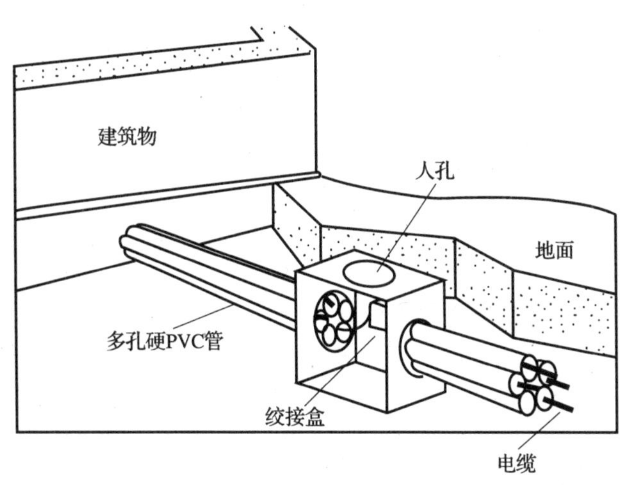

图 2—7—3　直埋管道布线法

直埋管道布线法的优点有：线缆安全，有最佳的保护设施；产生障碍机会少，有利于使用和维护；维护工作和费用少；线路隐蔽，环境美观，使所在地区整齐有序；敷设方便，易于扩建和更换。其缺点有：施工的难度大，技术较复杂，要求较高；工程初次投资较高；需要有较好的施工条件；与各种地下管线设施产生的矛盾较多，协调工作较复杂。

直埋管道布线法适用的场所有：较为定型的街坊或小区，道路基本不变的地段；要求环境美观的街区和智能化小区；特殊地段，如广场或花园等；重要场所（如交通路口）或其他敷设方式不适用的地方。其不适用的场所有：街坊和道路尚不定型，今后有变化的地段；地下有化学腐蚀或电气腐蚀的地段；地下管线和障碍物较复杂的地段；地质土壤不稳定、土壤松软易塌陷的地段；地面高程相差较大和地下水位较高的地段。

4. 电缆沟通道布线法

在有些特大型的建筑群体之间会设有公用的综合性隧道或电缆沟，如其建筑结构较好，且内部安装的其他管线设施不会对通信系统线路产生危害，则可以考虑利用该综合性隧道或电缆沟进行布线。如隧道或电缆沟中有其他危害通信线路的管线，应慎重考虑是否合用。如必须合用，应有一定间距和采取保证安全的具体措施，并设置明显的标志。在合用的电缆沟中，通信线缆用的电缆托架位置应尽量远离电力电缆。当合用电缆沟中的两侧均有电缆托架时，通信线缆应与电力电缆各占一侧。如安排确有困难，通信线缆应与信号和仪表等弱电线路合用一侧。电缆沟通道布线法如图 2—7—4 所示。

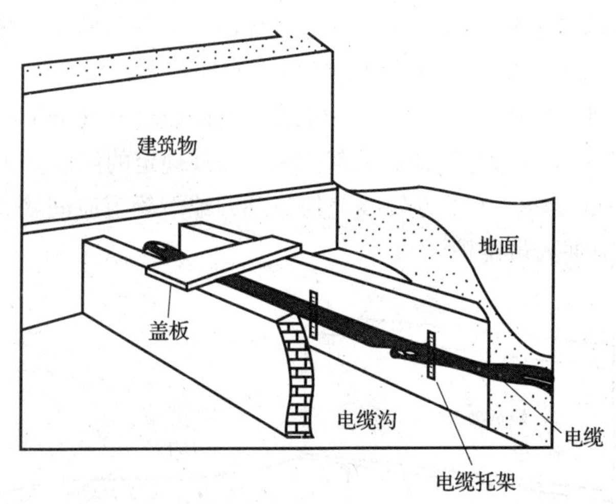

图 2—7—4　电缆沟通道布线法

电缆沟通道布线法的优点有：线路隐蔽安全稳定，不受外界影响；施工简单，工作条件较直埋等要好；查修故障和今后扩建均较方便；如与其他弱电线路合用，工程初次投资少。其缺点有：如为专用电缆沟，工程初次投资较高；在与其他弱电线路共建时，需要在施工和维护方面互相配合，有时会发生矛盾；如公用设施中埋设有危害通信线路的管线，需要增设保护措施，会增加维护费用和维护工作。

电缆沟通道布线法适用的场所有：较为定型的街坊或小区，道路基本不变的地段；在特殊场合或重要场所，要求各种管线综合建设的地段；已有电缆沟并可以使用的地段。其不适用的场所有：附近有影响人身和线缆安全因素的地段；地面要求特别美观的广场等地段。

总之，以上讨论的 4 种布线方法，既可以单独使用，也可以混合使用，视具体建筑群的情况而定，既要考虑实用，又要考虑经济、美观，还要考虑维护方便。

任务实施

1．简述建筑群子系统的设计范围包括哪些内容。

2．根据材料回答问题并填表。

某学校准备在新校区（见图 2—7—5）建设高速校园网，将行政楼、教学楼和学生宿舍连接起来。问：

（1）在进行校园网综合布线的建筑群子系统设计时，应从哪几个方面着手？

（2）填写表 2—7—1，确定建筑子系统的布线路由、敷设方式和布线产品。

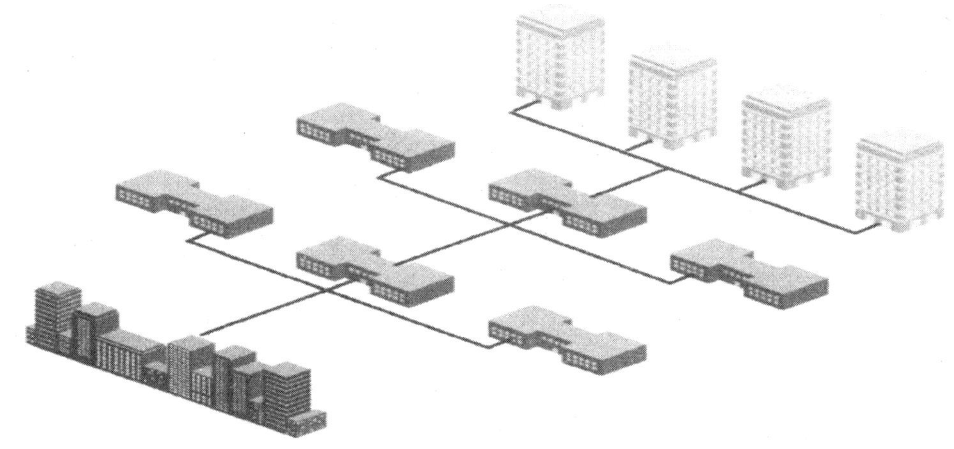

图 2—7—5　某学校新校区

表 2—7—1　　**建筑群子系统主要项目设计**

项目	设计内容
布线路由	
敷设方式	
布线产品	

总结评价

一、主题讨论

1．从建筑群子系统的施工环境和工艺要求等方面，说说其设计时，应注意哪些要点？

2. 比较建筑群子系统 4 种布线方法的优缺点。

二、填写评价表

根据对建筑群子系统设计步骤和施工要求的了解情况，进行总结，填写评价表 2—7—2，给出本任务完成情况的实习成绩。

表 2—7—2　　　　建筑群子系统设计与施工实习评价表

<table>
<tr><td colspan="2">项目</td><td>项目完成情况叙述</td><td>配分</td><td>自我评分</td><td>同学评分</td><td>教师评分</td></tr>
<tr><td colspan="2">简述建筑群子系统设计要点</td><td></td><td>20</td><td></td><td></td><td></td></tr>
<tr><td colspan="2">说出建筑群子系统的布线方法</td><td></td><td>10</td><td></td><td></td><td></td></tr>
<tr><td colspan="2">简述 4 种布线方法的优缺点</td><td></td><td>20</td><td></td><td></td><td></td></tr>
<tr><td colspan="2">简述建筑群子系统施工要求</td><td></td><td>20</td><td></td><td></td><td></td></tr>
<tr><td colspan="3">学生解决问题的能力</td><td>10</td><td></td><td></td><td></td></tr>
<tr><td rowspan="3">安全文明操作</td><td colspan="2">安全操作（违反一项操作规程扣 10 分，违反两项扣 40 分）</td><td>10</td><td></td><td></td><td></td></tr>
<tr><td colspan="2">正确摆放、使用工具、仪表等（未正确摆放或使用错误扣 5 分）</td><td>5</td><td></td><td></td><td></td></tr>
<tr><td colspan="2">现场整理与设备移交（未移交扣 20 分，未清理扣 5 分，清理不干净扣 2 分）</td><td>5</td><td></td><td></td><td></td></tr>
<tr><td rowspan="2">自我评价</td><td colspan="2" rowspan="2"></td><td>综合评分</td><td colspan="3" rowspan="2">自己签名：</td></tr>
<tr><td></td></tr>
<tr><td rowspan="2">小组评价</td><td colspan="2" rowspan="2"></td><td>综合评分</td><td colspan="3" rowspan="2">项目小组负责人签名：</td></tr>
<tr><td></td></tr>
<tr><td rowspan="2">教师评价</td><td colspan="2" rowspan="2"></td><td>综合评分</td><td colspan="3" rowspan="2">教师签名：</td></tr>
<tr><td></td></tr>
</table>

拓展知识

目前，建筑群子系统线缆的布线施工主要采用地下管道法和架空法两种。下面分别介绍这两种施工方法的步骤及要求。

一、地下管道电缆施工

1. 敷设地下管道电缆的要求

敷设地下管道电缆时，应注意以下几点：

（1）电缆的塑料外护套会因温度过低变硬，导致在牵引敷设时电缆容易损坏（如产生裂痕等），因此在寒冷地区或气温过低的季节，不宜敷设塑料外护套的管道电缆。

（2）敷设管道电缆时，在电缆的端部应装设牵引装置，要保证在牵引过程中，电缆端部的外护套密封良好，不得进入水分或潮气。为了有利于牵引和保护电缆顺利敷设，在牵引装置间应加装铁转环等连接装置，以便进入管孔内的电缆保持平直牵引，不因扭转而损坏电缆外护套，且使牵引操作简便、省力。敷设电缆必须从电缆盘的上方放出，且电缆盘应放在敷设电缆段的同侧，即人孔（甲）的一侧，如图 2—7—6 所示。

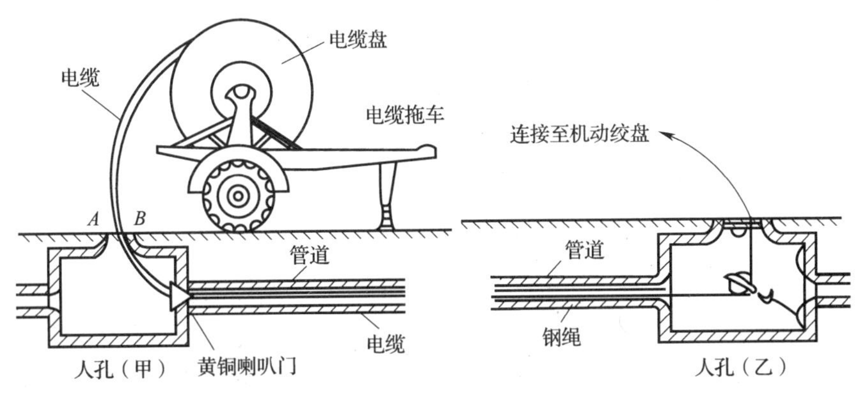

图 2—7—6　地下管道电缆敷设

（3）智能小区的管道长度通常较短、电缆对数不多，因此应尽量采用机械方式牵引电缆。如果道路狭窄，且操作空间很小，可采用人工牵引。不论采用哪种施工方法，牵引电缆的拉力应保持均匀，最大牵引力不应超过电缆允许拉力的 80%。

（4）为了减少对电缆外护套的磨损和加快牵引电缆的速度，在管孔内的电缆外护套上宜采用石蜡油、滑石粉等润滑剂进行涂抹，以减少摩擦阻力。在敷设电缆时，对电缆有可能被拖、磨、刮、蹭的地方，宜采用弯铁、铜瓦或杂布等衬垫保护。在牵引电缆时，应有专人随时检查电缆外护套表面。如发现电缆外护套受到损伤，应立即停止牵引敷设，等及时修复完好，采取妥善的保护措施后再继续牵引敷设，严禁将已划伤的电缆拉进管孔。

（5）地下管道电缆应尽量连续多段敷设。一段地下管道牵引的最大长度应根据电缆线对的多少、芯线线径、电缆单位长度重量以及管道路由的具体情况考虑，一般不宜超过

500 m。在人工牵引敷设电缆时，除应注意不超过电缆的允许最大拉力外，在中间人孔或手孔中应有人逐段接力帮助牵引，以减少阻力和提高工效。

（6）敷设管道电缆时，应有防潮措施，必须保持现场无积水、人孔内干燥。

2. 管道电缆的安排布置和敷设后的工作

（1）管道电缆敷设完毕后，应检查电缆在管孔内是否平直，有无明显刮痕和损伤，电缆在人孔或手孔中的位置是否正确，排列是否整齐、妥善。管道电缆的最小弯曲半径应符合标准规定，必须大于电缆外径的 15 倍。

（2）管道电缆敷设完毕后，如需将其余长截断，应使用专用工具妥善处理，不得使用钢锯或其他利器，以防拉伤电缆芯线和损坏缆芯结构，影响电缆的传输性能，造成通信质量下降。

（3）管道电缆在人孔或手孔中的接续、测试消耗和弯曲部分应按设计要求预留足够的长度，电缆接头位置应合理安排，以利于接续和今后维护检修，同时要不妨碍今后增设电缆或装设其他设备。

（4）管道电缆在引出管孔的 150 mm 以内不应有弯曲，应按设计要求堵塞穿放电缆管孔四周的空隙，以防水分或潮气从管孔的四周渗入人孔或手孔。

（5）在每个人孔或手孔中应设置电缆标记，包含电缆的型号、用途或编号等内容，以便今后检修，同时应制作相应的文档备查。

二、架空电缆施工

利用架空杆路（分为通信专用杆路和与其他系统合用杆路两种）悬挂电缆有非自承式和自承式两种方式，这是以电缆本身的结构不同而划分的。目前采用自承式较多，它的主要特点是使用器材少，施工程序简单，工作效率高，便于维护检修。

无论是采用何种方式架空敷设电缆，都必须做好施工前的准备工作，包括对工程中所用的电缆、铁件及工具等的质量和性能进行严格的检查，检查客观环境是否具备施工条件，对架空杆路进行检查和整修、加固等。

1. 非自承式架空电缆的施工

非自承式架空电缆的电缆结构是以全塑电缆为主，由于非自承式架空电缆需要将吊线和电缆分成两次敷设，施工程序较多，施工中应注意以下要求：

（1）装设电缆吊线夹板

- 在不同材质的电杆上固装电缆吊线夹板有不同的方法。如果为木电杆或钢筋混凝土电杆，应采用穿钉或钢箍的装置方法固定。此外，还可以根据当地电杆的具体条件，采用吊线钢担和钢箍同用的方法。
- 电缆吊线夹板装设在电杆上的位置不宜过高，以保持电缆与地面的正常高度，有利于施工和维护。一般情况下，电缆吊线夹板距电杆杆梢不应小于 45 cm，在特殊情况下不应

小于 25 cm。

● 电缆吊线夹板的装设位置应满足有关技术标准规定的电缆间距要求。

● 电缆吊线夹板在各根电杆上的装设位置应一致，即距地面的高度是相等的。如遇有地形起伏不平，可适当调整。所挂电缆吊线的坡度变化不宜超过杆距的 25%。

● 在一般情况下，同一路由架空电缆吊线以一条为好，不宜超过两条。

（2）装设电缆吊线

在装设电缆吊线前，应对采用的镀锌钢绞线进行校核，其规格和程序必须符合设计规定。如发现有不符合技术要求的部分，应剪去，经重新接续完好才能继续布放。在任何情况下新设的电缆吊线，在一个杆挡内不得有一个以上的吊线接续。

电缆吊线架挂后，应按规定收紧垂度。允许垂度的偏差在温度为 20℃以下时，应不大于标准垂度的 10%；当温度高于 20℃时，应不大于标准垂度的 5%。

电缆吊线应利用电杆上装设的电缆吊线夹板固定，电缆吊线必须处于夹板的线槽中，夹板线槽必须置在上方。

（3）挂放架空电缆

智能小区内的空间较小，因此主要采用定滑轮托挂法和预挂电缆挂钩法挂设架空电缆。前者适合于施工现场无障碍，且线路距离较近的场合；后者适用于施工现场有障碍的场合。

1）定滑轮托挂法。先将电缆盘用千斤顶支承架空在地面上，电缆起始端部从电缆盘中拉出，在电缆端部用电缆网套捆扎牢固，并将其与牵引绳连接。电缆吊线上每隔 5～8 m 挂一只定滑轮，牵引的速度和拉力应均匀、缓慢，牵引的电缆均经过每个定滑轮而暂时被挂在电缆吊线下面，此时应及时用电缆挂钩将电缆卡挂在电缆吊线下，同时拆除定滑轮，如图 2—7—7 所示。

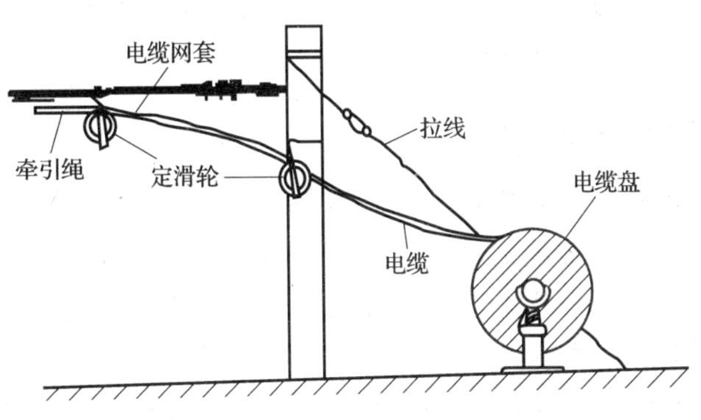

图 2—7—7　定滑轮托挂法

2）预挂电缆挂钩法。在架挂电缆段落时，取电缆吊线两端处各装一个滑轮，以转换电缆和牵引力的向下角度，有利于电缆顺利牵引。在电缆吊线上每隔 50 cm 预挂一个电缆挂钩，应注意电缆挂钩的死钩应与牵引方向反向，以免在牵引电缆时，拉动电缆的挂钩挤在一起或被拉时掉下。在牵引绳一端与电缆网套连接，并与电缆一起捆扎牢固，在预先卡挂电缆挂钩时，应同时将牵引绳穿在所有滑轮和电缆挂钩内。如线路中间有角杆，应在角杆处装设滑轮以利于电缆牵引。

在架挂电缆时，电缆盘被千斤顶支承架架空离开地面，一边转动电缆盘，同时在另一端紧拉牵引绳，使电缆通过牵引逐渐被拉进所有预先卡挂的电缆挂钩，托挂在电缆吊线的下面，达到挂设架空电缆的要求，如图 2—7—8 所示。

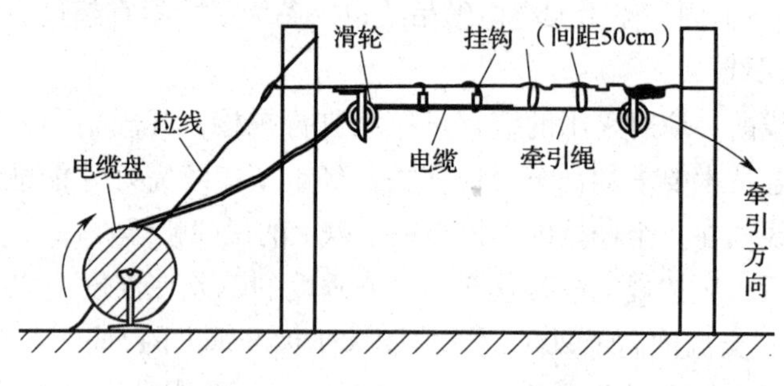

图 2—7—8　预挂电缆挂钩法

（4）技术要求

• 电缆挂钩的间距一般为 50 cm，允许偏差不大于 3 cm。靠近电杆两侧的第 1 个电缆挂钩离电杆中心为 30 cm，允许偏差不大于 2 cm。要求电缆挂钩的间距均匀，在电缆吊线上的挂钩方向宜一致，电缆挂钩的镀锌托板应齐全并无锈蚀现象。

• 架空电缆吊线挂设和电缆挂钩卡挂完毕后，吊线和电缆应平行，都形成直线，不应有弯曲，同时要求电缆的走向合理、整齐美观，安装牢固且稳定可靠。

• 在整个敷设现场，应始终有人随时检查电缆外护套有无损伤，在角杆或墙角等电缆外护套容易损伤的段落，应设专人看管并采取切实有效的保护措施。

• 非自承式架空电缆的接头位置应适宜施工和便于检修，不应设在跨越区内道路的杆挡内或房屋建筑的顶上，也不应设在门窗附近。电缆接头在钢绞线吊线或其接续处，都应按规定要求吊扎牢固。

2. 自承式架空电缆的施工

自承式架空电缆的施工和架设应符合以下要求：

（1）自承式架空电缆布放施工一般采用定滑轮牵引法，先将电缆盘用千斤顶架空离开地面，在每根电杆上装有一个吊挂电缆用的固定滑轮，电缆通过滑轮牵引被吊挂到电杆上，敷设电缆的牵引方式和牵引力的大小与非自承式架空电缆牵引一样，要及时排除障碍物并检查电缆被外界损伤的情况，务必使电缆安全地吊挂完毕。

（2）布放自承式架空电缆的方法要正确，不得将电缆盘倒置，以免造成电缆扭转较多的现象。杆挡内允许有自然扭转（每挡以 3 ~5 个为宜）。自承式架空电缆在电杆上固定时，必须确保吊线在上、电缆在下的垂直状态，以保证电缆接头位置不发生扭转的现象。

（3）自承式架空电缆在电杆上装设吊线夹板的位置，在整段路由上应始终一致，要尽量使电缆在电杆上平直、整齐而美观。

（4）自承式架空电缆的垂度应根据通信线路所在地区的气象条件来确定。电缆布放后，

必须收紧到一定垂度。收紧电缆应符合以下技术要求：

- 要采用特制的不会损伤自承式架空电缆外护套的专用紧线器，达到既夹紧电缆吊线，又不损伤电缆外护套的目的。
- 在通信线路不太长时（一般在 10 个杆挡以内），可以一次收紧；如超过 10 个杆挡或自承式架空电缆对数较多时，可分几次收紧。应根据架空电缆的对数、杆挡数量以及线路有无转角等来确定紧线点的个数和位置，依次收紧。
- 在线路距离较短、转角多、障碍多又复杂的场合，终端杆和转角杆等处都应有专人看管，做到互相配合、同步进行，使电缆顺利布放。

（5）自承式架空电缆所采用的安装铁件和附件应完整无损伤，要求安装符合规定，牢固可靠，保证切实有效，具有标准规定的机械强度。对于钢绞线的终端和接续的紧固安装铁件，其强度不应低于原钢绞线强度的 110%，被紧固部位的钢绞线拉断强度不应低于原钢绞线拉断强度的 90%。

任务八　综合布线系统的其他部分设计

任务描述

综合布线系统设计除完成前述各子系统的设计之外，为了保证各种设备的正常运行、电缆传输质量安全可靠，还需要对电源、电气防护系统和接地系统进行设计。本任务要求：

- 画出通过市电 + UPS 给配电柜供电的示意图。
- 列举接地系统的结构，解释接地的必要性。
- 简述综合布线电源设计的要点。

基础知识

一、电源设计

电力系统是整个通信系统的“心脏”，是为整个通信系统提供动力支持的关键所在。电源是综合布线系统设备间或各个机房的主要动力。综合布线系统的电源设计是否合理和完善，不仅直接影响通信设备的传输质量，而且影响到网络和相关设备的可靠性和使用寿命，对安全生产、保证系统正常运行起着决定性作用。在实施综合布线系统工程的电源设计时，应注意如下要点：

1. 确定电力负荷等级

综合布线系统设备间和机房的电力负荷等级的确定，应根据建筑的使用性质、工作特点以及对通信安全、可靠的保证程度等因素综合考虑。

(1) 一级负荷等级

符合下列情况之一时，应为一级负荷。

- 中断供电将造成人身伤亡时。
- 中断供电将在政治、经济上造成重大损失时。例如，中断供电将导致重大设备损坏，重大产品报废，重点企业的连续生产过程被打乱需要长时间才能恢复等。
- 中断供电将影响具有重大政治、经济意义的用电单位的正常工作。例如，重要交通枢纽、重要通信枢纽、重要宾馆、经常用于国际活动的大量人员集中的公共场所等。

(2) 二级负荷等级

符合下列情况之一时，应为二级负荷。

- 中断供电将在政治、经济上造成较大损失时。例如，主要设备损坏、大量产品报废、连续生产过程被打乱，需要较长时间才能恢复等。
- 中断供电将影响重要用电单位的正常工作。例如，交通枢纽、通信枢纽等用电单位的重要电力负荷，以及大型剧院，商场等公共场所，如果中断供电将导致秩序混乱。

(3) 三级负荷等级

不属于一级和二级负荷者应为三级负荷，如照明等。

机房或设备间的用电设备的工作性能，决定了机房或设备间的用电负荷类型。如果综合布线系统的机房属于一级负荷，必须提供双回路电源保证供电；如果综合布线系统的机房属于二级负荷，则最好提供双回路电源保证供电。

2. 确定供配电方式

在综合布线系统中，程控用户电话交换机和网络设备等设备机房的供配电方式应进行统一设置，以便节省投资和维护管理费用。当综合布线的实施单位属于一级负荷供电单位，且其供电十分可靠，那么可以考虑采用直接供电方式，以减少设备数量、节省工程投资。但是对于大多数单位而言，其客观环境千差万别，所以一般不宜采用直接供电方式。以下是几种目前经常使用的基本供配电方式。

(1) 方式一：市电 + UPS（Uninterruptible Power System，不间断电源）

由市电给 UPS 供电，再由 UPS 向机后设备供电。也就是说，机房和配线间的网络设备由市电和 UPS 蓄电池两个电源供电。UPS 为市电失电后的紧急备用电源，但由于 UPS 的供电时间受蓄电池容量限制，本方案适用于市电可靠的单位。

(2) 方式二：发电机 + 市电

发电机、市电各直供一路电，经双电源切换装置向弱电负荷供电。即弱电负荷有市电、发电机两个电源，一般情况下使用市电供电，一旦市电失电，则改由发电机供电（不过从市电改由发电机供电过程中会有瞬间的断电现象）。本方案适用于只能供一路市电的场合。

（3）方式三：市电 + 市电

两个独立市电电源各直供一路电，经双电源切换装置向弱电负荷供电，即弱电负荷有两个电源，任一电源出现故障都不影响供电。本方案适用于能提供两路市电电源的场合，双电源切换装置在切换过程中有瞬间断电现象。

（4）方式四：市电 + 市电 + 发电机

两个市电电源经切换装置直供一路电，应急发电机组直供一路电，在末端经双电源切换装置向弱电负荷供电，使弱电负荷有 3 个供电电源。当市电及发电机组中任意两个电源出现故障时，仍能保证供电。

（5）方式五：市电 + 市电 + UPS

两个市电各直供一路电，经双电源切换装置向 UPS 供电，再由 UPS 向弱电负荷供电。即弱电负荷由两个市电和 UPS 蓄电池 3 个电源供电，任意两个电源出现故障都能保证供电。但 UPS 供电时间受蓄电池容量限制，仅在两路市电倒闸时供电，保证供电连续性。本方案适用于市电供电可靠，且负荷不允许电源倒闸时有瞬间断电的场合。

（6）方式六：市电 + 发电机 + UPS

发电机、市电各直供一路电，经切换装置向 UPS 供电，再由 UPS 向弱电负荷供电。即弱电负荷有市电、发电机组、UPS 蓄电池 3 个电源，任意两个电源出现故障都能保证供电。但是，UPS 供电的时间受到蓄电池容量的限制。本方案适用于市电较可靠的场合，UPS 电源仅在市电停电时切换为发电机供电这一短暂过程中供电。

二、电气防护设计

电气防护是指通过对缆线、金属线槽、金属线管、机柜、设备等做适当的接地处理，以便使浪涌电流、感应电流顺畅地流入大地，从而达到保护系统安全、避免雷击或其他强感应电流损坏设备，同时防止弱感应电流影响系统正常运行。在进行综合布线工程设计时，对于电气保护，主要考虑以下内容：

1. 确定系统间距

综合布线电缆与附近可能产生高电平电磁干扰的电动机、电力变压器、射频应用设备等电气设备之间应保持必要的间距。

（1）综合布线电缆与电力电缆的间距

综合布线电缆与电力电缆的间距应符合表 2—8—1 所示的规定。

表 2—8—1　　综合布线电缆与电力电缆的间距

类别	与综台布线接近状况	最小间距/mm
380 V 电力电缆 <2 kV · A	与缆线下行敷设	130
	有一方在接地的金属线槽或钢管中	70
	双方都在接地的金属线槽或钢管中	10①

续表

类别	与综合布线接近状况	最小间距/mm
380 V 电力电缆 2～2.5 kV·A	与缆线下行敷设	300
	有一方在接地的金属线槽或钢管中	150
	双方都在接地的金属线槽或钢管中②	80
380 V 电力电缆 2～5 kV·A	与缆线下行敷设	600
	有一方在接地的金属线槽或钢管中	300
	双方都在接地的金属线槽或钢管中	150

注：①当 380 V 电力电缆 <2 kV·A 时，双方都在接地的线槽中，且平行长度≤10 m 时，最小间距可为 10 mm。②双方都在接地的线槽中既可指两个不同的线槽，也可指用金属板隔开的同一线槽。

（2）综合布线系统线缆与配电箱、变电室、电梯机房、空调机房之间的最小净距综合布线系统线缆与配电箱、变电室、电梯机房、空调机房之间的最小净距应符合表 2—8—2 所示的规定。

表 2—8—2　综合布线系统线缆与电气设备的最小净距

名称	最小净距/m	名称	最小净距/m
配电箱	1	电梯机房	2
变电室	2	空调机房	2

（3）墙上敷设的综合布线线缆及管线与其他管线的间距

墙上敷设的综合布线线缆及管线与其他管线的间距应符合表 2—8—3 所示的规定。当墙壁电缆敷设高度超过 6 000 mm 时，与避雷引下线的交叉间距应按下式计算：

$$S \geqslant 0.05L$$

式中，S 是交叉间距；L 是交叉处避雷引下线距地面的高度。

表 2—8—3　综合布线线缆及管线与其他管线的间距

其他管线	平行净距/mm	垂直交叉净距/mm
避雷引下线	1 000	300
保护地线	50	20
给水管	150	20
压缩空气管	150	20
热力管（不包封）	500	500
热力管（包封）	300	300
煤气管	300	20

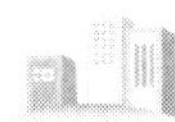

2. 选择线缆和配线设备

为综合布线系统选择线缆和配线设备时，应根据用户要求，并结合建筑物的环境状况来考虑。当建筑物在建或已建成但尚未投入使用时，为确定综合布线系统的选型，应测定建筑物周围环境的干扰场强度，并对系统与其他干扰源之间的距离是否符合规范要求进行摸底。根据取得的数据和资料，用规范中规定的各项指标要求进行衡量，选择合适的器件和采取相应的措施。一般应符合下列规定：

（1）当综合布线区域内存在的电磁干扰场强低于 3 V/m 时，宜采用非屏蔽电缆和非屏蔽配线设备。

（2）当综合布线区域内存在的电磁干扰场强高于 3 V/m，或用户对电磁兼容性有较高要求时，可采用屏蔽布线系统和光缆布线系统。光缆布线具有最佳的防电磁干扰性能，既能防电磁泄漏，也不受外界电磁干扰影响，在电磁干扰较严重的情况下，是比较理想的防电磁干扰布线系统。

（3）当综合布线路由上存在干扰源，且不能满足最小净距要求时，宜采用金属管线进行屏蔽，或采用屏蔽布线系统及光缆布线系统。

3. 过压保护和过流保护

在建筑群子系统设计中，经常有干线线缆从室外引入建筑物的情况，此时如果不采取必要的保护措施，干线线缆就有可能受到雷击、电源接地、感应电势等外界因素的损害，严重时还会损坏与线缆相连接的设备。

（1）过压保护

综合布线系统中的过压保护一般通过在电路中并联气体放电管保护器来实现。气体放电管保护器的陶瓷外壳内密封有两个金属电极，其间有放电间隙，并充有惰性气体。当两个电极之间的电位差超过250 V 交流电压或700 V 雷电浪涌电压时，气体放电管开始导通并放电，从而保护与之相连的设备。

对于低电压的防护，一般采用固态保护器，它的击穿电压为 60 ~ 90 V。一旦超过击穿电压，它可将过压引入大地，然后自动恢复原状。固态保护器通过电子电路实现保护控制，因此比气体放电管保护器反应更快，使用寿命更长。

（2）过流保护

综合布线系统中的过流保护一般通过在电路中串联过流保护器来实现。当线路出现过流时，过流保护器会自动切断电路，保护与之相连的设备。综合布线系统过流保护器应选用能够自恢复的保护器，即过流断开后能自动接通。

在一般情况下，过流保护器的电流值为 350 ~ 500 mA。在综合布线系统中，电缆上出现的低电压也有可能产生大电流，从而损坏设备。在这种情形下，综合布线系统除了要采用过压保护器外，同时还应安装过流保护器。

三、接地系统设计

综合布线系统中配线间、设备间内安装的设备以及从室外进入建筑内的电缆等都需要进行接地处理，以保证设备的安全运行。

1. 接地类型

根据接地的作用不同，有多种接地形式，主要包括直流工作接地、交流工作接地、防雷保护接地、防静电保护接地、屏蔽接地、保护接地等。

（1）直流工作接地

直流工作接地也称信号接地，是为了确保电子设备的电路具有稳定的零电位参考点而设置的接地。

（2）交流工作接地

交流工作接地是为保证电力系统和电气设备达到正常工作要求而进行的接地，220/380 V 交流电源中性点的接地即为交流工作接地。

（3）防雷保护接地

防雷保护接地是为了防止电气设备受到雷电的危害而进行的接地。通过接地装置可以将雷电产生的瞬间高电压泄放到大地中，保护设备的安全。

（4）防静电保护接地

防静电保护接地是为了防止可能产生或聚集静电电荷而对用电设备等进行的接地。为了防静电，设备间一般都敷设了防静电地板，地板的金属支撑架均连接了地线。

（5）屏蔽接地

为了取得良好的屏蔽效果，屏蔽系统要求屏蔽电缆及屏蔽连接器件的屏蔽层连接地线。屏蔽电缆或非屏蔽电缆敷设在金属线槽或管道时，金属线槽或管道也要连接地线。

（6）保护接地

保护接地是为了保障人身安全、防止间接触电而将设备的外壳部分进行接地处理。通常情况下，设备外壳是不带电的，但发生故障时可能造成电源的供电火线与外壳等导电金属部件短路，这些金属部件或外壳就形成了带电体。如果没有良好的接地，带电体和地之间会产生很高的电位差，人不小心触到这些带电的设备外壳，就会通过人体形成电流通路，产生触电危险。因此，必须将金属外壳和大地之间作良好的电气连接，使设备的外壳和大地等电位。

2. 接地要求

根据综合布线相关规范要求，接地要求如下：

（1）直流工作接地电阻一般要求不大于 4 Ω，交流工作接地电阻也不应大于 4 Ω，防雷保护接地电阻不应大于 10 Ω。

（2）建筑物内部应设有一套网状接地网络，保证所有设备共同的参考电位是等电位。

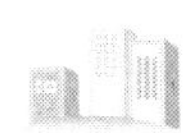

如果综合布线系统单独设置接地系统，且能保证与其他接地系统之间有足够的距离，则接地电阻值规定为小于等于4 Ω。

（3）为了获得良好的接地，推荐采用联合接地方式。所谓联合接地方式，就足将防雷接地、交流工作接地、直流工作接地等统一接到共用的接地装置上。当综合布线采用联合接地系统时，通常利用建筑钢筋作防雷接地引下线，而接地体一般利用建筑物基础内钢筋网作为自然接地体，使整幢建筑的接地系统组成一个笼式的均压整体。联合接地电阻要求小于或等于1 Ω。

（4）接地所使用的铜线电缆规格与接地的距离有直接关系，一般接地距离在30 m以内，接地导线采用直径为4 mm的带绝缘套的多股铜线缆。接地铜缆规格与接地距离的关系可参见表2—8—4。

表2—8—4　　接地铜缆规格与接地距离的关系

接地距离/m	接地导线直径/mm	接地导线截面积/mm^2
<30	4.0	12
30～48	4.5	16
48～76	5.6	25
76～106	6.2	30
106～122	6.7	35
122～150	8.0	50
150～300	9.8	75

（5）楼层安装的各个配线柜（架、箱）应采用适当截面的绝缘铜导线单独布线至就近的等电位接地装置，铜导线的截面应符合设计要求。

（6）线缆在雷电防护区交界处，屏蔽电缆屏蔽层的两端应做等电位连接并接地。

（7）综合布线的电缆采用金属线槽（管）敷设时，金属线槽（管）应保持连续的电气连接，并应有良好接地点不少于两个。

（8）对于屏蔽布线系统接地，一般在配线设备（FD、BD、CD）的安装机柜内设有接地端子。接地端子与屏蔽模块的屏蔽罩相连通，机柜接地端子经过接地导体连至建筑物等电位接地体。

3. 接地系统组成

（1）接地线

接地线是指综合布线系统各种设备与接地母线之间的连线，所有接地线均采用截面不小于4 mm^2的铜质绝缘导线。当综合布线系统采用屏蔽电缆布线时，信息插座的接地可利用电缆屏蔽层作为接地线连至每层的配线柜。

（2）接地母线（层接地端子）

接地母线是水平布线与系统接地线的公用中心连接点。每一层的楼层配线柜与本楼层接地母线相焊接和与接地母线同一配线间的所有综合布线用的金属架及接地干线均与该接地母线相焊接。接地母线采用铜母线，其最小尺寸为 6 mm（厚）×50 mm（宽），长度视工程实际需要来确定。为减小接触电阻，在将导线固定到母线之前，要对母线进行细致的清理。

（3）接地干线

接地干线是由总接地母线引出，连接所有接地母线的接地导线。考虑到建筑物的结构形式、大小以及综合布线的路由与空间配置，为与综合布线电缆干线的敷设相协调，布线系统的接地干线应安装在不受物理和机械损伤的保护处，建筑物内的水管及电缆屏蔽层不能作为接地干线使用。接地干线采用截面不小于 16 mm^2的绝缘铜芯导线。当建筑物中使用两个或多个垂直接地干线时，垂直接地干线之间每隔三层及顶层需用与接地干线等截面的绝缘导线焊接。当接地干线上的接地电位差有效值大于 1V 时，楼层配线间应单独用接地干线接至主接地母线。

（4）主接地母线（总接地端子）

一般情况下，每栋建筑物有一个主接地母线。主接地母线作为综合布线接地系统中接地干线及设备接地线的转接点，其理想位置是在进线间。接地引入线、接地干线、进线间的所有接地线以及与主接地母线在同一配线间的所有综合布线用的机架均应与主接地母线良好焊接。当外线引入电缆配有屏蔽或穿有保护管时，屏蔽层和保护管应焊接至主接地母线。主接地母线应采用铜母线，其最小截面尺寸通常为 6 ~ 100 mm^2，长度可视工程实际需要而定。和接地母线相同，主接地母线也应尽量采用电镀锡以减小接触电阻。如不是电镀，则主接地母线在固定到导线前必须进行清理。

（5）接地引入线

接地引入线指主接地母线与接地体之间的接地连接线，采用 40 mm ×1 mm（或 50 mm ×1 mm）的镀锌扁钢。接地引入线应做绝缘防腐处理，在其出土部位采用适当的防机械损伤措施。接地引入线不宜与暖气管道同沟布放。

（6）接地体

接地体分人工接地体和自然接地体两种。当综合布线采用单独接地系统时，接地体一般采用人工接地体，并应满足以下条件：

- 距离工频低压交流供电系统的接地体不宜小于 10 m。
- 距离建筑物防雷系统的接地体不应小于 2 m。
- 接地电阻不应大于 40 Ω。

当综合布线采用联合接地系统时，一般利用建筑物基础内的钢筋网作为自然接地体，其接地电阻应小于 1 Ω。在实际应用中通常采用联合接地系统，这是因为与单独接地系统相比，联合接地方式具有以下几个显著的优点：

- 当建筑物遭受雷击时，楼层内各点电位分布比较均匀，工作人员及设备的安全能得到较好的保障。同时，大楼的框架结构对中波电磁场能提供 10 ~ 40 dB 的屏蔽效果。

- 容易获得较小的接地电阻。
- 可以节约材料，占地少。

任务实施

一、画出通过市电 + UPS 给配电柜供电的示意图。

二、列举接地系统的结构，解释接地的必要性。

三、简述综合布线电源设计的要点。

总结评价

一、主题讨论

1. 过压保护与过流保护有什么不同？分别采用什么器件？

2. 配线架和电缆屏蔽层必须接地吗？为什么？

二、填写评价表

根据对综合布线系统其他部分设计的了解情况，进行总结，填写评价表2—8—5，给出本任务完成情况的实习成绩。

表 2—8—5　　综合布线系统其他部分设计实习评价表

<table>
<tr><th colspan="2">项目</th><th>项目完成情况叙述</th><th>配分</th><th>自我评分</th><th>同学评分</th><th>教师评分</th></tr>
<tr><td colspan="2">简述综合布线电源设计</td><td></td><td>20</td><td></td><td></td><td></td></tr>
<tr><td colspan="2">说明电磁屏蔽的重要性</td><td></td><td>10</td><td></td><td></td><td></td></tr>
<tr><td colspan="2">解释接地的必要性</td><td></td><td>20</td><td></td><td></td><td></td></tr>
<tr><td colspan="2">列举接地系统的结构</td><td></td><td>20</td><td></td><td></td><td></td></tr>
<tr><td colspan="3">学生解决问题能力</td><td>10</td><td></td><td></td><td></td></tr>
<tr><td rowspan="3">安全文明操作</td><td colspan="2">安全操作（违反一项操作规程扣10分，违反两项扣40分）</td><td>10</td><td></td><td></td><td></td></tr>
<tr><td colspan="2">正确摆放、使用工具、仪表等（未正确摆放或使用错误扣5分）</td><td>5</td><td></td><td></td><td></td></tr>
<tr><td colspan="2">现场整理与设备移交（未移交扣20分，未清理扣5分，清理不干净扣2分）</td><td>5</td><td></td><td></td><td></td></tr>
<tr><td rowspan="2">自我评价</td><td colspan="2" rowspan="2"></td><td>综合评分</td><td colspan="3" rowspan="2">自己签名：</td></tr>
<tr><td></td></tr>
<tr><td rowspan="2">小组评价</td><td colspan="2" rowspan="2"></td><td>综合评分</td><td colspan="3" rowspan="2">项目小组负责人签名：</td></tr>
<tr><td></td></tr>
<tr><td rowspan="2">教师评价</td><td colspan="2" rowspan="2"></td><td>综合评分</td><td colspan="3" rowspan="2">教师签名：</td></tr>
<tr><td></td></tr>
</table>

项目三　综合布线系统测试与验收

综合布线系统是智能建筑的神经网络，其性能决定了智能建筑信息传输的可靠性和高效性。大量的实践证明，70%以上的信息传输故障是由综合布线系统的质量问题引起的。要保证综合布线工程的质量，必须在整个施工过程中进行严格的测试，如施工前的产品性能测试、施工过程中的连通性测试、完工后的验收测试等。与之对应，综合布线工程的验收工作也贯穿于整个综合布线工程的施工过程，如开工前检查、随工验收、初步验收、竣工验收等。

任务一　测 试 电 缆

任务描述

在综合布线系统中，缆线和连接硬件的质量以及施工工艺都会直接影响网络的正常运行。综合布线系统中使用的电缆主要用于配线子系统和跳线，其故障可分为电气故障和连接故障，其中，电气故障大多是指电缆在信号传输过程中达不到设计要求；连接故障则是由于施工工艺或对电缆的意外损伤所造成的，如施工过程中电缆的过度弯曲、过度拉伸和过度靠近干扰源等。本任务要求：

- 完成双绞线连通性测试。
- 完成双绞线性能测试。

基础知识

一、测试标准

综合布线系统的测试标准是与其设计标准对应的。目前，综合布线系统工程的测试主要遵循国家标准《综合布线系统工程验收规范》（GB 50312—2007），适当参照国际标准568A TSB—67《现场测试非屏蔽对绞（UTP）电缆布线系统传输性能技术规范》和568B。

1. EIA/TIA 568A TSB—67

EIA/TIA568A TSB—67于1995年10月由美国国家标准协会制定并正式通过，它定义了电缆布线现场测试的内容、方法及对测试仪器的要求。它是3类、4类、5类综合布线系绕的测试标准，其所定义的内容已经成为测试各类型双绞线电缆链路的基本内容。

2. EIA/TIA 568B

EIA/TIA 568B 取代了 ANSI/TIA/EIA 568A 标准和所有附录，包括 5 类、超 5 类和 6 类电缆系统要求，分别对应于 ISO/IEC 11801 第二版 2002 中的 D、E 级。

3. 国家标准

我国使用的最新国家标准为《综合布线系统工程验收规范》（GB 50312—2007），该标准包括了目前使用最广泛的 5 类电缆、5e 类电缆、6 类电缆和光缆的测试方法。与 EIA/TIA 568B 基本兼容，且更符合我国的国情。

二、测试的类型

布线测试一般分为验证测试和认证测试两类。

1. 验证测试

验证测试又称随工测试，是边施工边测试，主要检测线缆的质量和安装工艺，及时发现并纠正问题，避免返工。验证测试不需要使用复杂的测试仪，只需使用能测试接线通断和线缆长度的测试仪。因为在竣工检查中，短路、反接、线对交叉、链路超长等问题几乎占整个工程质量问题的 80%，这些问题应在施工初期通过重新端接、调换线缆、修正布线路由等措施来解决。

2. 认证测试

认证测试又称验收测试，是所有测试工作中最重要的环节，是在工程验收时对综合布线系统的安装、电气特性、传输性能、设计、选材和施工质量的全面检验。综合布线系统的性能不仅取决于综合布线方案设计和工程中所选的器材的质量，也取决于施工工艺。认证测试是检验工程设计水平和工程质量总体水平的行之有效的手段，所以综合布线系统必须进行认证测试。

认证测试通常分为两种类型，即自我认证测试和第三方认证测试。

（1）自我认证测试

自我认证测试由施工方自行组织，按照设计施工方案对所有链路进行测试，确保每条链路符合标准要求。如果发现未达标链路，应进行整改，直至复测合格为止；同时，需要编制确切的测试技术档案，写出测试报告，交建设方存档。测试记录应准确、完整、规范，便于查阅。由施工方组织的认证测试可邀请设计、施工监理方等共同参与，建设方也应派遣网络管理人员参加测试工作，了解测试过程，方便日后的管理与维护。

认证测试是设计、施工方对所承担的工程所进行的总结性质量检验，承担认证测试工作的人员应当经过测试仪供应商的技术培训并获得资格认证。例如，如果认证测试使用 FLUKE 公司的 DTX 系列测试仪，测试人员应当获得 FLUKE 公司布线系统测试工程师资格认证。

（2）第三方认证测试

综合布线系统是计算机网络的基础工程，工程质量直接影响建设方的计算机网络能否按照设计要求顺利开通，网络系统能否正常运转，这是建设方最关心的问题。随着网络技术的发展，对综合布线系统施工工艺的要求不断提高，越来越多的建设方不但要求综合布线施工方提供综合布线系统的自我认证测试，也会委托第三方对系统进行验收测试，以确保布线施工的质量，这是对综合布线系统验收质量管理的规范化做法。

第三方认证测试目前主要采用两种做法：

- 对工程要求高，使用器材类别高，投资较大的工程，建设方除要求施工方做自我认证测试外，还应邀请第三方对工程做全面验收测试。
- 建设方在施工方做自我认证测试的同时，请第三方对综合布线系统链路做抽样测试。按工程规模确定抽样样本数量，一般 1 000 个信息点以上的工程抽样 30%，1 000 个信息点以下的工程抽样 50%。

衡量、评价一个综合布线工程的质量优劣，唯一科学、有效的途径就是进行全面现场测试。目前，综合布线系统是工程界少有的已具备完备的全套验收标准，并可以通过验收测试来确定工程质量水平的项目之一。

三、电缆的认证测试模型

在我国国家标准《综合布线系统工程验收规范》（GB 50312—2007）中规定了三种测试模型，即基本链路模型、信道模型和永久链路模型。3 类和 5 类布线系统按照基本链路模型和信道模型进行测试，5e 类和 6 类布线系统按照永久链路模型和信道模型进行测试。

1. 基本链路模型

基本链路包括三部分：最长为 90 m 的在建筑物中固定的水平布线电缆、水平电缆两端的接插件（一端为工作区信息插座，另一端为楼层配线架）以及两条与现场测试仪相连的 2 m 测试设备跳线。基本链路模型如图 3—1—1 所示，图中 F 是信息插座至配线架之间的电缆，G、E 是测试设备跳线。F 是综合布线施工承包商负责安装的，链路质量由其负责，所以基本链路又称承包商链路。

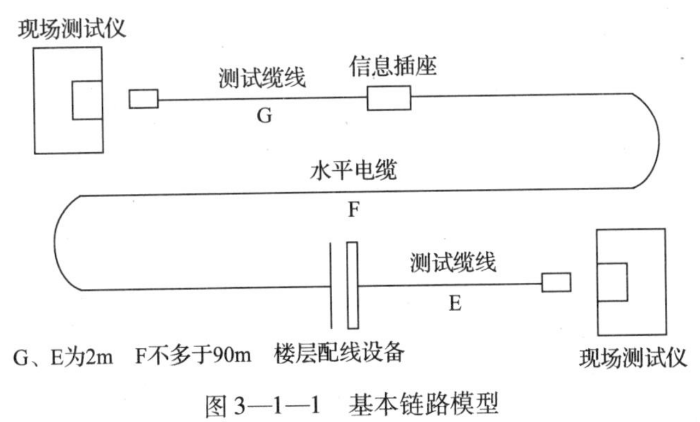

图 3—1—1　基本链路模型

2. 信道模型

信道是指从网络设备跳线到工作区跳线的端到端的连接，它包括最长 90 m 的在建筑物中固定的水平电缆、水平电缆两端的接插件（一端为工作区信息插座，另一端为配线架）、一个靠近工作区的可选的附属转接连接器、最长 10 m 的在楼层配线架和用户终端的连接跳线，信道最长为 100 m。信道模型如图 3—1—2 所示，A 是工作区终端设备电缆，B 是 CP 缆线，C 是水平缆线，D 是配线设备连接跳线（最大 2 m），E 是配线设备到设备的连接电缆，B 和 C 总计最大长度为 90 m，A、D 和 E 总计最大长度为 10 m。信道测试的是网络设备到计算机间端到端的整体性能，是用户所关心的，所以信道又被称为用户链路。

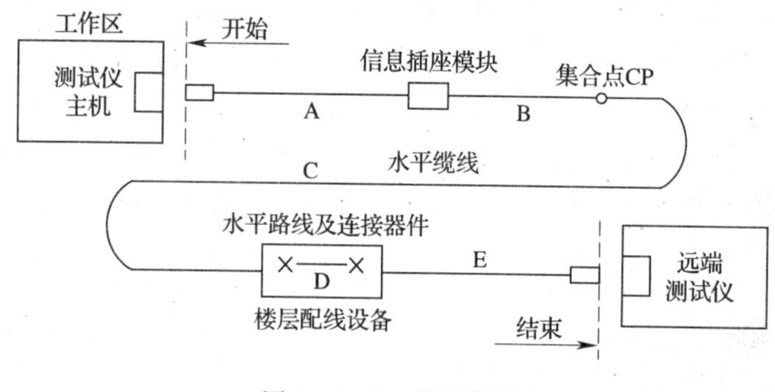

图 3—1—2　信道模型

3. 永久链路模型

基本链路包含的两根各 2 m 长的测试跳线是与测试设备配套使用的，虽然它的品质很高，但随着测试次数的增加，测试跳线的电气性能指标可能发生变化并导致测试误差，这种误差会包含在总的测试结果中，直接影响测试结果的精度。因此，在超 5 类、6 类标准中，测试模型有了重要变化，弃用了基本链路的定义，而采用永久链路的定义。

永久链路又称固定链路，由最长为 90 m 的水平电缆、水平电缆两端的接插件（一端为工作区信息插座，另一端为楼层配线架）和链路可选的转接连接器组成，不再包括两端的 2 m 测试电缆。永久链路模型如图 3—1—3 所示，H 是从信息插座至楼层配线设备（包括集合点）的水平电缆，H 的最大长度为 90 m。永久链路测试模型使用永久链路适配器连接测试仪表和被测链路，测试仪表能自动扣除测试跳线的影响，排除测试跳线在测量过程中本身带来的误差。因此，从技术上消除了测试跳线对整个链路测试结果的影响，使测试结果更准确、更合理。

四、测试内容

根据《综合布线系统工程验收规范》（GB 50312—2007）中的定义，电缆系统测试分为基本项目测试和任选项目测试。基本项目测试包含接线图、长度、衰减、近端串扰等，任选项目测试包含除基本测试以外的项目。目前，除部分语音布线还在采用 6 类双绞线之

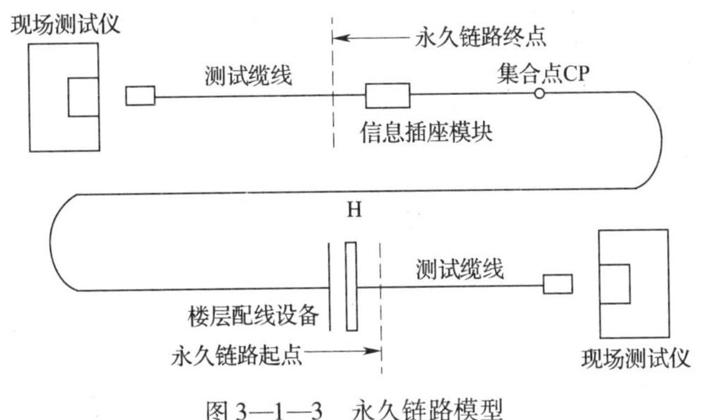

图 3—1—3　永久链路模型

外，数据部分已经有了超 5 类和 6 类两种。超 5 类和 6 类布线系统在 5 类布线四个基本测试项目（接线图、长度、衰减和近端串扰等）的基础上，增加了回波损耗、衰减串扰比、近端串扰、等电平远端串扰、远端串扰功率和传输延迟偏差、环路电阻和阻抗等技术参数的测试。

1. 接线图测试

电缆安装是一个以工艺为主的工作，没有人能够完全无误地工作，为确保安装满足性能和质量的要求就必须进行接线图（Wire Map）测试。EIA/TIA T568A 和 EIA/TIA T568B 标准规定了接线和信息模块的端接方法。严格按照 T568A 和 T568B 标准的接线方法端接，可以避免接线错误。T568A 标准描述的线序从左到右依次为：1—白绿、2—绿、3—白橙、4—蓝、5—白蓝、6—橙、7—白棕和 8—棕，如图 3—1—4 所示。T568B 标准描述的线序从左到右依次为：1—白橙、2—橙、3—白绿、4—蓝、5—白蓝、6—绿、7—白棕和 8—棕，如图 3—1—5 所示。在网络施工时，可采用任何一种标准，但所有的布线设备及布线施工必须采用同一标准，不要此处是 T568A 标准，而彼处是 T568B 标准；否则，可能会导致网络的连接性问题。

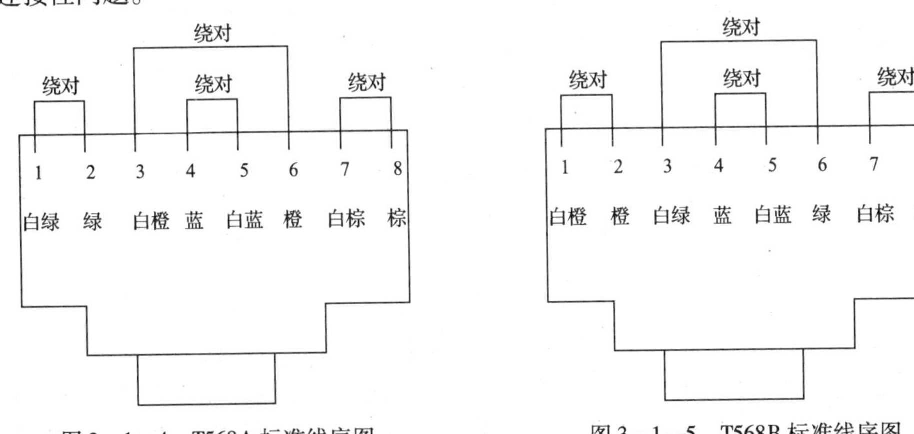

图 3—1—4　T568A 标准线序图　　图 3—1—5　T568B 标准线序图

接线图测试主要测试配线电缆终接在工作区和电信间配线设备的安装连接是否正确。如图 3—1—6 所示为接线图测试时可能出现的几种结果。

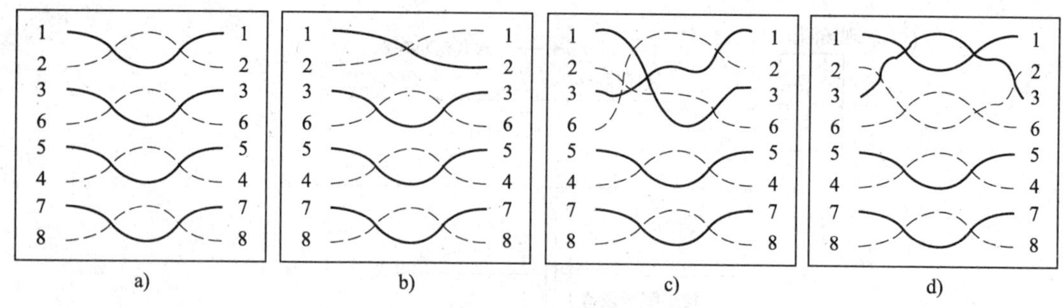

图 3—1—6　接线图测试的可能结果

a）正确连接　b）反向线对　c）交叉线对　d）串对

反向线对是指同一线对的两端针位接反。交叉线对是指不同线对的线芯发生交叉连接，形成不可识别的回路。串对是指将原来的线对分别拆开重新组成新的线对。出现串对故障时端与端的连通性正常，用一般的万用表或简单电缆测试能手检测不出来，需要使用专门的电缆认证测试仪（Fluke 的 DSP 4000 或 DTX 系列）才能检测出来。

2. 长度测试

链路的长度可以通过电子长度测量来估算，电子长度测量是基于链路的传输延迟和电缆的额定传播速率（Nominal Velocity of Propagation，NVP）值而实现的。*NVP* 表示电信号在电缆中传输速度与光在真空中传输速度 *C* 的比值。当测量了一个信号在链路往返一次的时间 *T* 后，就得知电缆的 *NVP* 值，从而计算出链路的电子长度 *L*，其计算公式为：

$$L = T \times NVP \times C/2$$

这里要进一步说明，由于电缆厂商对电缆的 *NVP* 值的标定有相当大的不确定性，所以，要获得比较精确的链路长度，就应该在综合布线链路长度测试之前，用现场测试仪对同一批号的电缆进行校正测试，以获得精确的 NVP 值。校正的方法很简单，可以使用一段已知长度（最少 15 m）的典型同批号电缆来调整测试仪的长度读数至已知长度，这样测试仪就会自动校正 *NVP* 值。一般来说，按 10% 的误差计算，修正后的通过/未通过长度参数是：

- 信道链路的最大长度：100 + 100 × 10% = 110 m。
- 基本链路的最大长度：94 + 94 × 10% = 103.4 m。
- 永久链路的最大长度：90 + 90 × 10% = 99 m。

若测试仪显示“ * ”，则表示为临界值，表明测试结果不可信，要引起用户和施工者的注意。

3. 衰减测试

衰减是一个信号损失度量，是指信号在一定长度的线缆中的损耗，单位是“dB”。衰减与线缆的长度有关，随着长度增加，信号衰减也随之增加；同时，衰减随频率而变化，所以应测量应用范围内全部频率上的衰减。例如，测量 5 类线缆信号的衰减，要从 1 ~ 100 MHz 以最大步长为 1 MHz 来进行。对于 3 类线缆测试频率范围是 1 ~ 16 MHz，4 类线缆的测试频率范围是 1 ~ 20 MHz。衰减还随着温度的升高而增加：对于 3 类线缆每升高 1℃，

衰减增加 1.5%；对于 4 类和 5 类线缆每升高 1℃，衰减增加 0.4%；当电缆安装在金属管槽内时，链路的衰减增加 2% ~3%。

现场测试设备应测量出安装的每一对线的衰减最严重情况，并且通过将衰减最大值与衰减允许值比较后，给出合格（Pass）或不合格（Fail）的结论。如果合格，则给出处于可用频宽内（5 类线缆是 1 ~100 MHz）的最大衰减值；如果不合格，则给出不合格时的衰减值、测试允许值及所在点的频率。

4. 近端串扰测试

串扰是一个信号耦合度量。当人们在对绞电缆的一对线上发送信号时，将会在另一对相邻的线上收到信号，这种现象叫作串扰。串扰分近端串扰（NEXT）和远端串扰（FEXT）两种。近端串扰是指处于缆线一侧的某发送线对的信号对同侧的其他相邻线对所造成的信号耦合。近端串扰用近端串扰损耗值 dB 来度量。高的近端串扰值意味着只有很少的能量从发送信号线对耦合到同一电缆的其他线对中，也就是耦合过来的信号损耗大。

近端串扰并不表示在近端所产生的串扰，它只表示在近端所测量到的值，其测量值会随电缆长度的变化而变化，电缆越长，近端串扰值越小，实践证明，在 40 m 内测得的近端串扰值是真实的，并且近端串扰值应分别从通道的两端进行测量。现在的测试仪都有在一端同时进行两端的近端串扰测量的功能。

对于对绞电缆链路，近端串扰是一个关键的性能指标，也是最难精确测量的一个指标，尤其是随着信号频率的增加其测量难度更大。在测量近端串扰时，采用频率点步长法，频率点的步长越小，测量就越准确。TIA/EIA 568B 定义的近端串扰测量最大频率步长如下：

测试范围：1 ~31.25 MHz，　最大步长为 0.15 MHz；

31.26 ~100 MHz，最大步长为 0.25 MHz；

100 ~250 MHz，　最大步长为 0 50 MHz。

另外，测试对绞电缆的近端串扰值时，需要在每一对线之间进行测试。也就是说，对于 4 对对绞电缆来说，有 6 个测试值。

3 类和 5 类水平链路及信道的测试项目及性能指标应符合表 3—1—1 和表 3—1—2 的要求（测试条件为环境温度 20℃）。

表 3—1—1　　3 类水平链路及信道性能指标

频率（MHz）	基本链路性能指标		信道性能指标	
	近端串扰（dB）	衰减（dB）	近端串扰（dB）	衰减（dB）
1.00	40.1	3.2	39.1	4.2
4.00	30.7	6.1	29.3	7.3
8.00	25.9	8.8	24.3	10.2
10.00	24.3	10.0	22.7	11.5
16.00	21.0	13.2	19.3	14.9
长度（m）	94		100	

表 3—1—2　　5 类水平链路及信道性能指标

频率（MHz）	基本链路性能指标		信道性能指标	
	近端串扰（dB）	衰减（dB）	近端串扰（dB）	衰减（dB）
1.00	60.0	2.1	60.0	2.5
4.00	51.8	4.0	50.6	4.5
8.00	47.1	5.7	45.6	6.3
10.00	45.5	6.3	44.0	7.0
16.00	43.3	8.2	40.6	9.2
20.00	40.7	9.2	39.0	10.3
25.00	39.1	10.3	37.4	11.4
31.25	37.6	11.5	35.7	12.8
62.50	32.7	16.7	30.6	18.5
100.00	29.3	21.6	27.1	24.0
长度（m）	94		100	

上面所述是测试的主要内容，但某些型号的测试仪还给出直流环路电阻、特性阻抗、衰减串扰比和回波损耗等参数值。

- 直流环路电阻。直流环路电阻会消耗一部分信号能量并转变成热量，它是指一对电线电阻的和，ISO 11801 规定不得大于 19.2 Ω。每对间的差异不能太大（小于 0.1 Ω）；否则表示接触不良，必须检查连接点。
- 特性阻抗。与环路直流电阻不同，特性阻抗包括电阻及频率在 1 ~ 100 MHz 间的电感抗及电容抗，它与一对电线之间的距离及绝缘体的电气特性有关。各种电缆有不同的特性阻抗，对双绞电缆而言，则有 100 Ω、120 Ω 及 150 Ω 几种。
- 衰减串扰比。衰减串扰比（ACR）类似信号噪声比，是衰减与串扰的计算结果。

ACR = 近端串扰 - 衰减

其含义是一对线对感应到的泄漏信号（NEXT）与预期接收到的正常的经过衰减的信号的比较，最后的 ACR 值应该是越大越好。

- 回波损耗。回波损耗是关心某一频率范围内反射信号的功率，与特性阻抗有关，具体表现为电缆制造过程中的结构变化、连接器和安装三个主要因素。

五、常用电缆测试设备

综合布线工程中使用的电缆测试设备有很多种，通常统称为现场测试仪。下面介绍其中常用的三种测试设备。

1. 万用表

万用表是一个能够进行多方面测试的多功能设备，如图 3—1—7 所示。万用表有一个选择按钮，通过它可以选择要进行的测试。电压挡可以测试电路的电压，欧姆挡可以测试电路的阻抗，微安挡可以测试电路的电流。万用表有两个测试探针与被测试电路相连，探针插接正确后，就可以进行测量了。

在综合布线工程中可以使用万用表中的欧姆挡判断出通信电缆中存在的基本故障。可以通过欧姆挡测试通信电缆阻抗，判断水平布线或干线布线的电缆是否端接正确，是否存在短路或开路情况。测试电缆线对时，如果电缆线对表现出极低的阻抗，则表明电缆线对短路；如果电缆表现出极高的阻抗或者阻抗无穷大，则表明电缆线对开路。

数字式万用表可以测试电缆的直流阻抗，直流阻抗的值可以大致反映出一条电缆的长度。对于超5类UTP电缆和6类UTP电缆而言，直流阻抗的测量并不是必需的，但是这种测试对判断电缆连接是否正确，以及电缆穿过电缆链路时是否绷紧是很有用的。

2. 连通性测试仪

连通性测试仪是另一种简单的测试设备，主要用于电缆连通性的测试，它的测试速度比万用表快。连通性测试仪由基座和远端两部分组成，如图3—1—8所示。测试时，基座部分放在链路的一端，远端部分放在链路的另一端。基座部分可以沿双绞线电缆的所有线对加电压，远端部分与线对相连的每一个部分都有一个LED发光管。连通性测试仪能够测试出的双绞线电缆链路故障有开路、短路、线对交叉、电缆端接不良等。

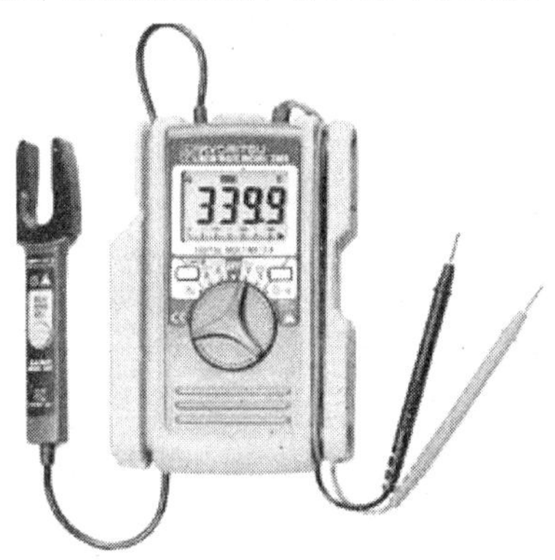

图3—1—7　万用表

图3—1—8　连通性测试仪

测试仪工作时，基座部分对双绞线电缆链路的每个线对加一个电压，电压依次加到线对1~线对4上。如果线对1是连通的，远端部分的第一个LED发光管就会亮；如果线对1有问题，远端部分的第一个LED发光管就不会亮，这个工序在4个线对上依次进行。

连通性测试仪通过基座部分和远端部分的LED发光管还可以诊断其他配线错误。如果远端的LED发光管光线很弱，表明双绞线电缆链路端接不良，或者是电缆链路中的某些地方线路接触不良，导致线对上的损耗过大。如果远端部分的几个LED发光管同时亮，说明电缆中存在短路。如果测试时发现在基座部分的线对1的LED发光管亮时，远端部分的另一个线对的LED发光管亮，表明电缆链路的某些地方有线对交叉。

连通性测试仪的优势是操作简单，可以快捷地进行双绞线电缆链路的测试，但不能在指定的频率范围内测试衰减和近端串扰等参数。

3. 电缆分析仪

电缆分析仪是一种较为复杂的测试设备，如图3—1—9所示为FLUKE DTX—1800型电缆分析仪，这种测试仪可以进行基本的连通性测试，也可以进行比较复杂的电缆性能测试，能够完成指定频率范围内衰减、近端串扰等各种参数的测试，从而确定其是否能够支持高速网络。

电缆分析仪一般包括基座和远端两个部分。基座部分可以生成高频信号，这些信号可以模拟高速局域网设备发出的信号。电缆分析仪可以将高频信号输入双绞线布线系统来测试它们在系统中的传输性能。电缆分析仪是评估5类、超5类和6类布线系统的最常用的测试设备，综合布线工程在认证验收测试中使用的测试仪必须是电缆分析仪。

任务实施

一、双绞线连通性测试

以Fluke MicroScanner Pro网络测试仪（见图3—1—10）为例，说明双绞线的接线图测试、连通性测试和线缆长度测试的步骤。

图3—1—9　Fluke DTX—1800电缆分析仪

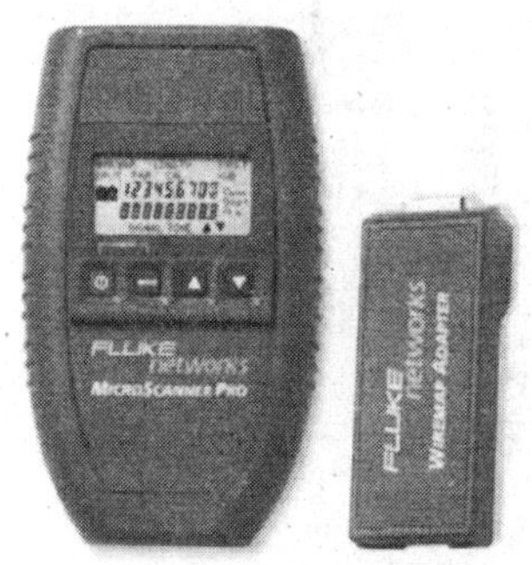

图3—1—10　Fluke MicroScanner Pro网络测试仪

1. 双绞线接线图测试，测试步骤见表3—1—3

表3—1—3　测试分析

步骤	图示
第一步：连接双绞线。将需测试双绞线的一端插入微扫描器上的1WUN口，另一端插入线序适配器	

续表

步骤		图示
第二步：测试双绞线。按下 ON/OFF 按钮，打开电源开关。按下 MODE 按钮，直至在液晶显示屏上出现 WIREMAP 字样。此时将显示测试结果，测试结果均以数字表示。上面一行显示的是微扫描器插头处（即插于 MAIN 口）检测到的线路，下面一行显示的则是实际接线情况		
第三步：观察结果	①连接正确	WIREMAP 123456780 123456780
	②反向线对连接错误。当出现故障时，液晶显示屏上将显示“FAULT”字样。右图所示为“第 3—6 对”反向线对故障	WIREMAP FAULT 12345678 12645378
	③交叉线对连接错误。右图所示为“第 4—5，第 3—6 对”交叉线对故障	WIREMAP FAULT 12345678 12436578
	④串对连接错误。右图所示为“第 1—2，第 3—6 对”串对故障	WIREMAP SPLIT PAIR 123456780 123456780
	⑤短路故障。当两根线路在内部相连，即短路时，短路所对应的针脚数字将变成括弧，液晶显示屏上将显示 Short 字样	WIREMAP FAULT 123456780 3456780 Short
	⑥断路故障。当线路的两端不通，即断路时，不通线路所对应的针脚数字指示灯将变成空白，液晶显示屏上将显示 Open 字样	WIREMAP 12345678 Open 123 678

2. 双绞线连通性测试

与跳线测试不同，配线架至信息插座的连通性必须借助线序适配器才能完成测试，步骤见表3—1—4。

表3—1—4　　配线架至信息插座连通性测试步骤

步骤	图示
第一步：准备两根连通性完好的跳线	
第二步：使用一根跳线连接配线架上欲测端口和线序适配器	
第三步：使用另一根跳线连接信息插座（与上一步配线架端口对应）与MicroScanner Pro的MAIN端口	
第四步：观察结果。同“双绞线接线图测试”	

3. 线缆长度测试

无论是以太网、快速以太网还是千兆以太网，对线路的长度都做出了明确的规定。利用MicroScanner Pro就可以测量线缆的长度是否符合标准。测试步骤见表3—1—5。

表 3—1—5　　　　　　　　　　　　线缆长度测试步骤

步骤	图示
第一步：插入网线。将需测试（或已知长度）双绞线的一端插入微扫描器上的 MAIN 口，另一端空置	
第二步：校准 NVP 值。首先，关闭 MicroScanner Pro 之后，按住 MODE 按钮的同时按下 ON/OFF 按钮，进入校准状态。然后，通过使用“▲”或“▼”按钮调整 NVP 值	
第三步：测量线缆长度。将欲测量网线的一端插入微扫描器上的 MAIN 口后，按下 ON/OFF 按钮打开 MicroScanner。按下 MODE 按钮，直至液晶显示屏上显示 LENGTH 字样，网线的长度即可显示出来。按下“▲”或“▼”按钮，则可分别查看各配对线路的长度	

二、双绞线性能测试

为了有效地实现一个综合布线系统设计的带宽和传输速率，在保证链路连通性完好的同时，还应该进行双绞线性能测试。下面以 Fluke DTX 系列电缆分析仪为例，介绍双绞线性能测试的要点和步骤，见表 3—1—6。

表 3—1—6　　　　　　　　双绞线性能测试要点和步骤

步骤	图示
第一步：选择双绞线链路测试模块	

续表

<table>
<tr><th colspan="2">步骤</th><th>图示</th></tr>
<tr><td rowspan="2">第二步：确定测试模型和电缆类型</td><td>永久链路测试：主副机各安装一个 DTC—PLA001 永久链路适配器，末端加装 PM06 个性化模块</td><td> 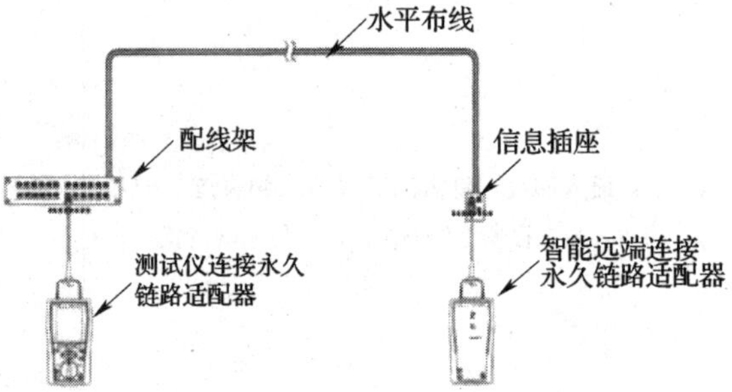水平布线
配线架
信息插座
测试仪连接永久链路适配器
智能远端连接永久链路适配器</td></tr>
<tr><td>通道测试：主副机各安装一个 DTC—PLA001 通道适配器</td><td> 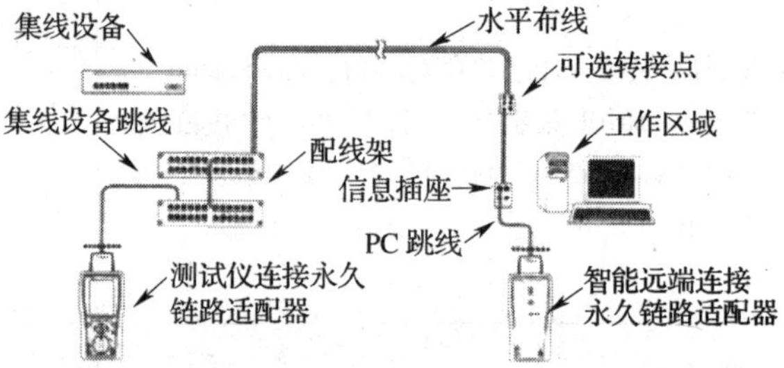集线设备
水平布线
可选转接点
集线设备跳线
工作区域
配线架
信息插座
PC 跳线
测试仪连接永久链路适配器
智能远端连接永久链路适配器</td></tr>
<tr><td rowspan="2">第三步：设置参数</td><td>选择双绞线和测试极限值</td><td> 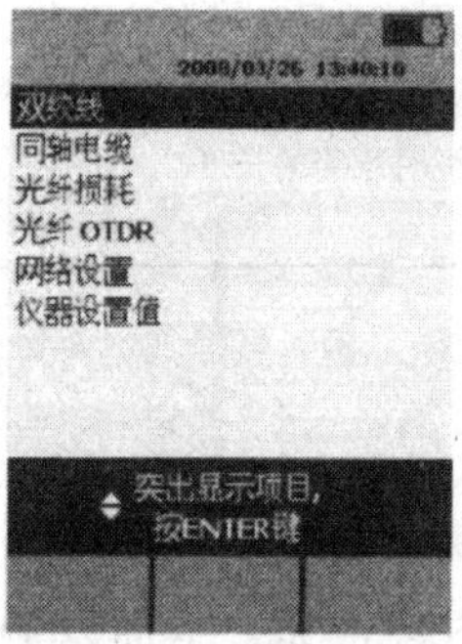2008/03/26 13:40:10
双绞线
同轴电缆
光纤损耗
光纤 OTDR
网络设置
仪器设置值
突出显示项目，按ENTER键 

双绞线
1 2
测试极限值
TIA Cat 6 Perm. Link
缆线类型
Cat 6 UTP
NVP
69.0
插座配置
T568B
突出显示项目，按ENTER键</td></tr>
<tr><td>选择测试标准和测试模型</td><td> 测试极限值
TIA Cat 6 Perm. Link
上次使用
TIA
ISO
定制
Aus/NZ
China
EN
Japan
Korea
突出显示项目，按ENTER键
页面上一页 页面下一页 

双绞线
2008/03/26 14:06:30
TIA Cat 6 Channel
Cat 6 UTP
T568B
操作员： Your Name
地点： Client Name
资料夹： DEFAULT
存储绘图数据： 是
按TEST键
内存</td></tr>
</table>

续表

<table>
<tr><th colspan="2">步骤</th><th>图示</th></tr>
<tr><td>第三步：设置参数</td><td>选择线缆类型</td><td>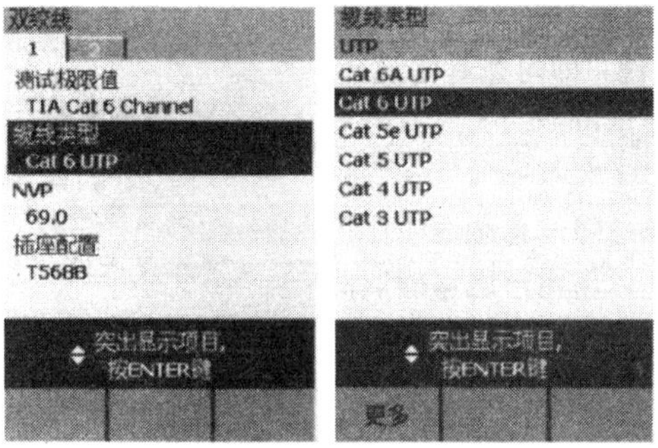
</td></tr>
<tr><td colspan="2">第四步：测试及结果
通过：显示为绿色，表示所有参数均在极限设置范围内
通过＊：显示为黄色，表示有参数不在确定的范围内，并在对应参数前标注蓝色＊
失败＊：显示为红色，表示有参数性能接近失败，并在对应参数前标注红色＊
失败：显示为红色，表示有参数性能超出预先设定的极限值</td><td>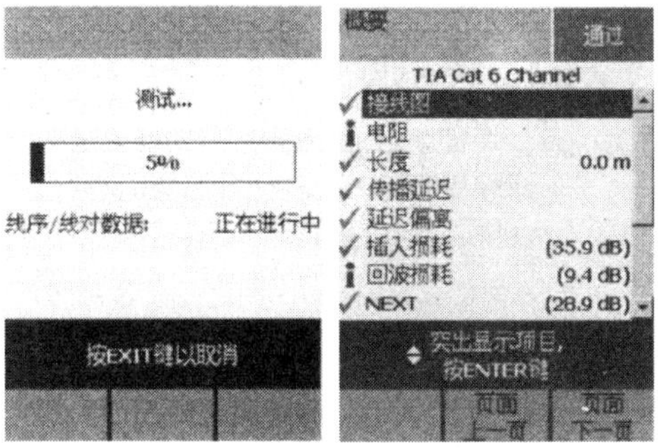
</td></tr>
</table>

总结评价

一、主题讨论

1. 电缆的认证测试包括哪几种模型？说说它们的区别。

2. 一般来说，综合布线系统测试包括器材测试、随工测试和认证测试三个主要阶段，每个阶段该如何实施？

二、填写评价表

根据对电缆测试了解的情况，进行总结，填写评价表（见表3—1—7），给出本任务完成情况的实习成绩。

表3—1—7　　　　测试电缆实习评价表

<table>
<tr><td colspan="2">项目</td><td>项目完成情况叙述</td><td>配分</td><td>自我评分</td><td>同学评分</td><td>教师评分</td></tr>
<tr><td colspan="2">列举综合布线系统的测试标准</td><td></td><td>20</td><td></td><td></td><td></td></tr>
<tr><td colspan="2">说明综合布线系统的测试类型</td><td></td><td>10</td><td></td><td></td><td></td></tr>
<tr><td colspan="2">列举电缆测试的主要内容</td><td></td><td>20</td><td></td><td></td><td></td></tr>
<tr><td colspan="2">使用测试工具测试电缆</td><td></td><td>20</td><td></td><td></td><td></td></tr>
<tr><td colspan="3">学生解决问题的能力</td><td>10</td><td></td><td></td><td></td></tr>
<tr><td rowspan="3">安全文明操作</td><td colspan="2">安全操作（违反一项操作规程扣10分，违反两项扣40分）</td><td>10</td><td></td><td></td><td></td></tr>
<tr><td colspan="2">正确摆放、使用工具和仪表等（未正确摆放或使用错误扣5分）</td><td>5</td><td></td><td></td><td></td></tr>
<tr><td colspan="2">现场整理与设备移交（未移交扣20分，未清理扣5分，清理不干净扣2分）</td><td>5</td><td></td><td></td><td></td></tr>
<tr><td rowspan="2">自我评价</td><td colspan="2" rowspan="2"></td><td>综合评分</td><td colspan="3" rowspan="2">自己签名：</td></tr>
<tr><td></td></tr>
<tr><td rowspan="2">小组评价</td><td colspan="2" rowspan="2"></td><td>综合评分</td><td colspan="3" rowspan="2">项目小组负责人签名：</td></tr>
<tr><td></td></tr>
<tr><td rowspan="2">教师评价</td><td colspan="2" rowspan="2"></td><td>综合评分</td><td colspan="3" rowspan="2">教师签名：</td></tr>
<tr><td></td></tr>
</table>

拓展实训

1. 实训目的

熟悉DTX—LT测试仪的使用方法；掌握使用DTX—LT测试仪测试电缆的各项认证参数的方法和步骤。

2. 实训内容

进行超5类或6类电缆布线系统的认证测试（包括永久链路和通道链路）。

3. 实验仪表和器材见表 3—1—8

表 3—1—8　　实验仪表和器材表

名称	数量
DTX—LT 测试仪	1 台
永久链路适配器	2 个
超 5 类或 6 类配线电缆布线通道	90 m
跳线	2 条

4. 实验装置

通道链路测试的连接装置如图 3—1—11 所示，测试仪的主机和远端通过两条跳线分别连接至配线架和数据插座。

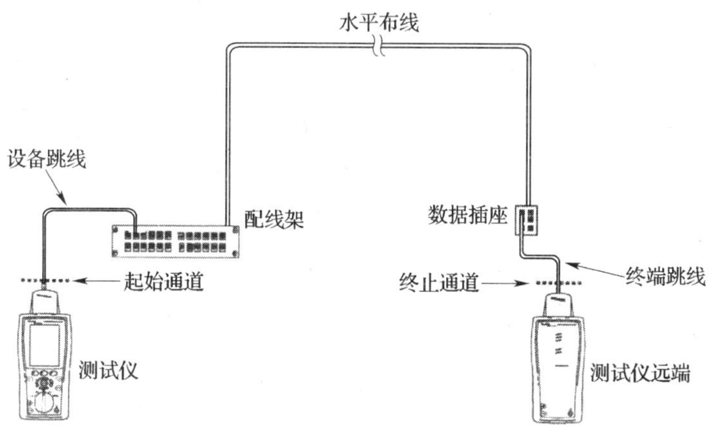

图 3—1—11　通道链路测试的连接装置

5. 实训步骤

（1）按图 3—1—11 所示连接测试仪和测试仪远端。

（2）将旋转开关转至 SETUP（设置），然后选择双绞线/缆线类型列表/5e 类或 6 类。

（3）选择执行任务所需的测试极限值。

（4）将旋转开关转至 AUTOTEST，开启智能远端。

（5）按测试仪或智能远端的“TEST”键，若要停止测试，请按“EXIT”键。

（6）测试仪会在完成测试后显示“自动测试概要”屏幕（若要查看特定参数的测试结果，使用“▲”或“▼”键来突出显示该参数，然后按“ENTER”键）。

（7）如果自动测试失败，按“F1”错误信息键查看可能的失败原因。

（8）保存测试结果，按“SAVE”键，选择或建立一个缆线标识码，然后再按一次“SAVE”键。

（9）将测试仪的智能远端适配器和设备跳线、终端跳线换成永久链路适配器，重复上述（2）~（8）步，完成电缆的永久链路测试。

（10）将测试结果上载至PC。

（11）生成测试报告。

6. 测试记录

测试记录内容和形式应符合表3—1—9的要求。

表3—1—9　　综合布线系统电缆（链路/信道）性能指标测试记录

日期：　　　　　　　　　　　　测试仪器：

工程项目名称：									
序号	编号			内容					
				电缆系统					
	地址号	缆线号	设备号	长度	接线图	衰减	近端串扰	电缆屏蔽层连通性	备注
处理情况：									
测试人：									

拓展知识

在双绞线测试过程中，经常会碰到某些测试项目不合格的情况。这就需要人们能正确理解各测试参数的内涵，分析其不合格的原因，并依靠测试仪定位故障，从而找到相应的解决办法。下面将介绍测试过程中经常出现的问题及相应的解决办法。

一、接线图测试未通过的原因及解决方法

1. 接线图测试未通过的原因

（1）双绞线电缆两端的接线线序不对，造成测试接线图出现交叉现象。

（2）双绞线电缆两端的接头有短路、断路、交叉、破裂等现象。

（3）某些网络特意需要发送端和接收端跨接，当测试这些网络链路时，由于设备线路的跨接，测试接线图会出现交叉现象。

2. 接线图测试未通过问题的解决方法

（1）对于双绞线电缆两端接线线序不对的情况，可以采取重新端接的方式来解决。

（2）对于双绞线电缆两端的接头出现的短路、断路等现象，首先应根据测试仪显示的接线图判定双绞线电缆的哪一端出现了问题，然后重新端接。

（3）对于跨接问题，应确认其是否符合设计要求。

二、链路长度测试未通过的原因及解决方法

1. 链路长度测试未通过的原因

（1）测试仪 NVP 设置不正确。

（2）实际长度超长，如双绞线电缆信道长度不应超过 100 m。

（3）双绞线电缆开路或短路。

2. 链路长度测试未通过问题的解决方法

（1）可用已知的电缆确定并重新校准测试仪 NVP。

（2）对于电缆超长问题，只能通过重新布设电缆来解决。

（3）对于双绞线电缆开路或短路的问题，首先要根据测试仪显示的信息，准确地定位电缆开路或短路的位置，然后重新端接电缆。

三、近端串扰测试未通过的原因及解决方法

1. 近端串扰测试未通过的原因

（1）双绞线电缆端接点接触不良。

（2）双绞线电缆远端连接点短路。

（3）双绞线电缆线对扭绞不良。

（4）存在外部干扰源影响。

（5）双绞线电缆和连接硬件性能问题，或二者不是同一类产品。

2. 近端串扰测试未通过问题的解决方法

（1）端接点接触不良的问题，经常出现在模块压接和配线架压接方面，因此应对电缆所端接的模块和配线架进行重新压接加固。

（2）对于远端连接点短路的问题，可以通过重新端接电缆来解决。

（3）如果双绞线电缆在端接模块或配线架时，线对扭绞不良，则应采取重新端接的方法来解决。

（4）对于外部干扰源，只能通过使用金属槽或将普通双绞线电缆更换为屏蔽双绞线电缆的手段来解决。

（5）对于双绞线电缆及与其相连接硬件的性能问题，只能采取更换产品的方式来彻底解决，所有线缆及连接硬件应更换为相同类型的产品。

四、衰减测试未通过的原因

1. 衰减测试未通过的原因

（1）双绞线电缆超长。

（2）双绞线电缆端接点接触不良。

（3）电缆和连接硬件性能问题，或二者不是同一类产品。

（4）现场温度过高。

2. 衰减测试未通过问题的解决方法

（1）对于超长的双绞线电缆，只能采取更换电缆的方式来解决。

（2）对于双绞线电缆端接质量问题，可采取重新端接的方式来解决。

（3）对于电缆和连接硬件的性能问题，应采取更换产品的方式来彻底解决，所有线缆及连接硬件应更换为相同类型的产品。

任务二　测试光纤

任务描述

在光缆系统的实施过程中，诸如光缆的弯曲半径、光纤的熔接、跳线，以及设计方法和铺设路径的不同等因素，都会导致两个网络设备间的光纤路径上光信号的传输衰减有很大的不一致。为了确保光缆系统的通信畅通，就需要对光纤进行测试。本任务要求：

- 阐述光缆传输链路的主要测试指标。
- 根据给定的材料计算光纤链路的衰减极限。
- 完成光纤连通性测试。
- 完成光纤性能测试。

基础知识

一、光纤测试的主要参数

光纤测试主要包括衰减测试和长度测试。根据我国国家标准《综合布线系统工程验收规范》（GB 50312—2007）的规定，光纤链路主要测试以下内容：

- 在施工前进行器材检验时，一般检查光纤的连通性，必要时宜采用光纤损耗测试仪（稳定光源和光功率计组合）对光纤链路的插入损耗和光纤长度进行测试。

• 对光纤链路（包括光纤、连接器件和熔接点）的衰减进行测试，同时测试光纤跳线的衰减值，整个光纤信道的衰减值应符合设计要求。

1. 光纤链路长度

光纤链路包括光纤布线系统两个端接点之间的所有部件，包括光纤、光纤连接器、光纤接续子等。

（1）水平光纤链路

水平光纤链路从水平跳接点到工作区插座的最大长度为 100 m。它只需要在 850 nm 和 1 300 nm 二者中的一个波长内单方向进行测试。

（2）主干多模光纤链路

①主干多模光纤链路应该在 850 nm 和 1 300 nm 波段进行单向测试，链路在长度上有如下要求：

• 从主跳接到中间跳接的最大长度是 1 700 m。

• 从中间跳接到水平跳接最大长度是 300 m。

• 从主跳接到水平跳接的最大长度是 2 000 m。

②主干单模光纤链路应该在 1 310 nm 和 1 550 nm 波段进行单向测试，链路在长度上有如下要求：

• 从主跳接到中间跳接的最大长度是 2 700 m。

• 从中间跳接到水平跳接最大长度是 300 m。

• 从主跳接到水平跳接的最大长度是 3 000 m。

2. 光纤链路衰减

必须对光纤链路上的所有部件进行衰减测试。衰减测试就是对光功率损耗的测试。引起光纤链路损耗的原因主要有：

• 材料原因：光纤纯度不够，或材料密度的变化太大。

• 光缆的弯曲程度：包括安装弯曲和产品制造弯曲问题。光缆对弯曲非常敏感，如果弯曲半径大于 2 倍的光缆外径，大部分光将保留在光缆核心内。单模光缆比多模光缆更敏感。

• 光缆接合以及连接的耦合损耗：这主要由截面不匹配、间隙损耗、轴心不匹配和角度不匹配等原因造成。

• 不洁净或连接质量不良：主要由不洁净的连接、灰尘阻碍光传输、手指的油污影响光传输、不洁净光缆连接器等原因造成。

因为在综合布线系统中，光纤链路的距离较短，因此与波长有关的衰减可以忽略。光纤连接器损耗和光纤接续子损耗是水平光纤链路的主要损耗。

（1）布线系统所采用光纤的性能指标及光纤信道指标应符合设计要求。不同类型的光缆在标称的波长（每千米）上的最大衰减值应符合表 3—2—1 所列的规定。

表 3—2—1 最大光缆衰减

项目	OM1，OM2，OM3 多模		OS1 单模	
波长/nm	850	1 300	1 310	1 550
衰减/dB · km^{-1}	3.5	1.5	1.0	1.0

（2）光缆布线信道在规定的传输窗口测量出的最大光衰减应不超过表 3—2—2 的规定，该指标已包括接头与连接插座的衰减。

表 3—2—2 最大光缆信道衰减范围 dB

级别	单模		多模	
	1 310 nm	1 550 nm	850 nm	1 300 nm
OF—300	1.80	1.80	2.55	1.95
OF—500	2.00	2.00	3.25	2.25
OF—2 000	3.50	3.50	8.50	4.50

（3）插入损耗是指光发射机与光接收机之间插入光缆或元器件产生的信号损耗，通常指衰减。表 3—2—3 给出了光纤链路损耗的参考值。光纤链路的插入损耗极限值可用以下公式计算：

- 光纤链路损耗 = 光纤损耗 + 连接器件损耗 + 光纤连接点损耗
- 光纤损耗 = 光纤损耗系数（dB/km）×光纤长度（km）
- 连接器件损耗 = 连接器件损耗/个 × 连接器件个数
- 光纤连接点损耗 = 光纤连接点损耗/个 × 光纤连接点个数

表 3—2—3 光纤链路损耗参考值

种类	工作波长/nm	衰减系数/dB · km^{-1}
多模光纤	850	3.5
多模光纤	1 300	1.5
单模室外光纤	1 310	0.5
单模室外光纤	1 550	0.5
单模室内光纤	1 310	1.0
单模室内光纤	1 550	1.0
连接器件衰减	0.75 dB	
光纤连接点衰减	0.3 dB	

二、光纤测试设备

用于光纤的测试设备与用于铜缆的测试设备不同，每个测试设备都必须能够产生光脉冲，然后在光纤链路的另一端对其测试。不同的测试设备具有不同的测试功能，应用于不同的测试环境。一些设备只能进行基本的连通性测试，有些设备则可以在不同的波长上进行全面测试。

1. 闪光灯

闪光灯是测试光纤链路性能首先要用到的测试设备。这种设备可以方便地对光纤的两

端进行检测。在光纤标记错误或者安装的配线盘端口不对时，用闪光灯进行测试可以节约很多时间。闪光灯的缺陷是其发出的光级别较低，使得实际进入光纤芯的光较少，导致这些光经过长距离的传输后很难被看到或者根本看不到。

2. 光纤识别仪

光纤识别仪是一种简单的光纤测试设备，如图3—2—1所示。光纤识别仪可对光纤作无损检测，可以把天花板上或光纤配线盘上的光纤识别出来。这种功能类似于音频生成器和音频放大器测试铜缆时执行的功能。光纤识别仪是一个很灵敏的光电探测器。当一根光纤弯曲时，有些光会从纤芯中辐射出来，这些光就会被光纤识别器检测到，技术人员根据这些光可以将多芯光缆或接插板中的单根光纤从其他光纤中标识出来。光纤识别器可以在不影响传输的情况下检测光的状态及方向。

3. 光纤故障定位仪

光纤故障定位仪是可以识别光纤链路中故障的设备，如图3—2—2所示。这种设备的功能类似于连通性测试仪，它可以从视觉上识别出光纤链路的断开或光纤的断裂。故障定位仪产生的光脉冲比闪光灯要强得多，因此，在诊断长途线路的光缆故障时，故障定位仪更有优势。

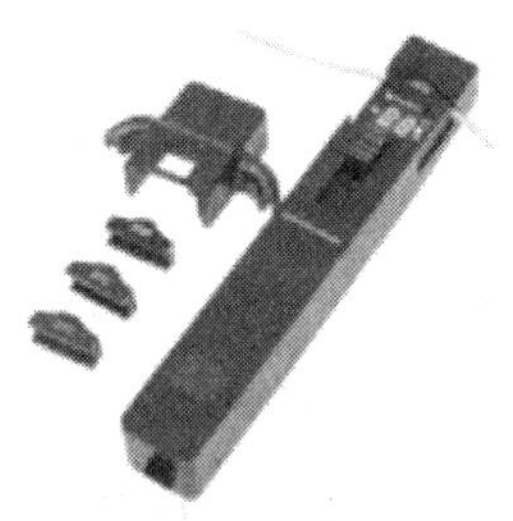

图3—2—1　光纤识别仪

图3—2—2　光纤故障定位仪

4. 光功率计

光功率计是测试光纤布线链路损耗的基本测试设备，如图3—2—3所示。在光纤链路段，用光功率计可以测量传输信号的损耗和衰减，其作用类似于电子学中的万用表。通过测量发射端机或光网络的绝对功率，一台光功率计就能够评价光端设备的性能。将光功率计与稳定光源组合使用，能够测量连接损耗、检验连续性，并帮助评估光纤链路的传输质量。

图3—2—3　光功率计

5. 稳定光源

在进行光功率测量时必须要有一个光源产生稳定的光脉冲。目前的光源主要有LED

（发光二极管）光源和激光光源两种。LED 光源虽然造价比较低，但是由于 LED 光源的功率低及其散射等性能缺陷，因此在短距离的局域网中应用较多；在长距离的局域网主干中都使用传统的激光光源，但是激光光源设备昂贵。为了能够解决这两种光源的缺陷，人们研制出了 VCSEL（垂直腔体表面发射激光）光源。VCSEL 是一种性能好且制造成本低的激光光源，目前很多网络互联设备都可以提供 VCSEL 光源的端口。表 3—2—4 给出了三种光源的比较。

表 3—2—4　　三种光源的比较

光源类型	工作波长/nm	光纤类型	带宽	元器件	价格
LED	850	多模	>200 MHz	简单	便宜
激光	850、1 310、1 550	单模	>5 GHz	复杂	昂贵
VCSEL	850	多模	>1 GHz	适中	适中

6. 光损耗测试仪

光损耗测试仪由光功率计和光纤测试光源构成。光损耗测试仪包括所有进行链路段测试所必需的光纤跳线、连接器和耦合器等。光损耗测试仪可以用来测试多模光缆和单模光缆。用于测试多模光缆的光损耗测试仪仅有一个 LED 光源，可以产生 850 nm 和 1 300 nm 波长的光；用于测试单模光缆的光损耗测试仪有一个激光光源，可以产生 1 310 nm 和 1 550 nm 波长的光。

7. 光时域反射仪

光时域反射仪（OTDR）是最复杂的光纤测试设备，如图 3—2—4 所示。OTDR 可以进行光纤损耗测试，也可以进行长度测试，还可以确定光纤链路中故障的原因和故障位置。

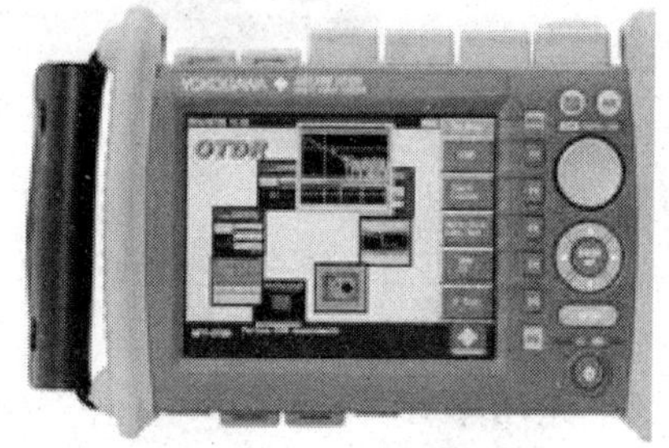

图 3—2—4　光时域反射仪

OTDR 使用的是激光光源，而不像光功率计那样使用 LED。OTDR 基于回波散射的工作方式，光纤连接器和接续子在连接点上都会将部分光反射回来。OTDR 通过测量回波散射的量来检测链路中的光纤连接器和接续子。OTDR 还可以通过测量回波散射信号返回的时间来确定链路的距离，它把这些信息输出到一个曲线打印端，输出的数据可用于分析光纤链路特性或者作为文件备份。

三、光纤测试方法

根据 TSB—140 标准，光纤链路损耗测试有 3 种方法，每种方法都包含两大步骤：一是设置参考值（此时不接被测链路）；二是实际测试（此时接被测链路）。下面以双向测试为例，介绍光纤链路损耗测试的方法。

1. 测试方法一

首先连接两条光纤跳线和一个连接器（跳线方向保持一致），如图 3—2—5 上半部分所示；设置参考值后，将被测链路接进来并进行测试，如图 3—2—5 下半部分所示。由于每个方向的测试结果中包括光纤和一端的连接器的损耗，因此本方法用于测试一端有连接器而另一端没有连接器的光纤链路。

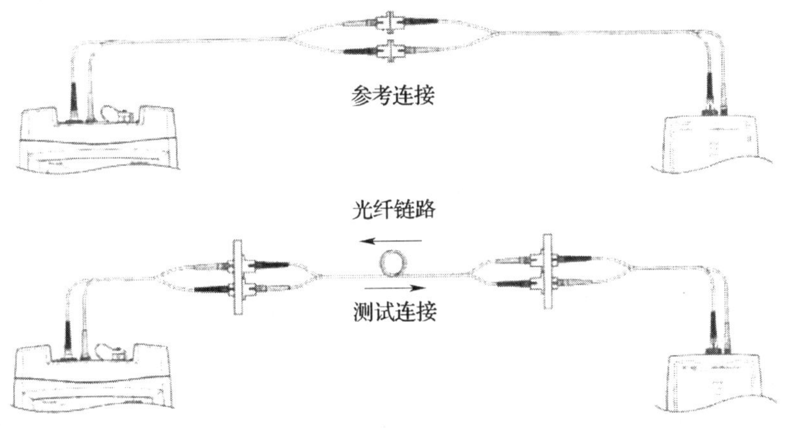

图 3—2—5　光纤链路损耗测试方法一

2. 测试方法二

只连接一条光纤跳线（考虑一个方向），如图 3—2—6 所示的上半部分；在设置参考值后，将被测链路接进来（见图 3—2—6 所示的下半部分），进行测试。

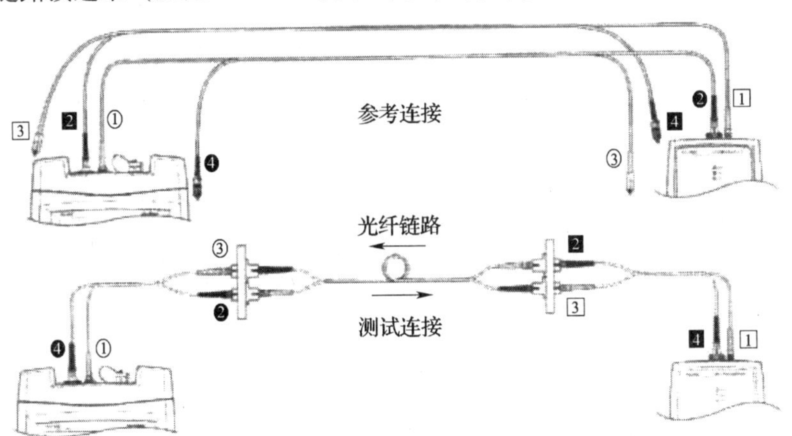

图 3—2—6　光纤链路损耗测试方法二

本方法的测试结果中，包括光纤链路损耗和两端连接器的损耗。因此，主要用来测试链路两端都有连接器的光纤链路，其连接器的损耗是整个损耗的重要部分。这就是室内光缆的常见例子。从技术角度讲，测试结果中还包括了额外的光纤跳线（3、4）的损耗，但是其长度较短，损耗可以忽略不计。对室内光缆网络，这种方法提供了精确的光纤链路测试，因为它包括了光纤本身以及光纤两端的连接器。

3. 测试方法三

使用3条光纤和两个连接器（单方向，如图3—2—7所示上半部分），其中两个连接器之间的光纤为长度小于1 m的光纤跳线（通常为30 cm），测试时，用被测光纤链路将连接器之间的光纤跳线替换（如图3—2—7所示下半部分）。如果被测链路两端的连接器不一致，只需在设置参考值时，选用合适的连接器和相应的转接跳线即可。

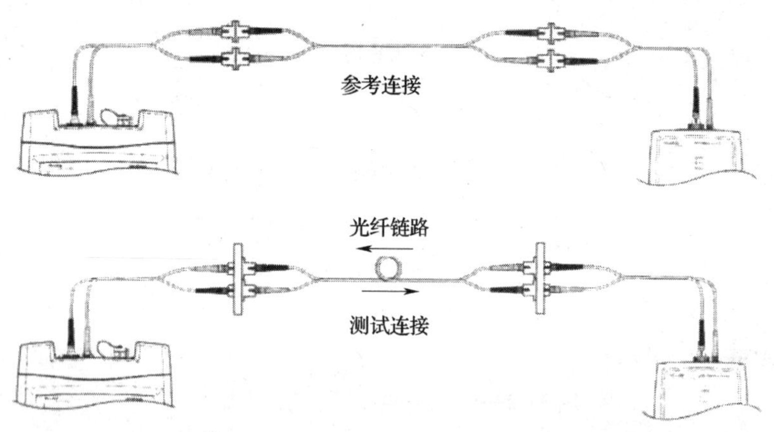

图3—2—7　光纤链路损耗测试方法三

本方法的测试结果仅包含光纤的损耗，不包含两端连接器的损耗，而短光纤跳线引入的误差很小，可忽略不计。由于这种方法的两端都不包含连接器的损耗，所以更适用于电信运营商的光纤链路的测试，因为电信的光纤链路通常距离都比较长，其损耗主要是光纤本身的损耗。而对于室内的应用，通常链路两端都有连接器，所以不建议采用这种方法。当然，对于两端没有连接器的光纤链路来说，此方法是适用的。

4. 测试方法变通

由于实际被测量的链路千差万别，上面介绍的方法，在某些情况下无法使用。比如，要测试一条两端连接器类型不同的链路（如一端带LC连接器，另一端为MT—RJ连接器，仪表提供的接口为SC）。此时，用上述方法都不能直接测试。其实，只要稍加变通，即可使本链路变成上述方法可以测量的链路。最直接的方法就是在两端分别加上短跳线，从而变成方法三适用的链路。又如，在一端加上LC—SC的跳线，另一端加上MT—RJ—SC的跳线，变通之后，链路就变成测试一对SC—SC的链路，显然可以用测试方法三来测试。

于是，设置参考值时，其连接方式就会变成如图3—2—8上半部分所示，这是典型的方法三设置基准的方式。而测试时，只要将变通后的链路当成一个整体，按照测试方法三的步骤将被测链路接入即可。

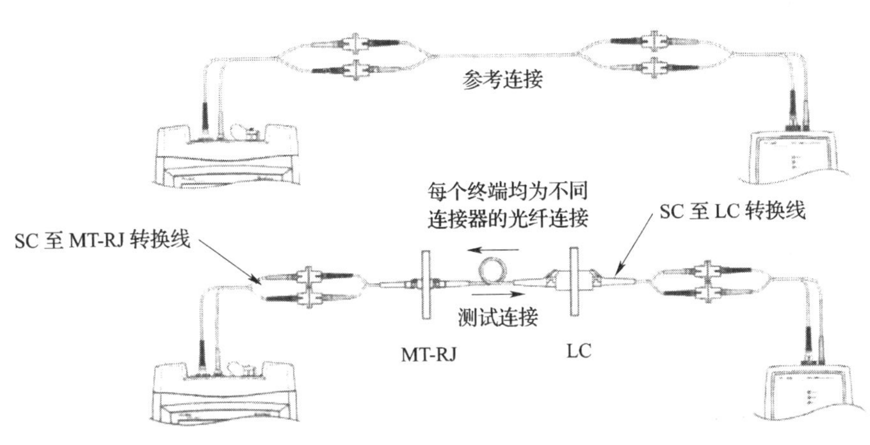

图 3—2—8　变通测试

上例中，在链路的两端都增加了跳线，其实在链路的一端增加跳线同样可行。比如，可以在 LC 连接器一端，增加 LC—MT—RJ 跳线，因而就变成测试这样一条链路：一端是 MT—RJ 连接器，另一端是 MT—RJ 接头。显然可以用方法一来测试。测试结果和原来的链路有一根短跳线的误差，可以忽略不计。

总之，不论对于什么类型的链路，都可以通过增加跳线的方式，将其转换成方法一或方法三来进行测试。至于增加什么样的跳线，应遵循以下原则：增加短跳线后，两端的接头或连接器要一致，而且尽可能在一端加跳线，而不是两端都加。另外，要特别提醒的是，只能增加跳线，而不能增加连接器来转化问题，因为连接器引入的损耗太大，不能忽略不计。

任务实施

一、说出光缆传输链路的主要测试指标

二、根据材料计算光纤链路的衰减极限。

一条波长为 1 300 nm，长度为 2 km 的多模光纤链路，使用了 2 个连接器件（耦合器），2 个连接点（熔接点）。试计算这条光纤链路的衰减极限。已知每个连接器件的衰减为 0.75 dB，每个连接点的衰减为 0.3 dB。

三、光纤连通性测试

Fluke DTX 测试仪不仅可以检测双绞线的连通性和性能，还可以测试光纤的连通性和性能。具体步骤见表 3—2—5。

表 3—2—5　　光纤连通性测试步骤

步骤	图示
第一步：选择光纤链路测试模块。测试光纤链路时，Fluke DTX 测试仪必须配置光纤链路测试模块，并根据光纤链路的类型选择单模或多模模块	
第二步：设置参数。开始光纤设置之前，首先将光纤模块按照安装说明手册正确安装好，然后开启 DTX 电源，将旋钮转至 Setup 位置，并选择“光纤”选项，接着按 Enter 键，即可查看需要设置的选项，如右图所示。其中包括光纤类型、测试极限值和远端端点设置三项，按照默认顺序依次进行设置即可	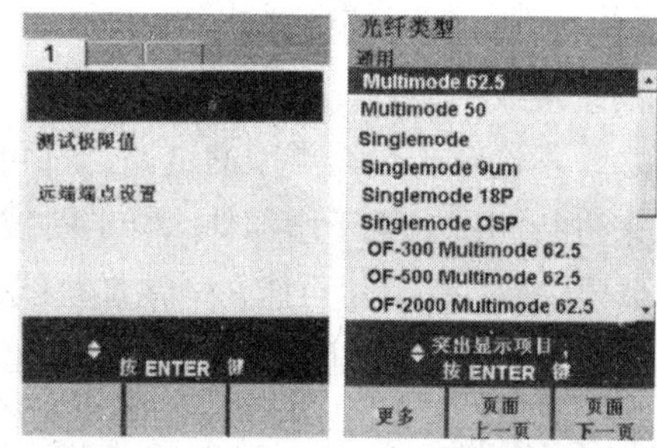
第三步：设置参照方式。首先，将旋钮转至 SPECIAL FUNCTIONS（特殊参数）位置，如右图所示。在此需要设置的是“设置基准”，其他选项均可保持默认状态。其次，在打开的设置基准屏幕界面中将会显示用于所选测试方法的基准连接。清洁测试仪上的连接器及跳接线，连接测试仪及智能远端，然后按 TEST 键，完成参照设置	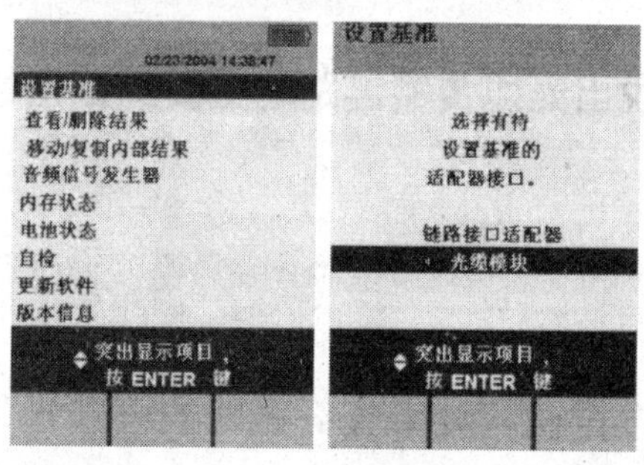
第四步：开始测试。清洁布线系统中的待测连接器，然后将跳接线连接至布线。DTX 测试仪将显示用于所选测试方法的连接方式，以便进行更精确的测试。按下 F2（确定）键，保存所做的设置即可开始光纤自动测试任务	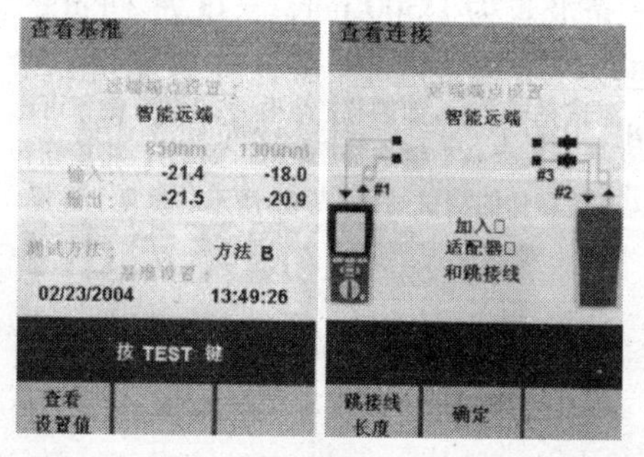

四、光纤性能测试

DTX测试仪的光纤测试模块通过双波长测试和双向测试可提高测试速度，这两种光纤测试方法均可在12 s内完成。测试步骤见表3—2—6。

表3—2—6　　　　**光纤性能测试步骤**

步骤	图示
第一步：确认光纤，开始测试。将旋钮转至AUTOTEST挡位，确认介质类型设置为光纤，如果需要切换，按F1键即可实现。按下DTX测试仪或者智能远端的TEST键，即可开始测试。按下EXIT键可取消测试	
第二步：查看测试结果。稍等片刻，测试完成之后即可显示右图所示的测试结果，从中可以查看光纤的详细测试结果，包括输入光纤和输出光纤的损耗情况及长度。选择某项摘要信息后按Enter键即可进入查看其详细结果的界面，其显示结果更为直观，从图中分析可得本次自动测试过程中的实际损耗状态，以及同预先设定的极限值的比较情况	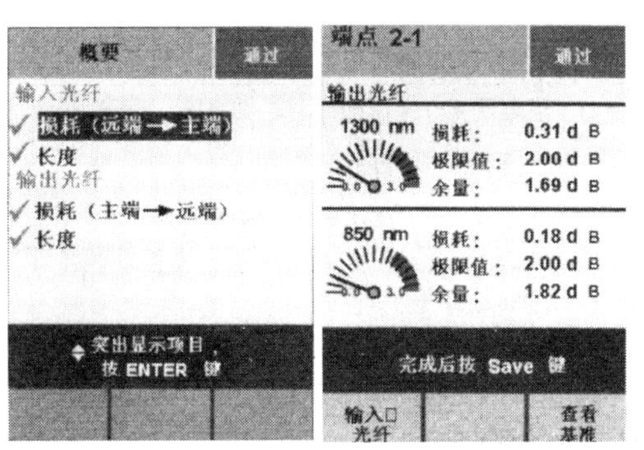
第三步：保存结果。测试完毕之后，如需存储检测结果，按SAVE键即可进入右图所示界面。使用↑、↓、←、→键选择所需的名称，如D1。将旋钮转至SPECIAL FUNCTIONS挡位，可以查看存储的测试结果，如右图所示。重复上述操作，直至所有内容均测试完成	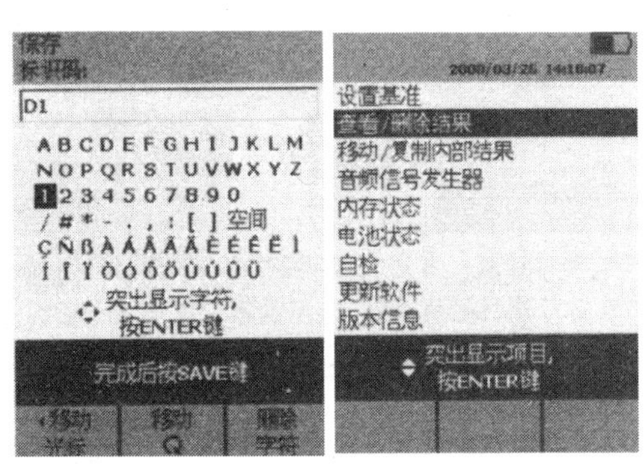

总结评价

一、主题讨论

1. 在实际光纤测试过程中，如何选择合适的测试方法？

2. 如何判断光纤跳线的连通性？

二、填写评价表

根据对光纤测试的掌握情况，进行总结，填写评价表（见表3—2—7），给出本任务完成情况的实习成绩。

表3—2—7　　测试光纤实习评价表

项目		项目完成情况叙述	配分	自我评分	同学评分	教师评分
说出光纤测试的主要参数			10			
解释光纤测试的4种方法			20			
使用工具测试光纤连通性			20			
使用工具测试光纤性能			20			
学生解决问题的能力			10			
安全文明操作	安全操作（违反一项操作规程扣10分，违反两项扣40分）		10			
	正确摆放、使用工具和仪表等（未正确摆放或使用错误扣5分）		5			
	现场整理与设备移交（未移交扣20分，未清理扣5分，清理不干净扣2分）		5			
自我评价			综合评分	自己签名：		
小组评价			综合评分	项目小组负责人签名：		
教师评价			综合评分	教师签名：		

拓展实训

1. 实验目的

了解光功率计和OTDR测试仪的功能，掌握用OTDR测试光纤长度和接头损耗的方法，掌握用光功率计测试光纤损耗的方法。

2. 实验内容

（1）用OTDR测试光纤长度和接头损耗。

（2）用光功率计测试光纤损耗。

3. 实验仪表和器材见表3—2—8。

表3—2—8　　实验仪表和器材

名称	数量
多模光缆通道（4芯）	100 m（光缆采用SC端接头）
OTDR测试仪	1台
光功率计	1台
稳定光源	1台
双头多模尾纤（3 m SC/SC）	2条
无水酒精、棉球	若干

4. 实验装置

光功率计测试连接图如图3—2—9所示。

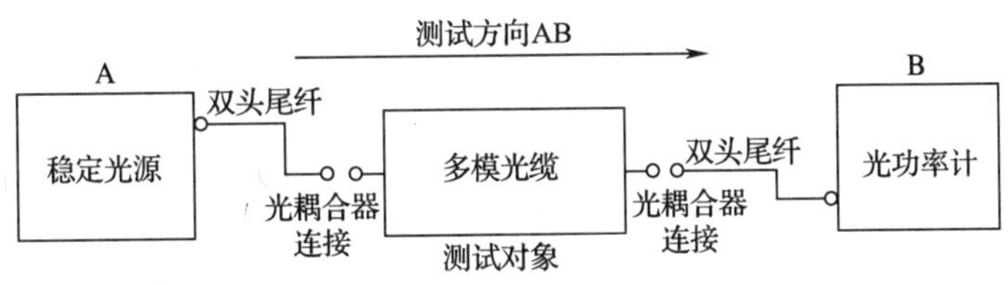

图3—2—9　光功率计测试连接图

5. 实验步骤

（1）光纤损耗测试

1）校准测试仪器，用跳线将仪器的光源（输出端口）和检波器插座（输入端口）连成环路，对仪器进行调零。

2）按图3—2—9所示连接光路。

3）调整光源发光波长至850 nm，光功率计也调至850 nm波长，测试AB方向的光纤损耗，读取光功率计上的光功率值，并记录。

4）将光源和光功率计调换位置连接，测试 BA 方向的光功率，并记录。

5）重复步骤 2）、3）、4）两次，并计算平均损耗。

6）将光功率计和光源调至 1 300 nm 波长，重复步骤 2）、3）、4）、5），测试 1 300 nm 波长光纤链路损耗。

7）换一根光纤重复测试。

（2）用 OTDR 测试光纤长度和接头损耗

1）按图 3—2—10 所示连接 OTDR 测试仪。

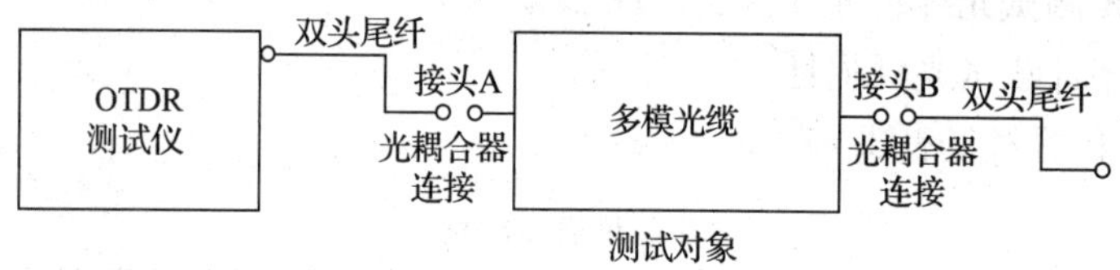

图 3—2—10　OTDR 测试连接图

2）开启 OTDR 测试仪，将测试波长调整为 850 nm，按测试按钮。

3）观察液晶显示器上的内容，读取结果，并记录光纤长度和接头 B 的损耗值。

4）换一条光纤做同样的测试，直至测完 4 条纤芯。

6. 测试数据记录表

测试记录内容和形式应符合表 3—2—9 和表 3—2—10 的要求。

表 3—2—9　　**光纤损耗测试记录**

日期：　　　　　　　　　　测试仪器：

纤芯号	测试次数	工作波长	AB 方向的损耗读数	BA 方向的损耗读数	平均损耗

表 3—2—10　　**光纤长度和接头损耗测试记录**

日期：　　　　　　　　　　测试仪器：

纤芯号	测试次数	接头位置（m）	接头 B 损耗（dbm）	全程长度（m）

拓展知识

一、最常见的光缆故障

在综合布线工程测试过程中，最常见的光缆故障有以下几种：

（1）信号丢失，连接完全不通。可能的原因有：传输功率过低、光缆铺设距离过长、连接器受损、光纤接头和连接器故障、使用过多的光纤接头和连接器、光纤配线盘或熔接盘连接处故障等。

（2）连接时断时续。可能的原因有：接合处制作工艺差或接合次数过多造成光纤衰减严重，灰尘、指纹、擦伤、湿度等因素损伤了连接器，传输功率不足，光纤连接器错误等。

二、光纤链路故障

安装高性能光纤链路的过程包括敷设光缆和光缆成端，然后利用光纤跳线连接网络设备。光纤链路的主要故障有：

（1）光纤熔接不良（有空气）。

（2）光纤断裂或受到挤压。

（3）接头抛光不良。

（4）接头处接触不良。

（5）光缆过长。

（6）核心直径不匹配。

（7）填充物直径不匹配。

（8）过度弯曲（弯曲半径过小）。

（9）光纤连接器端接面不洁。

铺设光缆时过度地弯曲光缆会造成光缆中的光纤断裂或受到挤压，导致损耗增加。端接工艺对链路损耗的影响也非常大。在光缆的安装和使用过程中最为常见的故障是光纤连接器端接面不洁。此外，有很多安装跳线的端接面是没有清洁过和测试过的，假如不小心用手接触到光缆的端接面可以导致非常严重的污染。这些被污染的跳线是很多网络故障的直接原因。

三、减少故障的方法

连接器端面污染引起的光纤损耗增加故障，不管是在光缆施工过程中，还是在光缆使用过程中，都占据着非常高的比例，因此连接器端面的污染检测显得尤为重要。清洁测试仪的探头和连接器端面非常重要。一个脏的探头与一个清洁的连接器相接，会污染被连接的连接器。反之，使用一个干净的探头去测试一个不洁的连接器会导致探头污染，如果不及时清洁探头将会形成交叉污染。跳线也可以被不洁的连接器污染。如果使用不洁的测试跳线，极可能将污染扩散，导致非常高的损耗。

为了减少光纤链路故障，在光缆施工和维护过程中，应该注意以下事项：

（1）记住光缆的强度系数，不可超强度、大力拖拽光缆和过度弯曲光缆。

（2）按照厂商的要求在安装过程中清洁连接器。

（3）连接前注意检查连接器的洁净度和划伤情况。

（4）按照标准要求，使用 OTDR 测试安装的光缆。

（5）在测试光纤链路时，使用清洁的跳线，并始终保持其清洁。

（6）所有光纤连接器都要安装防尘罩。

（7）使用跳线时注意检查和清洁跳线的端接面。

（8）出现故障时使用合适的工具可以减少故障的诊断时间并节省费用。

总之，灰尘及其他的污染是光缆数据传输的主要敌人，特别是对于那些高速网络而言。简单地检查连接器的洁净度，及时清洁不洁的连接器端面可以减少污染；使用防尘罩可以有效地保护连接器不受污染；在进行光纤传输链路故障诊断时，使用合适的测试工具（如视频放大镜、OTDR），可以极大地缩短故障诊断时间，从而缩短网络故障时间，减少由于网络故障而造成的损失。

任务三　综合布线工程验收

任务描述

综合布线工程验收是施工方向用户正式移交综合布线系统的阶段。双方要对施工环境、设备质量、安装工艺、竣工技术文档等项目进行检查，特别是要利用各类测试仪器对现场进行认证。用户要确认工程是否达到了设计目标，质量是否符合要求。综合布线工程验收是保证工程质量和投产后系统正常运行不可或缺的关键步骤。本任务要求：

- 列举综合布线工程验收的主要标准和要求。
- 说明综合布线工程验收的要点。
- 以教师指定的建筑为对象，进行综合布线工程现场验收。
- 填写各类验收表格。

基础知识

一、验收标准

综合布线系统工程施工中的主要依据和指导性文件较多，主要依据是国内外有关标准和规范，包括设计、施工及验收等内容；指导性文件有工程设计文件、施工图样、承包合同和施工操作规程等。目前，有关综合布线系统工程设计施工应遵循的依据和法规主要有：

- 国家标准《综合布线系统工程设计规范》（GB 50311—2007）由原建设部发布，2007 年 10 月 1 日起施行。
- 国家标准《综合布线系统工程验收规范》（GB 50312—2007）由原建设部发布，2007 年 10 月 1 日起施行。
- 国家标准《智能建筑设计标准》（GB/T 50314—2006）由原建设部发布，2007 年 7 月 1 日起施行。
- 国家标准《智能建筑工程质量验收规范》（GB 50339—2003）由原建设部和国家质量监督检验检疫总局联合发布，2003 年 10 月 1 日起施行。
- 国家标准《通信管道工程施工及验收规范》（GB 50374—2006）由原信息产业部发布，2007 年 5 月 1 日起施行。
- 国家标准《建筑电气工程施工质量验收规范》（GB 50303—2002）由原建设部发布，2002 年 6 月 1 日起施行。
- 通信行业标准《建筑与建筑群综合布线系统工程设计施工图集》（YD 5082—1999）由原信息产业部批准发布，2000 年 1 月 1 日起施行。
- 通信行业标准《城市住宅区和办公楼电话通信设施设计标准》（YD/T 2008—1993）由原建设部和原邮电部联合批准发布，1994 年 9 月 1 日起施行。
- 通信行业标准《城市住宅区和办公楼电话通信设施验收规范》（YD 5048—1997）由原邮电部批准发布，1997 年 9 月 1 日起施行。
- 通信行业标准《城市居住区建筑电话通信设计安装图集》（YD 5010—1995）由原邮电部批准发布，1995 年 7 月 1 日起施行。
- 通信行业标准《通信电缆配线管道图集》（YD 5062—1998）由信息产业部批准发布，1998 年 9 月 1 日起施行。

工程技术文件、承包合同文件要求采用国际标准时，应按要求采用适用的国际标准，且不应低于上述国家规范的规定。此外，在综合布线系统工程施工中，还可能涉及本地电话网，因此，还应遵循我国通信行业标准《本地电话网用户线路工程设计规范》（YD 5006—95）、《通信管道与通道工程设计规范》（GB 50373—2006）和《本地网通信线路工程验收规范》（YD 5051—1997）等规定。以下国际标准可供参考：

- 《信息技术用户建筑综合布线系统》（第二版）ISO/IEC 11801
- 《商业建筑电信布线标准》EIA/TIA 568
- 《商业建筑电信布线安装标准》EIA/TIA 569
- 《商业建筑通信基础结构管理规范》EIA/TIA 606
- 《商业建筑通信接地要求》EIA/TIA 607
- 《信息系统通用布线标准》EN 50173
- 《信息系统布线安装标准》EN 50174

二、验收项目及内容

综合布线系统工程验收项目及内容见表 3—3—1。

表 3—3—1　　综合布线系统工程验收项目及内容

阶段	验收项目	验收内容	验收方式
一、施工前检查	1. 环境要求	（1）土建施工情况：地面、墙面、门、电源插座与接地装置 （2）土建工艺：机房面积、预留孔洞 （3）施工电源 （4）地板铺设 （5）建筑物入口设施检查	施工前检查
	2. 设备材料检验	（1）外观检查 （2）形式、规格、数量 （3）电缆电气性能测试 （4）光纤特性测试 （5）测试仪表和工具的检验	
	3. 安全、防火要求	（1）消防器材 （2）危险物的堆放 （3）预留孔洞防火措施	
二、设备安装	1. 电信间、设备间、设备机柜、机架	（1）规格、外观 （2）安装垂直度、水平度 （3）油漆不得脱落，标志完整齐全 （4）各种螺栓（钉）必须紧固 （5）抗震加固措施 （6）接地措施	随工检验
	2. 配线部件及 8 位模块式通用插座	（1）规格、位置、质量 （2）各种螺栓（钉）必须拧紧 （3）标志齐全 （4）安装符合工艺要求 （5）屏蔽层可靠连接	
三、电、光缆布放（楼内）	1. 电缆桥架及线槽布放	（1）安装位置正确 （2）安装符合工艺要求 （3）符合布放缆线工艺要求 （4）接地	随工检验
	2. 缆线暗敷（包括暗线槽、地板等方式）	（1）缆线规格、路由、位置 （2）符合布放线缆工艺要求 （3）接地	

续表

阶段	验收项目	验收内容	验收方式
四、电、光缆布放（楼间）	1. 架空缆线	（1）吊线规格，架设位置，装设规格 （2）吊线垂度 （3）缆线规格 （4）卡、挂间隔 （5）缆线的引入符合工艺要求	随工检验
	2. 管道缆线	（1）使用管孔孔位 （2）缆线规格 （3）缆线走向 （4）缆线的防护设施的设置质量	隐蔽工程签证
	3. 埋式缆线	（1）缆线规格 （2）铺设位置、深度 （3）缆线的防护设施的设置质量 （4）回土夯实质量	隐蔽工程签证
	4. 隧道缆线	（1）缆线规格 （2）安装位置、路由 （3）土建设计符合工艺要求	隐蔽工程签证
	5. 其他	（1）通信线路与其他设施的间距 （2）进线室安装、施工质量	随工检验或隐蔽工程签证
五、缆线终接	1. 8位模块式通用插座	符合工艺要求	随工检验
	2. 配线部件	符合工艺要求	
	3. 光纤插座	符合工艺要求	
	4. 各类跳线	符合工艺要求	
六、系统测试	1. 工程电气性能测试	（1）连接图 （2）长度 （3）衰减 （4）近端串扰（两端都应测试） （5）近端串扰功率和 （6）衰减串扰比 （7）衰减串扰比功率和 （8）等电平远端串扰 （9）等电平远端串扰功率和 （10）回波损耗 （11）传播时延 （12）传播时延偏差 （13）插入损耗 （14）直流环路电阻 （15）设计中特殊规定的测试内容 （16）屏蔽层的导通	竣工检验
	2. 光纤特性测试	（1）衰减 （2）长度	

续表

阶段	验收项目	验收内容	验收方式
七、管理系统	1. 管理系统级别	符合设计要求	竣工检验
	2. 标识符与标签设置	（1）专用标识符类型及组成 （2）标签设置 （3）标签材质及色标	
	3. 记录和报告	（1）记录信息 （2）报告 （3）工程图样	
八、工程总验收	1. 竣工技术文件	清点、交连技术文件	竣工检验
	2. 工程验收评价	考核工程质量，确定验收结果	

在完成上述验收项目和内容时应注意以下问题：

1. 系统工程安装质量检查，如各项指标符合设计要求，则被检项目检查结果为合格；被检项目的合格率为100%，则工程安装质量判为合格。

2. 系统性能检测中，双绞线电缆布线链路、光纤信道应全部检测。竣工验收需要抽验时，抽样比例不低于10%，抽样点应包括最远布线点。

3. 系统性能检测单项合格判定

（1）如果一个被测项目的技术参数测试结果不合格，则该项目判为不合格；如果某一被测项目的检测结果与相应规定的差值在仪表准确度范围内，则该被测项目应判为合格。

（2）采用4对双绞线电缆作为水平电缆或主干电缆，所组成的链路或信道有一项指标测试结果不合格，则该水平链路、信道或主干链路判为不合格。

（3）主干布线大对数电缆中按4对双绞线电缆测试，指标有一项不合格，则判为不合格。

（4）如果光纤信道测试结果不满足指标要求，则该光纤信道判为不合格。

（5）未通过检测的链路、信道的电缆线对或光纤信道可在修复后复检。

4. 竣工检测综合合格判定

（1）双绞线电缆布线全部检测时，无法修复的链路、信道或不合格线对数量有一项超过被测总数的1%，则判为不合格。光缆布线检测时，如果系统中有一条光纤信道无法修复，则判为不合格。

（2）双绞线电缆布线抽样检测时，被抽样检测点（线对）不合格比例不大于被测总数的1%，则视为抽样检测通过，不合格点（线对）应予以修复并复检。被抽样检测点（线对）不合格比例如果大于1%，则视为一次抽样检测未通过，应进行加倍抽样；加倍抽样不合格比例不大于1%，则视为抽样检测通过。若不合格比例仍大于1%，则视为抽样检测不通过，应进行全部检测，并按全部检测要求进行判定。

（3）全部检测或抽样检测的结论为合格，则竣工检测的最后结论为合格；全部检测的结论为不合格，则竣工检测的最后结论为不合格。

5. 对于综合布线管理系统检测，标签和标识按10%抽检，系统软件功能全部检测。检测结果符合设计要求，则判为合格。

三、验收要求

综合布线系统工程的竣工验收工作，是对整个工程的全面验证和对施工质量的评定。因此，竣工验收工作必须按照国家规定的工程建设项目竣工验收办法和工作要求实施，不应有丝毫草率或形式主义的做法，力求工程总体质量符合预定的目标要求。

在综合布线系统工程施工过程中，施工单位必须重视质量，按照《综合布线系统工程验收规范》的有关规定，加强自检、互检和随工检查等技术措施。建设单位的常驻工地代表或工程监理人员必须按照上述工程验收规范的要求，在整个安装施工全过程中，认真负责，一丝不苟，加强工地的技术监督及工程质量检查工作，力求消灭一切因施工质量而造成的隐患。所有随工验收和竣工验收的项目内容和检验方法等均应按照《综合布线系统工程验收规范》的规定办理。

由于智能化小区的综合布线系统既有屋内的建筑物主干布线子系统和水平布线子系统，又有屋外的建筑群主干布线子系统。因此，对于综合布线系统工程的工程验收，除应符合《综合布线系统工程验收规范》外，还应符合国家现行的《本地网通信线路工程验收规范》《通信管道工程施工及验收技术规范》《电信网光纤数字传输系统工程施工及验收暂行技术规定》《市内通信全塑电线缆路工程施工及验收技术规范》等有关规定。

各生产厂商提供的施工操作手册或测试标准均不得与国家标准或通信行业标准相抵触，在竣工验收时，应按我国现行标准贯彻执行。

四、验收组织

工程竣工后，施工单位应在工程计划验收十日前，通知验收机构，同时送交一套完整的竣工报告，并将竣工技术资料一式三份交给建设单位。竣工资料包括工程说明、安装工程量、设备器材明细表、工程测试记录、竣工图样、隐蔽工程记录等。验收前的准备工作包括编制竣工验收工作计划书，技术档案的整理汇总，拟定验收范围、依据和要求，编制竣工验收程序等。

有时在联合的正式验收之前还要进行一次初步的调试验收。初步调试验收包括技术资料的审核、工程实物验收、系统测试和调试情况的审定等。要事先制定出一个详尽的调试验收方案，包括问题与要求、组织分工、主要方法及主要的检测手段等，然后对各施工基本班组，以及参与现场管理的全体技术人员做出技术交底。

正式的竣工验收，由业主、施工单位及有关部门联合参加，其验收结论具有合法性。正式验收的内容包括总体检验、质量评定、专项检验、各子系统提供的竣工图、文档和施工质量技术资料等。

正式的联合验收之前应成立综合布线工程验收的组织机构，如专业验收小组，全面负责对综合布线工程的验收工作。专业验收小组由施工单位、用户和其他外聘单位联合组成，人数为 5 ~ 9 人，一般由专业技术人员组成，持证上岗。

验收工作主要分两个部分进行，第一部分是物理验收，第二部分是文档验收。综合布线系统工程采用计算机进行管理、维护工作，应按专项进行验收。验收不合格的项目，由验收机构查明原因，提出解决办法。

五、综合布线工程验收使用的主要表格

1. 综合布线系统安装分项工程质量验收记录表（1），见表3—3—2。
2. 综合布线系统安装分项工程质量验收记录表（2），见表3—3—3。
3. 综合布线系统性能检测分项工程质量验收记录表（1）（略）。
4. 综合布线系统性能检测分项工程质量验收记录表（2）（略）。
5. 系统集成综合管理及冗余功能分项工程质量验收记录表（略）。
6. 系统集成整体协调分项工程质量验收记录表（略）。
7. 系统集成网络连接分项工程质量验收记录表（略）。
8. 系统集成可维护性和安全性分项工程质量验收记录表（略）。
9. 网络安全系统检测分项工程质量验收记录表（1）（略）。
10. 网络安全系统检测分项工程质量验收记录表（2）（略）。
11. 接入网设备分项工程质量验收记录表（略）。
12. 计算机网络系统检测分项工程质量验收记录表（1）（略）。
13. 计算机网络系统检测分项工程质量验收记录表（2）（略）。
14. 防雷与接地系统分项工程质量验收记录表（1）（略）。
15. 防雷与接地系统分项工程质量验收记录表（2）（略）。
16. 电源系统分项工程质量验收记录表（1）（略）。
17. 电源系统分项工程质量验收记录表（2）（略）。

表3—3—2　　综合布线系统安装分项工程质量验收记录表（1）

编号：表××××××

单位（子单位）工程名称			子分部工程	综合布线系统
分项工程名称	系统安装质量检测		验收部位	
施工单位			项目经理	
施工执行标准名称及编号				
分包单位		分包项目经理		
检测项目（主控项目）（执行GB/T 50312第9.2.1~9.2.4条规定）		检测记录	备注	
1	缆线的弯曲半径		执行GB/T 50312中第5.1.1条第5款规定	
2	预埋线槽和暗管的线缆敷设		执行GB/T 50312中第5.1.2条规定	
3	电源线、综合布线系统缆线应分开布放		缆线间最小间距应符合设计要求	
4	电、光缆暗管敷设及与其他管线最小净距		执行GB/T 50312中第5.1.1条第6款规定	
5	双绞电缆芯线终接		执行GB/T 50312中第6.0.2条规定	
6	光纤连接损耗值		执行GB/T 50312中第6.0.3条第4款规定	

续表

检测项目（主控项目） （执行 GB/T 50312 第 9. 2. 1 ~9. 2. 4 条规定）			检测记录	备注
7	架空、管道、直埋电、光缆敷设			执行 GB/T 50312 中第 5. 1. 5 条规定
8	机柜、机架、配线架的安装	符合规定		执行 GB/T 50312 第四节规定
		色标一致		
		色谱组合		
		线序及排列		
9	信息插座安装	安装位置		执行 GB/T 50312 第 9. 2. 4 条规定
		防水防尘		

检测意见：

验收负责人签字：　　　　分项工程负责人签字：

（建设单位项目专业技术负责人）

日期：　　　　日期：

表 3—3—3　　综合布线系统安装分项工程质量验收记录表（2）

编号：表××××××

单位（子单位）工程名称		子分部工程	综合布线系统
分项工程名称	系统安装质量检测	验收部位	
施工单位		项目经理	
施工执行标准名称及编号			
分包单位		分包项目经理	

检测项目（一般项目） （执行 GB/T 50312 第 9. 2. 5 ~9. 2. 9 条规定）			检测记录	备注
1	缆线终接			执行 GB/T 50312 中第 6. 0. 2 条第 5 款规定
2	各类跳线的终接			执行 GB/T 50312 中第 6. 0. 4 条规定
3	机柜、机架、配线架的安装	符合规定		执行 GB/T 50312 第 4. 0. 1 条规定
		设备底座		
		预留空间		
		紧固状况		
		距地面距离		
		与桥架线槽连接		
		接线端子标志		
4	信息插座安装			执行 GB/T 50312 4. 0. 3 条规定
5	光缆芯线终端的安装连接标志			执行 GB/T 50312 9. 2. 9 条规定

检测意见：

验收负责人签字：　　　　分项工程负责人签字：

（建设单位项目专业技术负责人）

日期：　　　　日期：

任务实施

一、列举 3 个主要的综合布线工程验收标准。

二、说明系统测试和管理系统的验收要点。

三、以一座实施了综合布线工程的实际大楼为对象，组织现场验收，并填写相应的验收表格。

验收的主要步骤如下：

第一步：成立验收小组。

由甲乙双方共同组成一个验收小组，小组成员有项目经理、布线工程师、监理员等。

第二步：工作区验收。

（1）线槽走向、布线是否美观大方。

（2）信息插座是否按规范进行安装。

（3）信息插座安装是否做到一样高。

（4）信息面板是否都固定牢靠。

（5）标志是否齐全。

第三步：配线子系统验收。

（1）管、槽安装是否符合规范。

（2）槽与槽、槽与槽盖是否接合良好。

（3）托架、吊杆是否安装牢靠。

（4）配线与干线、工作区交连处足否出现裸线，有没有按规范去做。

（5）配线槽内的缆线有没有固定。

（6）接地是否正确。

第四步：干线子系统验收。

干线子系统的验收除了类似于配线子系统的验收内容外，还要检查楼层与楼层之间的洞口是否封闭，以防火灾出现时成为一个隐患点；缆线是否按间隔要求固定；拐弯缆线是否留有弧度。

第五步：管理间、设备间、进线间验收等。

（1）检查机柜安装的位置是否正确，规格、型号、外观是否符合要求。

（2）跳线制作是否规范，配线面板的接线是否美观整洁。

第六步：缆线布放验收。

（1）缆线规格、路由是否正确。

（2）缆线的标号是否正确。

（3）缆线拐弯处是否符合规范。

（4）竖井的线槽及线的固定是否牢靠。

（5）是否存在裸线。

（6）竖井层与楼层之间是否采取了防火措施。

第七步：架空布线验收。

（1）架设竖杆的位置是否正确。

（2）吊线规格、垂度、高度是否符合要求。

（3）卡挂钩的间隔是否符合要求。

第八步：管道布线验收。

（1）使用管孔是否规范、管孔位置是否合适。

（2）缆线规格是否合适。

（3）缆线、路由走向是否正确。

（4）防护设施。

第九步：电气测试验收。

按认证测试要求进行。

总结评价

一、主题讨论

1. 需要满足哪些前提条件，才可以组织综合布线工程的竣工验收？

2. 在竣工验收中，竣工技术资料包含哪些内容？

二、填写评价表

对掌握的综合布线工程验收的情况进行总结，填写评价表（见表3—3—4），给出本任务完成情况的实习成绩。

表3—3—4　　测试光缆实习评价表

项目		项目完成情况叙述	配分	自我评分	同学评分	教师评分
列举综合布线工程验收的主要标准			10			
说明综合布线工程验收的要点			20			
组织现场验收			20			
填写验收表格			20			
学生解决问题的能力			10			
安全文明操作	安全操作（违反一项操作规定扣10分，违反两项扣40分）		10			
	正确摆放、使用工具和仪表等（未正确摆放或使用错误扣5分）		5			
	现场整理与设备移交（未移交扣20分，未清理扣5分，清理不干净扣2分）		5			
自我评价			综合评分	自己签名：		
小组评价			综合评分	项目小组负责人签名：		
教师评价			综合评分	教师签名：		

拓展知识

一、综合布线系统的鉴定

综合布线系统验收通过后，就进入鉴定程序。尽管实际操作中有时常把验收与鉴定结合在一起进行，但验收与鉴定还是有区别的。

验收是用户对网络工程施工工作的认可，检查工程施工是否符合设计要求和有关施工规范。用户要确认工程是否达到了原来的设计目标，质量是否符合要求，有没有不符合原设计和有关施工规范的地方。由业主、施工总承包人及有关部门组织正式竣工验收，其验收结论具有合法性。正式验收的内容包括总体检验、质量评定、专项检验、各子系统提供的竣工图、文档和施工质量技术资料等。

鉴定是对工程施工的水平做出评价。鉴定评价来自专家、教授组成的鉴定小组，用户只能向鉴定小组客观地反映使用情况，由鉴定小组组织人员对工程系统进行全面的考察，并写出书面鉴定书提交上级主管部门。鉴定是由专家组和甲方、乙方共同进行的，施工单位应报告系统方案设计、施工情况和运行情况等，专家组应实地参观测试，开会总结，确认合格与否。

对国家或地方政府有关职能部门管理的项目必须由政府部门出具相关验收合格文件。一般施工单位要为用户和有关专家提供详细的技术文档，如系统设计方案、布线系统图、布线系统配置清单、布线材料清单、安装图、操作维护手册等。这些资料均应标注工程名称、工程编号、现场代表、施工技术负责人及文档的编制和审核人、编制日期等。施工单位还须为鉴定会准备相关的技术材料和技术报告，包括：

1. 综合布线工程建设报告。
2. 综合布线工程测试报告。
3. 综合布线工程资料审查报告。
4. 综合布线工程用户意见报告。
5. 综合布线工程验收报告。

在验收鉴定会结束后，将乙方所交付的文档材料与验收、鉴定会上所使用的材料一起交给甲方的技术或档案部门存档。竣工验收后要进行工程、技术资料等的移交，工程款的结算，竣工决算和其他收尾移交工作等。

验收结束后，要按为系统申请25 年质量保证的要求，向产品制造商递交布线工程测试结果及相应的验收文件，同时接受制造商或受委托的第三方的检验，最终获得产品制造商签发的系统应用25 年质量保证书。

二、综合布线系统的监理

网络布线系统监理是指依法设立且具备相应资质的信息系统工程监理单位，受业主单位委托，依据国家有关法律法规、技术标准和信息系统工程监理合同等，对网络布线系统项目实施的监督管理。网络布线系统的监理对于保证网络布线工程的质量有着非常重要的、不可替代的作用。

1. 监理机构的设置

监理单位履行信息化工程监理合同时，应建立监理机构，监理机构在完成监理合同规定的监理工作后方可撤销。

2. 监理机构的组织形式

监理机构的组织形式和规模，应根据监理合同约定的工程类别、规模、内容、技术复杂程度、实施工期和施工环境等因素确定。监理单位应在监理合同签订后将监理机构的组织形式、人员构成及对总监理工程师的任命等书面通知业主单位。

3. 监理人员的构成

监理人员包括：总监理工程师、总监理工程师代表（必要时配备）、专业监理工程师和监理员。

4. 监理人员的职责

（1）总监理工程师的职责

总监理工程师应履行以下职责：

- 全面负责工程监理合同的实施。
- 确定监理机构人员分工。
- 主持编写工程监理规划、审批监理细则。
- 负责管理监理机构日常工作，定期向监理单位报告。
- 检查和监督监理人员的工作，可根据工程项目的进展情况调配监理人员，对不称职的监理人员应调换其工作。
- 主持监理工作会议，签发工程监理机构的文件和指令。
- 审查承建单位资质并提出审查意见。
- 审定承建单位的开工申请、系统实施方案、施工进度计划。
- 组织编写并签发监理月报、监理工作阶段报告、专题报告和工程监理工作总结。
- 主持审查和处理工程变更。
- 参与工程质量和其他事故调查。
- 审查承建单位竣工验收申请，组织有关人员进行竣工测试验收，签认竣工验收文件。
- 主持整理工程项目的监理资料。
- 审核签认承建单位的付款申请、付款证书和竣工结算。
- 调解业主单位与承建单位的合同争议，参与索赔的处理，审批工程延期。
- 组织业主单位和承建单位完成工程移交。

（2）总监理工程师代表的职责

总监理工程师代表应履行以下职责：

- 按总监理工程师的授权，行使总监理工程师的部分职责和权力。
- 总监理工程师不得将下列工作委托总监理工程师代表：

1）主持编写工程监理规划，审批工程监理细则。

2）调解业主单位和承建单位的合同争议，参与索赔的处理，审批工程延期。

3）根据工程项目的进展情况调配监理人员，调换不称职的监理人员。

4）审核签认承建单位的付款申请、付款证书和竣工结算等。

（3）专业监理工程师的职责

专业监理工程师应履行以下职责：

- 负责编制监理规划中本专业部分的内容及本专业的监理细则。
- 负责本专业监理工作的具体实施。
- 组织、指导、检查和监督监理员的工作。
- 协助总监理工程师审查承建单位涉及本专业的计划、方案、申请、变更。
- 负责核查工程中所用的设备、材料和软件。
- 负责本专业监理资料的收集、汇总及整理，参与编写监理月报。
- 定期向总监理工程师提交本专业监理工作实施情况报告，若有重大问题要及时向总监理工程师报告。
- 负责本专业工程量的审定。
- 协助组织本专业分系统工程测试、验收。
- 填写监理日志。

（4）监理员的职责

监理员应履行以下职责：

- 在专业监理工程师的指导下开展监理工作。
- 协助专业监理工程师完成工程量的核定。
- 担任现场监理工作，发现问题及时向专业监理工程师报告。
- 对承建单位实施计划和进度进行检查并记录。
- 对承建单位实施过程中的软件和设备安装、调试、测试等进行监督并记录。
- 填写监理日志。

5. 监理阶段及其目标

监理单位应根据与信息化工程监理相关的法律、法规和标准等建立相应的质量管理计划，并在工程监理过程中执行。

（1）监理阶段

监理工作可分为工程招标、工程设计、工程实施和工程验收四个阶段，宜采用全过程监理。GB/T 50312 所确定的各阶段监理目标可根据实际情况加以调整。监理工作起始和结束的具体时间可由业主单位与监理单位根据工程实际情况，依据监理合同中的有关条款执行。

（2）工程招标阶段的主要监理目标

工程招标阶段的主要监理目标包括以下两个方面：

- 协助业主单位明确工程需求，确定工程建设目标。
- 促使业主单位、承建单住所签订的承建合同在技术、经济上合理有效。

（3）工程设计阶段的主要监理目标

工程设计阶段的主要监理目标包括以下 3 个方面：

- 推动业主单位、承建单位对工程需求和设计进行规范化的技术描述，为工程实施提供优化的设计方案。
- 确保工程计划、设计方案满足工程需求，符合相关的法律、法规和标准，并与工程建设合同相符，具有可验证性。
- 协助业主单位、承建单位在进入工程实施前消除可预见的设计文档的缺陷。

（4）工程实施阶段的主要监理目标

工程实施阶段的主要监理目标包括以下 4 个方面：

- 加强工程实施方案的合法性、合理性、与设计方案的符合性等。
- 确保工程中所使用的产品和服务符合承建合同及国家相关法律、法规和标准。
- 明确工程实施计划，对于计划的调整应合理、受控。
- 确保工程实施过程满足承建合同的要求，并与工程设计方案、工程计划相符。

（5）工程验收阶段的主要监理目标

工程验收阶段的主要监理目标包括以下 3 个方面：

- 明确工程测试验收方案（验收目标、责任双方、验收提交清单、验收标准、验收方式、验收环境等）的符合性及可行性。
- 确保工程的最终功能和性能符合承建合同、法律、法规和标准等的要求。
- 确保承建单位所提供的工程各阶段形成的技术、管理文档的内容和种类等符合相关标准。

项目四　综合实训

综合布线技术是楼宇智能化专业知识与技能的核心之一，需要熟练、深入地掌握。本项目旨在通过综合实训，让参与实训人员开阔思路、增长见识，培养其实施和完成综合布线系统工程从需求分析、系统设计，到系统施工、工程管理、竣工验收的全过程的能力。

任务一　综合实训一

任务描述

本任务给定一个“建筑物模型”作为网络综合布线系统工程实例，请按照下面所列工程背景完成工程设计，进行安装施工和编写竣工资料。任务实施中，前三部分建议必做，第四部分建议选做。工程背景如下：

如图4—1—1所示建筑物模型中，包括了网络综合布线系统工程的建筑群子系统机柜（CD）、建筑物子系统机柜（BD）、建筑物楼层管理间子系统机柜（FD1、FD2、FD3）。

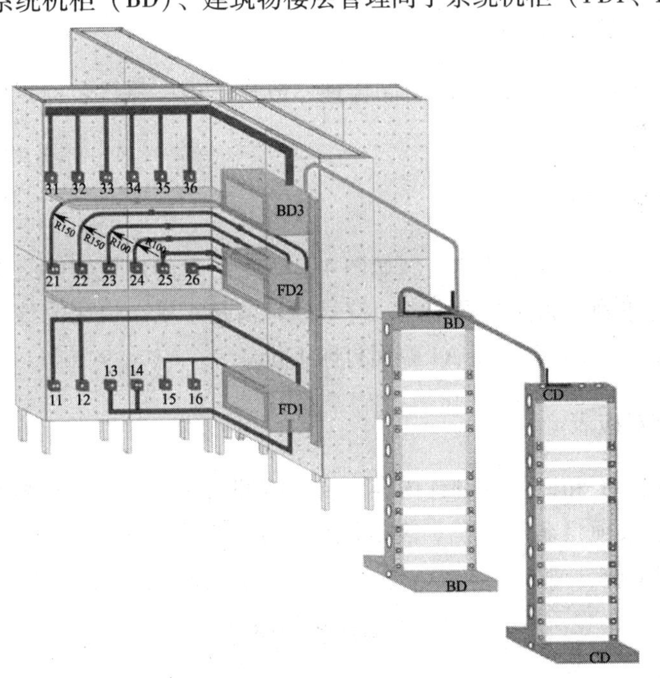

图4—1—1　建筑物模型

1. 11～36等数字只代表插座编号　2. FD1表示一层配线架和机柜　3. FD2表示二层配线架和机柜

4. FD3表示三层配线架和机柜　5. BD表示建筑物子系统网络机柜

6. CD表示建筑群子系统网络机柜　7. ■表示单口面板，■■表示双口面板

请特别注意图 4—1—1 中的下列规定：

（1）CD 为 1 台西元网络配线实训装置，模拟建筑群子系统网络配线机柜。

（2）BD 为 1 台西元网络配线实训装置，模拟建筑物子系统网络配线机柜。

（3）FD1 为 1 台壁挂式机柜，模拟建筑物一层网络配线子系统管理间机柜。

（4）FD2 为 1 台壁挂式机柜，模拟建筑物二层网络配线子系统管理间机柜。

（5）FD3 为 1 台壁挂式机柜，模拟建筑物三层网络配线子系统管理间机柜。

（6）每个明装塑料底盒模拟 1 个房间（区域），图 4—1—1 中用紫颜色表示，编号 11 ~ 36。

（7）单口面板安装 1 个 RJ—45 网络模块。

（8）双口面板安装 2 个 RJ—45 网络模块。

（9）该建筑物网络综合布线系统全部使用超 5 类双绞线铜缆。

任务实施

一、网络综合布线系统工程设计

根据如图 4—1—1 所示建筑物网络综合布线系统模型完成以下设计任务，并打印、提交设计文档。

1. 编写网络信息点数量统计表

要求使用 Excel 软件编制，表格设计合理、数量正确、项目名称正确、签字和日期完整，采用 A4 幅面打印 1 份。

2. 设计和绘制系统图

使用 Visio 或 Auto CAD 设计和绘制如图 4—1—1 所示的建筑物网络综合布线系统工程系统图。要求设计正确、图面布局合理、符号标记清楚正确、说明完整、标题栏合理（包括项目名称、签字和日期），采用 A4 幅面打印 1 份。

3. 编制端口对应表

按照如图 4—1—1 和以上的设计内容，要求按照表 4—1—1 格式编制配线子系统信息点端口对应表。要求项目名称正确、表格设计合理、信息点编号正确、签字和日期完整，采用 A4 幅面打印 1 份。

表 4—1—1　　××项目端口对应表

编制人：　　　　时间：××××年××月××日

序号	工作区信息点编号	插座底盒编号	楼层机柜编号	配线架编号	配线架端口编号
1					
2					

工作区信息点编号必须能够独立区别每个信息点，并且包含插座底盒编号、“楼层”机柜编号、配线架编号、配线架端口编号等信息。插座底盒编号必须与图4—1—1中插座编号相同，“楼层”机柜编号必须使用图4—1—1中对应的FD1、FD2、FD3，配线架端口编号必须与配线架实物编号相同。

4. 设计安装施工图

使用Visio或者Auto CAD软件，将图4—1—1所示工程项目立体示意图设计和绘制成平面施工图。要求全部施工图按照A4幅面设计，可以采用多张图纸，并且分别打印1份，不允许使用立体图。器材和安装位置等尺寸现场实际测量。要求包括以下内容：

(1) CD—BD—FD—TO布线路由、设备位置和尺寸正确。

(2) 机柜和插座位置、规格正确。

(3) 图面设计、布局合理，位置尺寸标注清楚正确。

(4) 图形符号规范，说明正确和清楚。

(5) 标题栏完整。

5. 编制材料预算表

要求按照表4—1—2格式，依据IT行业预算方法，编制该工程项目材料预算表。材料名称、规格和单价等参考表4—1—3，表中没有列出的材料，该预算中不予考虑。要求材料名称和规格/型号正确，数量合理、单价和小计计算正确。采用A4幅面打印1份。

表4—1—2　××项目材料预算表

序号	材料名称	材料规格/型号	数量	单位	单价	小计	用途说明
直接材料费合计							

表4—1—3　网络综合布线工程常用器材名称/规格和参考价格表

序号	材料名称	材料规格/型号	单位	单价/元	用途说明
1	配线实训装置	KYPXZ-01-05	台	30 000	开放式机架，模拟CD和BD配线架
2	网络机柜	19 in 6U	台	600	网络管理间，安装网络设备
3	网络配线架	19 in 1U 24口	台	300	网络配线
4	理线架	19 in 1U	个	100	理线
5	明装底盒	86型	个	3	信息插座用
6	网络面板	双口	个	4	信息插座用
7		单口	个	4	信息插座用
8	网络模块	超5类RJ—45	个	15	信息插座用
9	网络双绞线	超5类，4—UTP	m	2	网络布线

续表

序号	材料名称	材料规格/型号	单位	单价/元	用途说明
10	PVC 线槽/配件	60×22 线槽	m	15	垂直布线用
11		60×22 堵头	个	5	PVC 线槽用
12		39×18 线槽	m	4	水平布线用
13		39×18 堵头	个	2	PVC 线槽用
14		20×10 线槽	m	2	水平布线用
15		20×10 角弯	个	1	PVC 线槽拐弯用
16		20×10 阴角	个	1	PVC 线槽拐弯用
17	PVC 线管/配件	ϕ20 线管	m	2	布线用
18		ϕ20 直接头	个	1	连接 PVC 线管
19		ϕ20 弯头	个	1	连接 PVC 线管
20		ϕ20 塑料管卡	个	2	固定 PVC 线管
21	水晶头	超 5 类 RJ—45	个	1	制作跳线等
22	螺钉	M6×16	个	0.5	固定用

二、工程安装部分

1. 网络跳线制作和线序测试

现场制作 6 根网络跳线，其中：

（1）4 根为 568B 线序，每根长度 600 mm。

（2）2 根为 568A—568B 线序，每根长度 500 mm。

制作完毕后，如图 4—1—1 所示标有 BD 的“西元”配线实训装置（型号 KYPXZ—01—05）上进行线序和通断测试。要求：

（1）跳线长度符合要求，线序正确。

（2）压接护套到位，剪掉牵引线。

2. 测试链路和线序测试

按照如图 4—1—2 所示位置，要求在标记 CD 的配线实训装置上，从左向右依次完成 4 组测试链路端接，中间不允许留空。要求：

（1）每段双绞线长度合适，端接处拆开长度合适，端接位置合适，线序正确，剪掉牵引线。

（2）每组包括 3 根跳线和 6 次端接，其中：5 对连接块上下端接共 2 次；RJ—45 头端接 3 次（568B）；RJ—45 模块端接 1 次。

3. 复杂永久链路和模块端接

按照如图4—1—3所示在标有CD的配线实训装置上完成6组复杂永久链路的布线和端接，端接次序从左向右，不允许中间留空。要求：

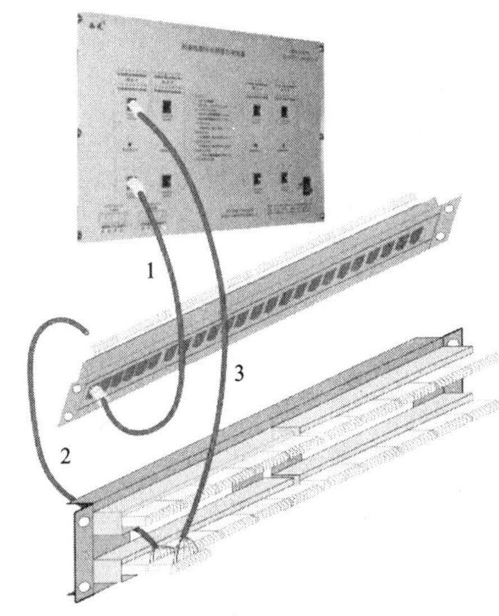

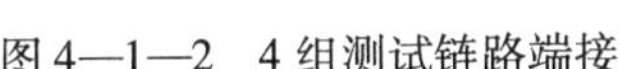
图4—1—2　4组测试链路端接

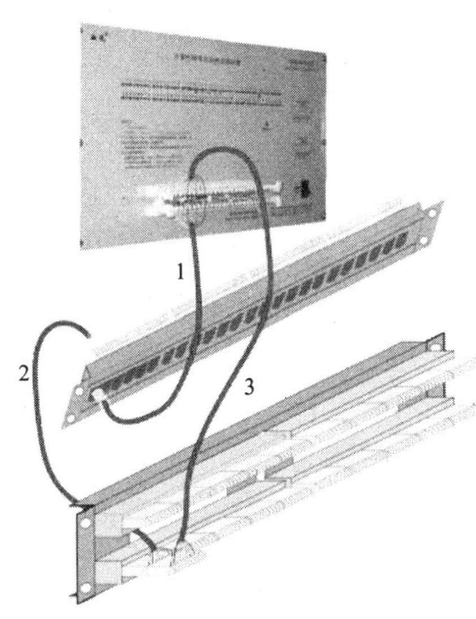

图4—1—3　6组复杂永久链路布线和端接

（1）每段双绞线长度合适，端接处拆开双绞线长度合适、端接位置合适、线序正确、剪掉牵引线。

（2）每组3根跳线，端接6次，其中：5对连接块端接共4次；RJ—45头端接（568B线序）1次；RJ—45模块端接1次。

4. 工作区子系统的安装

按照如图4—1—1所示位置，完成11～16，21～26网络插座信息点的安装，要求位置正确，按照端口对应表编号，把工作区信息点标记清楚。

5. 一层FD1水平子系统的布线和安装

按照如图4—1—1所示位置完成FD1配线子系统线槽安装和布线。全部使用PVC线槽，要求安装位置正确，固定牢固，接头整齐美观，接缝间隙必须小于1 mm，布线施工规范合理。

（1）如图4—1—1中11、12、13、14插座的水平布线路由使用宽度为39 mm的PVC线槽，拐角和弯头按照如图4—1—4和图4—1—5所示的形式现场制作。

（2）如图4—1—1中15、16插座的水平布线路由使用宽度为20 mm的PVC线槽，使用成品弯头安装和布线。

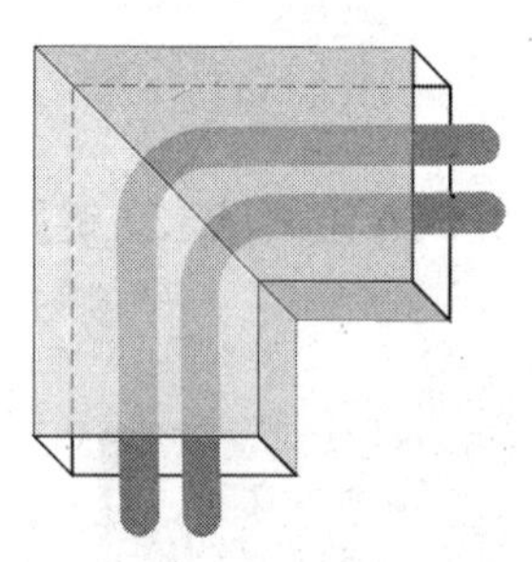

图 4—1—4　水平弯头制作示意图

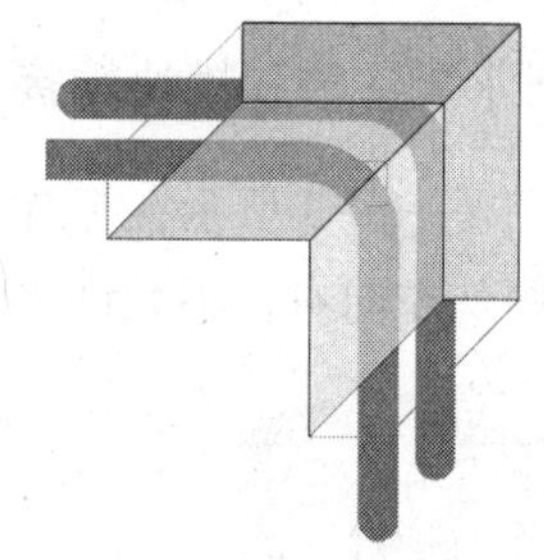

图 4—1—5　阴角弯头制作示意图

6. 二层 FD2 水平子系统的布线和安装

按照如图 4—1—1 所示位置，使用 ϕ20 PVC 线管和配件完成 FD2 配线子系统的安装和布线，要求布线施工规范合理。

（1）图 4—1—1 中 21、22、23、24 插座的水平布线路由采用自制弯头，拐弯曲率半径如图 4—1—1 所示。

（2）图 4—1—1 中 25、26 插座的水平布线路由使用 ϕ20 PVC 线管和成品弯头。

7. 管理间子系统的安装和端接

按照如图 4—1—6 所示，完成 FD1、FD2 机柜内配线架和理线架的安装及端接。

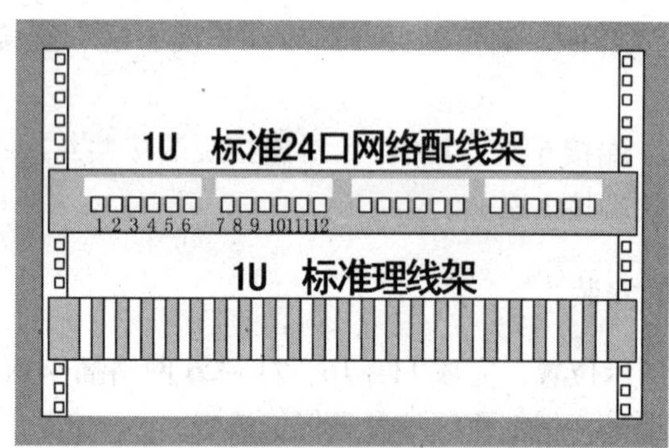

图 4—1—6　机柜内设备安装位置图

8. 建筑物子系统布线和安装

按照如图 4—1—1 所示，完成建筑物子系统布线安装。

（1）从标识为 BD 的配线装置向 FD3 机柜安装 1 根 ϕ20 PVC 线管。从 FD3 机柜经 FD2 向 FD1 机柜垂直安装 1 根宽度为 60 mm 的线槽，两端安装堵头；

（2）从 BD 向 FD3、FD2、FD1 机柜分别安装 1 根网络双绞线，并且按照已经标记的端口完成端接。

9. 建筑群子系统布线和安装

请按照如图 4—1—1 所示，完成建筑群子系统布线安装。

从标识为 CD 的配线实训装置向 BD 安装 1 根 ϕ20 PVC 线管和 2 根网络双绞线，端接到已经标记的端口。

三、工程管理项目

1. 编写竣工资料

根据设计和安装施工过程，编写项目竣工总结报告。要求报告名称正确，封面日期正确，内容清楚、完整。竣工资料全部为书面打印文件，独立装订，完整美观。

2. 施工管理

施工管理要求：施工安全、分工合理、配合默契、合理用料、现场整洁。

任务二　综合实训二

任务描述

本任务给定一个“建筑物模型”作为网络综合布线系统工程实例，请按照下面所列工程背景完成综合布线系统图和机柜安装图设计、材料预算和竣工文档封面制作等。工程背景如下：

一、项目说明

××××学校＊号办公楼为地上 7 层、地下 1 层；楼长 60 m，楼宽 50 m，楼层高 3.2 m。现大楼土建已经完成，进入弱电系统的设计阶段。本设计项目主要涉及网络系统和语音系统，采用的布线系统为 6 类非屏蔽（UTP）系统。

二、信息点统计

本项目综合布线系统的信息点分布见表 4—2—1。

表 4—2—1　信息点分布

信息点数量			
配线间	楼层	网络信息点	语音信息点
FD（1 楼）	地下一层	36	20
	一层	30	20
BD/FD	二层	58	50
FD	三层	58	50

续表

信息点数量			
配线间	楼层	网络信息点	语音信息点
FD	四层	54	54
FD	五层	70	62
FD	六层	54	27
FD	七层	40	20
总计	703	400	303

三、系统设计

（1）工作区。采用6类信息模块，双口信息面板设计，安装方式采用暗装底盒固定。

（2）配线子系统。水平电缆为6类UTP双绞线，安装方式为暗装布线。

（3）干线子系统。语音主干线缆为5类25对UTP双绞线，数据主干线缆为6芯室内多模光缆。

（4）设备间/配线间。水平配线架（不分语音、数据）选择6类24口配线架，语音垂直干线配线架选择100对110型交叉连接配线架，数据垂直干线配线架采用ST 24口光纤配线架，数据、语音、光纤等每个配线架下方皆安装一个理线架。

（5）交换机。核心选用24口千兆交换机，接入层交换机选用24口百兆交换机（带1 000 M光纤级联端口），所有交换机的高度均为1U，每个交换机下方均安装一个理线架。

（6）数据网络接入电信ADSL网络；语音网络接入电信市话网络。

（7）根据信息点统计表的配线架设置，部分楼层采用无主干设计，建筑物设备间（BD）选用高度为37U的标准机柜。

（8）综合布线产品选型为VCOM6类综合布线系统。

任务实施

根据案例中的需求信息完成以下工作。

一、综合布线系统图的设计

1. 要求

（1）具有图样名称、文字说明及完整图例。

（2）设备间用BD标识，楼层配线间用FD标识。

（3）水平电缆引出位需在BD或FD配线架的右侧。

（4）标识电缆的线条粗细为2. 16 pt。光缆采用橙色表示，语音电缆采用红色表示，双绞线采用蓝色表示。

（5）需在图形顶部画横线，并在上方相应位置标明各自子系统名称。

2. 备注

图样要求采用 A4 幅面设计，使用 A4 纸张打印输出，并且另外输出 JPG 文件保存至桌面以备检查（文件名：综合布线系统图）。

二、机柜安装图设计

1. 要求

绘制设备间 BD 的 37U 机柜安装大样图，自顶而下安装以下设备：3 台 24 口网络交换机、5 个 24 口网络配线架、4 个 110 型配线架、3 个 24 口光纤配线架，所有的设备下方均配备一个理线架。网络交换机组与机柜顶部间隔 2U，与数据配线架组间隔 1U，数据配线架组与语音配线架组间隔 1U，语音配线架组与光纤配线架组间隔 1U，各组设备与理线架中间不再间隔。机柜右边用大括号注明三大组设备名称、数量（不考虑理线架），不需要单独注明每个配件的名称。

2. 备注

图样要求采用 A4 幅面设计，使用 A4 纸张打印输出，并且另外输出 JPG 文件保存至桌面以备检查（文件名：机柜安装图）。

三、材料预算表

1. 要求

根据给定的综合布线材料（见表 4—2—2），按工作区、配线子系统、干线子系统、设备间/配线间四部分统计项目所需材料和数量（已知：设备间或配线间都在楼层同一位置，楼层各配线间或管井到最近信息点距离为 10 m，最远为 80 m）。对项目所用材料进行统计，并设计成电子表格。统计的数量允许有一定偏差，但需要与上面设计的图样匹配。

表 4—2—2　　综合布线材料清单表

序号	名称与规格	品牌	单位	数量	备注
1	100 对大对数电缆	VCOM	m		
2	4 芯多模室内光纤	VCOM	m		
3	单口面板	VCOM	个		
4	86 型暗装底盒	VCOM	个		
5	6 类非屏蔽 3 m 跳线	VCOM	条		
6	6 类打线式模块	VCOM	个		
7	6 类非屏蔽 2 m 跳线	VCOM	条		

续表

序号	名称与规格	品牌	单位	数量	备注
8	110－RJ－45 跳线	VCOM	条		
9	6 类非屏蔽双绞线	VCOM	箱		305 m/箱
10	理线架	VCOM	个		
11	耦合器（ST）	VCOM	个		
12	1.5 m 尾纤（ST）	VCOM	条		
13	6 类非屏蔽 24 口配线架	VCOM	个		
14	1 m 光纤跳线（ST－SC）	VCOM	对		
15	100 对 110 型配线架	VCOM	个		
16	标准 32U 机柜	VCOM	台		
17	12 口光纤配线架（ST）	VCOM	个		
18	24 口光纤配线架（ST）	VCOM	个		
19	标准 42U 机柜	VCOM	台		

2. 备注

表格需要使用 A4 纸张打印输出，并保存至桌面（文件名：材料预算表）。

四、竣工文档封面制作

以上各项完成后，制作竣工文档封面，将各项目设计和打印的资料进行汇总、装订，要求竣工文档具有工程项目名称、信息点数、参照标准、内容目录等内容。

任务三　综合实训三

任务描述

本任务给定一个“建筑物模型”作为网络综合布线系统工程实例，请按照下面所列工程背景完成材料统计、系统拓扑图绘制、机柜大样图制作、信息点编号表制作和竣工文档编写等。工程背景如下：

一、项目说明

某公司在某大厦租 1～7 楼作为公司写字楼。现需对相关楼层进行弱电线路铺设和室内装修，现假设你作为一家系统集成公司的代表承接该项目的综合布线的设计、施工、测试、验收等任务。根据建设方提供的资料，已知大楼宽 20 m，长 53 m，平均楼层高 3.5 m。用户要求千兆到桌面。采用的应用系统主要为语音与网络，必要时可以互换（同时考虑经济因素，在满足任务需求的前提下，以低价为准）。

二、信息点统计

本项目综合布线系统的信息点分布见表 4—3—1。

表 4—3—1　　信息点分布

序号	楼层	网络信息点	语音信息点	小计
1	一	70	70	140
2	二	100	100	200
3	三	50	50	100
4	四	50	50	100
5	五	50	50	100
6	六	100	100	200
7	七	70	70	140
8	合计			980

三、系统设计

1. 工作区

采用 6 类信息模块，双口信息面板设计，安装方式为暗装底盒固定。

2. 配线子系统

水平电缆为 6 类 UTP 双绞线，安装方式为暗装布线。

3. 干线子系统

语音主干线缆为 25 对 5 类 UTP 双绞线，数据主干线缆为 6 芯室内多模光缆。

4. 设备间/配线间

水平配线架（不分语音、数据）选择 6 类 24 口配线架，语音垂直干线配线架选择 100 对 110 型交叉连接配线架，数据垂直干线配线架采用 ST 24 口光纤配线架，数据、语音、光纤等每个配线架下方皆安装一个理线架。

5. 交换机

核心选用 24 口千兆交换机，接入层交换机选用 24 口百兆交换机（带 1 000 M 光纤级联端口），所有交换机的高度均为 1U，每个交换机下方均安装一个理线架。

6. 数据网络接入电信 ADSL 网络；语音网络接入电信市话网络。

7. 根据信息点统计表的配线架设置，部分楼层采用无主干设计，建筑物设备间（BD）选用高度为 37U 的标准机柜。

8. 综合布线产品选型为 VCOM 6 类综合布线系统。

任务实施

一、材料统计

根据上面的信息，按照下面表格形式统计：该综合布线项目所需要的材料有哪些（至少20种，辅材除外)；数量是多少（不采用冗余设计，数量允许一定的偏差，需备注说明)。要求采用Excel制作表格，排版合理美观，文件名：材料统计表，见表4—3—2。

表4—3—2　　综合布线材料统计表

序号	名称与规格	单位	数量	子系统	备注
1					
2					

二、系统拓扑图绘制

1. 根据需求信息，合理地设计一个综合布线拓扑结构图，要求采用Auto CAD或Visio软件进行绘制。图纸采用A4幅面，保存为JPG图片。

2. 具有图纸名称、文字说明及完整图例。

3. 设备间用FD标识；楼层配线间用BD标识。

4. 水平电缆引出位需在BD或FD配线架的右侧。

5. 语音主干线缆采用红色表示，数据主干线缆采用蓝色表示，水平双绞线采用绿色表示。

6. 需在图形顶部横线上方标明所设计各部分的子系统名称。

7. 图纸绘制可参考如图4—3—1所示样例，也可自行设计排版，满足如上要求即可（文件名：系统拓扑图）。

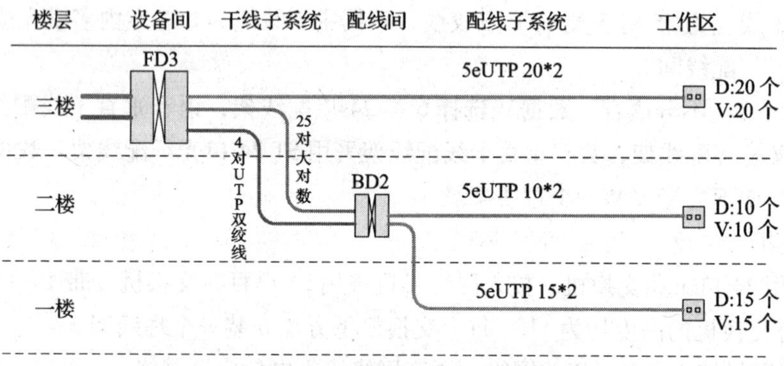

图4—3—1　系统拓扑图样例

设计说明：

本设计在三楼设计一个设备间FD，装配大楼所有路由交换和配线设备，负责一至二楼信息点接入。在二楼设置一个配线间，数据部分采用4对UTP双绞线进行主干线连接；语音部分通过用25对大对数进行主干连接。配线子系统全部采用4对超五类双绞线进行铺设。

图例：

信息点

设备间或配线间 

数据主干线

语音主干线

超五类双绞线

D表示：网络接入

V表示：语音接入

三、机柜大样图制作

根据系统拓扑图，设计与绘制该项目的机柜安装大样图。要求各要素齐全，图标使用正确，比例合适，并有相关的文字说明。采用A4幅面设计，要求采用AutoCAD或Visio软件进行绘制，保存为JPG图片格式（文件名：机柜大样图）。

四、信息点编号表制作

根据以上信息和机柜大样图制作机柜网络与语音信息点编号表。信息点编号统一采用楼层号（1位数字+1位字母）+信息点类型（1字母）+信息点序号（2位）共5位组成，信息点类型：网络为D，语音为V。例如六楼第一个网络信息点为6FD01。采用Excel软件制作表格，要求排版合理美观，只需制作第三层楼信息点编号表（文件名：信息点编号表）。表4—3—3为编号表模板。

表4—3—3　编号表模板

1号配线架。编号说明例如：5FD01，5F表示5楼、D表示网络、01表第一个信息点。

1	2	3	4	5	6	7	8	9	10	11	12	13	14	15	16	17	18	19	20	21	22	23	24
5FD 01	5FD 02	5FD 03	5FD 04	5FD 05	5FD 06	5FD 07	5FD 08	5FD 09	5FD 10	5FD 11	5FD 12	5FD 13	5FD 14	5FD 15	5FD 16	5FD 17	5FD 18	5FD 19	5FD 20	5FD 21	5FD 22	5FD 23	5FD 24

2号配线架。编号说明例如：6FD01，6F表示6楼、D表示网络、01表第一个信息点。

1	2	3	4	5	6	7	8	9	10	11	12	13	14	15	16	17	18	19	20	21	22	23	24
6FD 01	6FD 02	6FD 03	6FD 04	6FD 05	6FD 06	6FD 07	6FD 08	6FD 09	6FD 10	6FD 11	6FD 12	6FD 13	6FD 14	6FD 15	6FD 16	6FD 17	6FD 18	6FD 19	6FD 20	6FD 21	6FD 22	6FD 23	6FD 24

五、编写竣工文档

要求采用Word软件制作一个文档，须具备以下内容：封面、目录，工程概况（建筑的规模、用户需求、产品选型说明），项目安装进度表，信息点数量表，材料统计表，相应的设计图纸（系统拓扑图、机柜大样图），常用安装工具清单，测试报告。要求排版美观，具有相应页码（文件名：竣工文档）。

1. 竣工文档封面（样例），如图 4—3—2 所示

工程编号：

竣工文档

类　　别　　竣工文档

案卷题名　　综合布线系统工程

编制单位　　第×场第×工位号

编制日期　　年　　月　　日

保管期限

密　　级

图 4—3—2　竣工文档封面（样例）

2. 项目安装进度表（样例），见表 4—3—4

表 4—3—4　综合布线项目安装进度表

ID	任务名称	开始时间	完成时间	持续时间	2010 年 12 月						
					20	21	22	23	24	25	26
1	图纸会审，确认方案	2010—12—20	2010—12—20	1d	■						
2	管槽铺设	2010—12—21	2010—12—21	1d		■					
3	双绞线标识与布线	2010—12—22	2010—12—22	1d			■				
4	工作区模块端接	2010—12—24	2010—12—24	1d					■		
5	机柜理线、配线架端接	2010—12—25	2010—12—25	1d						■	
6	测试与验收	2010—12—26	2010—12—26	1d							■

3. 常用安装工具清单（样例），见表 4—3—5

表 4—3—5　常用安装工具清单表（样例）

序号	名称与规格	单位	数量	备注
1				
2				